W0363071

DIE GESCHICHTE DER GEWEHRE

Vom Vorderlader zum Sturmgewehr

ROGER FORD

Fachliche Bearbeitung: Harald Fritsch

KARL MÜLLER VERLAG

Fotografien
Ian Hogg: 153 (beide), 159, 168, 172-173 (unten), 173, 174
Military Archive and Research Services: 20-21, 36, 48-49
Peter Newark Military Pictures: 6-7, 8-9, 13, 17, 18, 19, 28-29, 44-45, 61
Small-Arms Research and Publicity Service: 154, 155, 156, 157, 158 (beide), 158-159, 160-161 (oben), 163, 164, 166-167 (beide), 169, 170-171 (beide), 172-173 (oben)
Salamander Picture Library: 10, 11, 21 (Mitte), 25 (beide), 26-27, 31 (beide), 33, 34 (beide), 37, 38-39, 40, 40-41, 42, 46, 47, 50-51, 54-55, 56-57, 64, 66, 67, 71, 73, 77 (oben), 78, 100 (oben), 104-104, 105 (unten links), 109 (unten) 110 (oben), 112, 139
TRH Pictures: 21 (oben und unten), 58-59, 63, 75, 76, 77 (unten), 80, 82-83, 83, 87, 89, 94-95, 95, 96, 97, 98-99, 100 (oben), 102, 103, 105 (rechts), 106 (unten), 107, 109 (oben), 110 (oben), 114, 115, 117, 118, 119, 121, 123, 125, 127, 128, 130, 132, 133, 135 (beide), 137, 138, 140, 141, 142, 144, 145, 148, 149, 150-151, 152, 160-161 (unten), 162-163 (beide)
TRH Pictures über Espadon: 106 (oben)

Zeichnungen
Areospace Publishing: 110-111
John Batchelor: 8-9, 10-11, 16-17, 22-23, 62-63, 64-65, 68-69, 70-71, 72-73, 74-75 (beide), 78, 78-79, 80-81, 86-87, 88-89, 90-91 (oben), 100-101, 102-103, 108-109, 128-129, 130-131 (oben)
De Agostini: 112-113, 114-115, 116-117, 120-121, 122-123, 124-125, 126-127, 130-131 (unten), 134-135, 146, 154-155, 166-167, 168-169
Roger Ford: 146-147
Bob Garwood: 14-15, 42-43, 84-85, 90-91 (unten), 92-93
Salamander Picture Library: 12-13, 32-33, 46-47, 52-53, 164-165

© Brown Packaging Books Ltd
© der deutschsprachigen Ausgabe:
Karl Müller Verlag, Danziger Straße 6, D-91052 Erlangen

Alle Rechte vorbehalten. Kein Teil des Werkes darf in irgendeiner Form (durch Fotokopie, Mikrofilm oder ein ähnliches Verfahren) ohne die schriftliche Genehmigung des Verlages reproduziert oder unter Verwendung elektronischer Systeme verarbeitet, vervielfältigt oder verbreitet werden.

Übertragung aus dem Englischen: Jürgen Brust M. A.
Fachliche Bearbeitung und Lektorat: Harald Fritsch

ISBN 3-86070-704-3

1 2 3 4 5 2 1 00 9 8

Inhalt

Kapitel 1
Vom Vorderlader zur Messingpatrone

Eine Waffe, die nicht genau schießt, ist allerhöchstens auf kürzeste Entfernung zu gebrauchen. Daher waren die Büchsenmacher von Anfang an um Präzision bemüht. Der erste und wichtigste Schritt bestand darin, dem Geschoss Drall zu geben, um seinen Flug zu stabilisieren.

Auf eine abgefeuerte Kugel wirken vier starke Kräfte. Die wichtigste Kraft entsteht, wenn die Treibladung sich in Gas verwandelt und das Projektil auf einer Flugbahn vorantreibt, die der Verlängerung der Laufachse entspricht. Sobald das Geschoss aber den schützenden Lauf verlässt, ist es auch den anderen Kräften ausgesetzt. Diese üben einen negativen Einfluss auf die Flugbahn aus.

Den wichtigsten Einfluss hat die Schwerkraft, die das Geschoss wie jedes andere Objekt zum Erdmittelpunkt zieht. Es fällt mit einer Geschwindigkeit, die sich etwa um 9,75 m/s erhöht, bis es entweder im Ziel einschlägt oder zu Boden fällt. Da dieser Faktor in Bezug auf Kraft und Richtung konstant ist, lässt er sich dadurch ausgleichen, dass man etwas höher zielt. Er lässt sich außerdem dadurch verringern, dass man die Geschwindigkeit des Projektils erhöht und damit die Flugzeit verkürzt. Ein weiterer Faktor ist der Luftwiderstand, der das Projektil verlangsamt und der Schwerkraft mehr Zeit gibt, darauf zu wirken. Er kann als Konstante betrachtet werden, weil er sich nur geringfügig ändert, und bei Handfeuerwaffen ist sein Einfluss vernachlässigbar gering.

Dazu kommt dann noch der Einfluss durch den Seitenwind. Es gibt noch kein vernünftiges System, um diesen Faktor auszugleichen, es sei denn die Erfahrung des Schützen, der genau weiß, wohin er zielen muss. Die Windverhältnisse können sich in Bruchteilen von Sekunden ändern, und daher sind mechanische Systeme ziemlich nutzlos. Bei extrem schnellen Geschossen ist der Einfluss des Seitenwinds natürlich geringer.

LINKS: **Die Infanterie bildete Rechtecke – hier die 28. Infanterie zu Fuß bei Waterloo – um rundum konzentrierte Feuerkraft zu haben. Jede Seite bestand aus bis zu 150 Mann in drei Reihen.**

NATURGESETZE

Drittens – und das ist wohl der wichtigste Faktor – hat jedes Geschoss die Tendenz, die schwerste und „dichteste" Stelle nach vorn zu drehen. Hier stellt sich ein völlig anderes Problem, denn jedes Geschoss weist eine unterschiedliche Kombination von Unreinheiten und Größenabweichungen auf. So sind nicht nur der geometrische Mittelpunkt und der Schwerpunkt nicht identisch – sie sind auch noch bei jedem Geschoss an einer anderen Stelle. Die Abweichung von der idealen Flugbahn, die dadurch entsteht, dass sich beide umeinander drehen (und das Geschoss zum Flattern bringen), ist vom Zufall abhängig. Glücklicherweise gibt es eine einfache, wirkungsvolle Lösung: Man lässt es um die Achse der Flugbahn rotieren, schafft so ein künstliches Gleichgewicht wie bei einem Gyroskop und stabilisiert so das Geschoss.

DIE KUGEL ROTIERT

Lange bevor die Feuerwaffe erfunden wurde, lösten die Bogenschützen das Problem dadurch, dass sie die Steuerfedern in einem bestimmten Winkel anbrachten und so den Schaft in Rotation versetzten. Es ist davon auszugehen, dass ein findiger Büchsenmacher auf den selben Trick kam und versucht hat, das Geschoss in Drehung zu bringen, bevor es den Lauf verließ. Er erreichte sein

***LINKS:* Der Tod des amerikanischen Generals Warren bei Bunker Hill im Juni 1775. Der amerikanische Unabhängigkeitskrieg war einer der ersten Konflikte, an dem Scharfschützen als selbstständig operierende Einheiten teilnahmen.**

Ziel, indem er eine Reihe spiralförmiger Züge in den Lauf schnitt und gleichzeitig übergroße Geschosse benutzte, die in den Lauf gerammt werden mussten. So wurden sie fest von den Feldern zwischen den Zügen gegriffen. Das Ergebnis muss die kühnsten Träume übertroffen haben, denn die neuen gezogenen Waffen waren nicht nur genauer als Waffen mit glatten Läufen. Das Geschoss flog auch viel weiter, denn es steckte fester im Lauf, sodass die Treibgase besser wirken konnten. Gleichzeitig flatterte das Geschoss auch nicht mehr im Lauf, was ebenfalls zur Erhöhung der Genauigkeit beitrug. Man geht davon aus, dass nur etwa nur 0,2 % der beim Abfeuern erzeugten Energie für die Rotation des Geschosses benötigt wird. Die Reibung im Lauf erfordert weitere 3 %. (30 % werden für das Vorantreiben des Geschosses benötigt, 30 % verwandeln sich im Lauf in Wärme, und 40 % gehen beim Mündungsknall verloren).

Wir können den tatsächlichen Ablauf der Geschichte nur vermuten, denn der Name des Erfinders ist ebensowenig bekannt wie Ort und Zeitpunkt der Erfindung. Es ist sicher, dass es etwa zum Ende des 15. Jahrhunderts geschehen sein muss, denn es existiert eine gezogene Feuerwaffe aus dieser Zeit, sie gehörte dem Kaiser Maximilian. Der Ort der Erfindung war Mitteleuropa, wahrscheinlich Deutschland oder Böhmen.

Bis auf die gezogenen Läufe unterschieden sich die ersten Gewehre kaum von den zeitgenössischen glattläufigen Flinten. Sie benutzten die gleichen Verschlüsse – das Gewehr von Maximilian hatte ein Luntenschnappschloss; später gab es Radschlosse, Schnapphähne, Miquelets (spanische Schlosse) und Steinschlosse. Auch im Kaliber – oft bis zu 19 mm – und in der Gesamtlänge gab es keine wesentlichen Unterschiede, und selbst der hölzerne Schaft ähnelte dem der Flinten. Da sie aber sehr viel teurer waren, wurden sie in wesentlich besserer Qualität hergestellt und aufwendig verziert. Das sollte sich erst viel später ändern, als das Gewehr zum Gebrauchsgegenstand wurde.

Die Züge waren zunächst noch sehr flach (oft so flach, dass sie heute nach langjähriger Benutzung kaum noch zu erkennen sind). Mit dem technischen Fortschritt gelang es, sie immer tiefer zu schneiden. Die Anzahl der Züge variiert zwischen sechs und zwölf oder mehr (in der Regel sind es heute vier, aber es gibt auch so genannte Micro-Groove-Systeme, die über 16 und mehr Züge verfügen). Mutige Erfinder versuchten sich auch an anderen Innovationen – ovale oder polygonale Läufe, deren gesamte Bohrung den Drall gab – die wichtigsten (und erfolgreichsten) Neuerungen jedoch fallen in eine spätere Zeit, als wesentlich bessere und präzisere Werkzeugmaschinen zur Verfügung standen.

PHANTASIE-VORSTELLUNGEN

Wie bei vielen anderen Phänomenen, die während dieser Zeit bekannt wurden, waren die wahren Hintergründe, wie und warum die Züge funktionierten, nicht bekannt. Was man wusste, war, dass sie

Kentucky Rifle mit Pillenschloss

Kaliber: .40in, .55in (10 mm, 14 mm)
Gewicht: ca. 6 kg
Länge: ca. 1500 mm
Lauflänge: ca. 1100 mm
Effektive Schussentfernung: ca. 120 m
Ausführung: Vorderlader, ein Schuss
Mündungsgeschwindigkeit: ca. 180 m/s
Herkunftsland: Vereinigte Staaten von Amerika

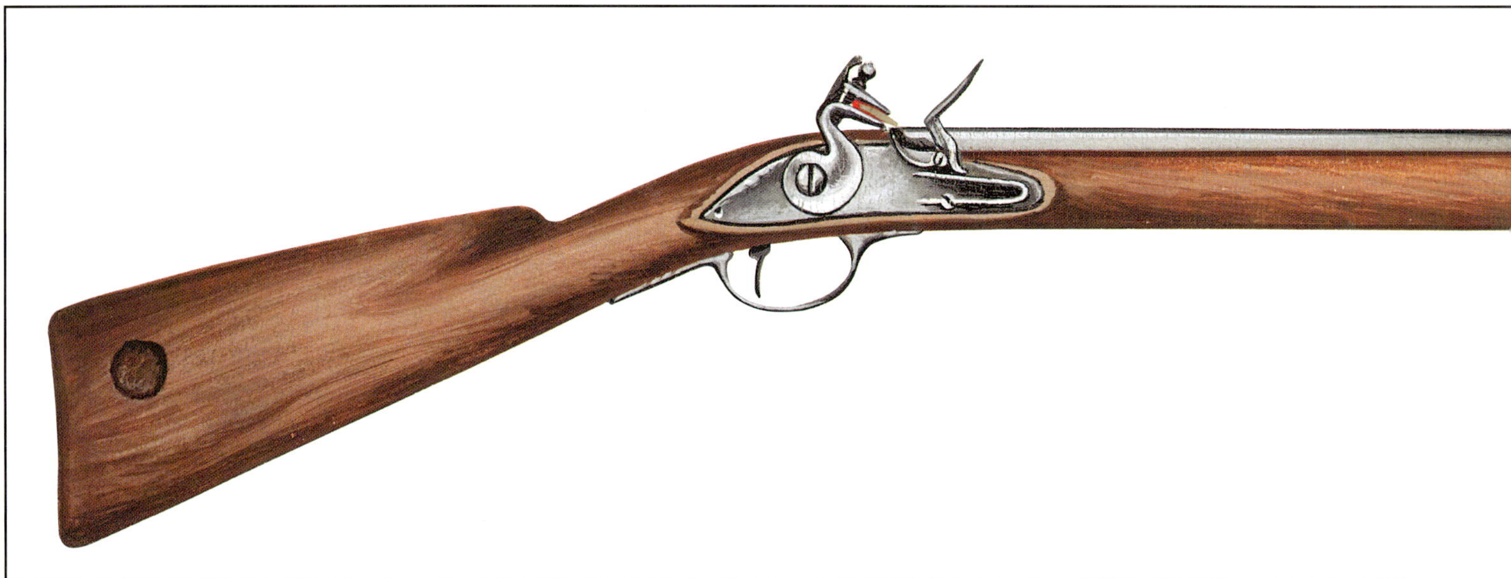

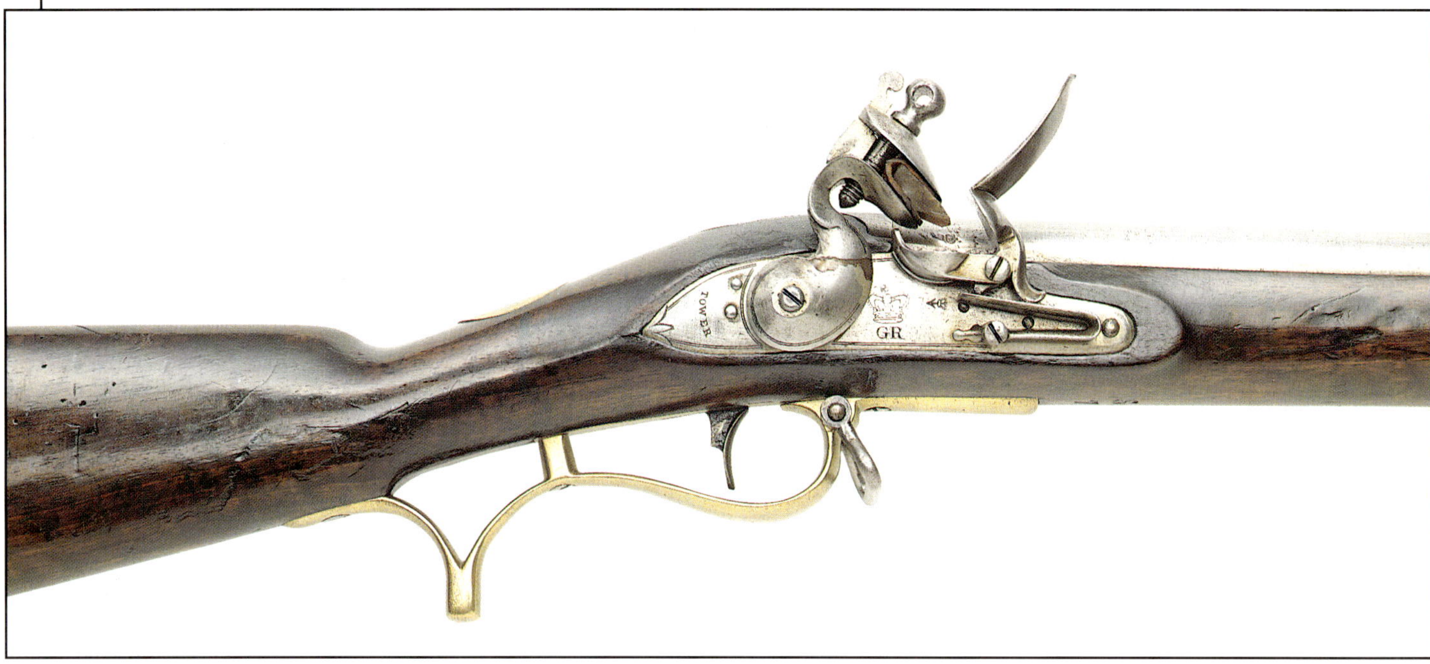

OBEN: **Das von Ezekiel Baker gebaute Gewehr wurde beim britischen Heer eingeführt und von 1808 an (in kleiner Zahl) eingesetzt. Es konnte mit vorgefertigten oder losen Ladungen geladen werden.**

für eine präzisere Waffe mit größerer Reichweite sorgten.

Eine der ersten Theorien kam aus der Theologie und vermutete den Teufel dahinter.

Zwei ebenfalls weit verbreitete, wenn auch längst nicht so phantasievolle Theorien waren wesentlich bodenständiger, kamen aber der Wahrheit auch nicht näher. Zum einen wurde vermutet, dass die drehende Kugel sich durch die Luft schraubte, während die andere Theorie behauptete, dass die Züge die Kugel verzögerten, solange sie noch im Lauf steckte, sodass die Treibladung ihre volle Kraft entwickeln konnte. Darin steckt tatsächlich ein bisschen Wahrheit, wenn auch die Gasdichtigkeit eher ein Nebeneffekt der verbesserten Bearbeitungsmethoden war. Als man diesen Vorteil in der Praxis nutzen wollte, war es noch schwerer, die Gewehre zu laden, was nicht gerade zu ihrer Verbreitung auf dem Gefechtsfeld beitrug.

Nun ist es zwar unmöglich, eine theologische Theorie zu widerlegen, wie absurd sie auch sein mag, die anderen Theorien jedoch erwiesen sich als falsch, sobald Newtons Theorie der Schwerkraft, die 1684 erstmals formuliert wurde, besser verstanden wurde.

AUF IN DIE NEUE WELT

Im 18. Jahrhundert herrschte fast überall in Europa eine turbulente Zeit. Mit dem verstärkten Aufkommen der Schifffahrt und des Handels zwischen den Kontinenten wurde die Auswanderung in die Neue Welt zu einer attraktiven Alternative für viele Europäer.

Das britische Nordamerika, d. h. die 13 Kolonien, die sich über die Atlantikküste von Neuengland bis Georgia erstreckten, war das beliebteste Ziel unter den Europäern, ganz gleich welcher Herkunft. Da spielte es auch keine Rolle, dass die Kolonien selbst noch in den Kinderschuhen steckten und ihre Existenz durch die Ureinwohner bedroht war, die sie ihrerseits zu verdrängen versuchten.

Die Auswanderer, die ein Gewehr bislang höchstens gebraucht hatten, um ihre Speisekammern zu füllen, sahen sich plötzlich im Mittelpunkt kriegerischer Auseinandersetzungen.

Ihre Schießfertigkeit und nicht zuletzt die Qualität ihrer Waffen konnte für sie und ihre Familien den entscheidenden Unterschied zwischen Leben und Tod ausmachen.

Pennsylvania Mountain Rifle

Kaliber: .69in (17,5 mm)
Gewicht: ca. 6 kg
Länge: ca. 1500 mm
Lauflänge: ca.1100 mm
Effektive Schussentfernung: 120 m
Ausführung: Vorderlader, ein Schuss
Mündungsgeschwindigkeit: ca. 150 m/s
Herstellerland: Vereinigte Staaten von Amerika

DAS AMERIKANISCHE GEWEHR

Das amerikanische Gewehr – heute, aus welchem Grund auch immer, allgemein als Kentucky Rifle bekannt – wurde in Städten wie Lancaster oder Reading in Pennsylvania, wo die Mehrheit der deutschen Auswanderer zu finden war, relativ schnell entwickelt. Und das zu einer eher konservativen Zeit. Pennsylvania war erst 1681 gegründet worden und war auch vierzig Jahre später noch an der Siedlungsgrenze. Die deutschen Gewehre, aus denen sich das Kentucky Rifle entwickelte, waren den meisten Waffen weit überlegen, hatten aber auch nicht zu übersehende Nachteile. Sie wogen bis zu 9 kg und die Last erhöhte sich noch durch das Gewicht von Ausrüstung, Kugeln und Pulver. Mit einem sinnvollen Vorrat kam man schnell auf 15 kg, und so war die Waffe höchstens zur statischen Verteidigung geeignet. Viele dieser Waffen hatten Radschlosse mit oft mehr als 20 beweglichen Teilen. Sie konnten in abgelegenen Gegenden kaum gewartet, geschweige denn repariert werden. So wandte man sich bald dem neuen, wesentlich einfacheren Steinschloss zu, das schnell zur Grundlage der neuen Waffe werden sollte. Die Kombination aus Stecherabzug und Stecher, die bereits in der Mitte des 16. Jahrhunderts entwickelt wurde und die es erlaubte, die Waffe durch leichtesten Druck auf den Abzug abzufeuern, war einfach herzustellen und wurde deshalb beibehalten (sowohl bei vielen Kentucky Rifles als auch bei den Folgemodellen). Bei den Gebrauchswaffen wurde auch das simple Visier aus fester V-förmiger Kimme und Perlkorn beibehalten (obwohl es auch deutsche Gewehre mit Lochvisieren gab, gelegentlich sogar Zielfernrohre, wenn auch bei amerikanischen Gewehren höchst selten).

LEICHTER UND KLEINER

Der Trend zur Vereinfachung und zur Gewichtsreduzierung sollte sich fortsetzen. Die Kaliber wurden auf 10–14 mm reduziert, sodass man nun erheblich mehr Munition mitführen konnte, und der Lauf – von außen immer noch achteckig, wie die Vorläufermodelle – wurde um etwa 15 % verlängert. Die Länge lag nun zwischen 1070 und 1220 mm, was die Treffsicherheit auf größere Entfernungen verbesserte und dafür sorgte, dass die Pulverladung sauberer und vollständiger verbrennen konnte, was wiederum die Treibkraft erhöhte. Der Kolben wurde auf das Allernötigste reduziert und Dekorationen suchte man vergebens. Dafür benutzte man attraktivere Hölzer wie Vogelaugenahorn mit seiner schönen Maserung an Stelle des schlichteren Walnussholzes. Im Laufe des 18. Jahrhunderts wurden die Verzierungen wieder aufwendiger, aber die meisten Kenner schätzen die frühen Gewehre wegen ihrer schlichten Eleganz und der klaren Linien höher ein. Der Winkel zwischen Kolben und Laufachse wurde wesentlich steiler, weil man davon ausging, dass der Rückstoß versucht, den Kolben in eine Linie mit dem Lauf zu bringen und ihn deshalb

UNTEN: **Das Baker-Gewehr war nach zeitgenössischen Maßstäben eher kurz und daher über große Entfernungen nicht sehr präzise. Es verfeuerte eine Kugel vom Kaliber 15,4 mm und wurde mit einem Säbelbajonett geliefert.**

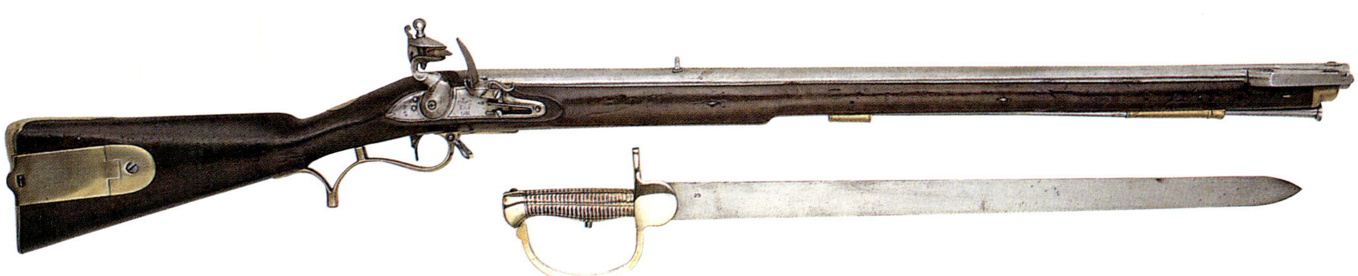

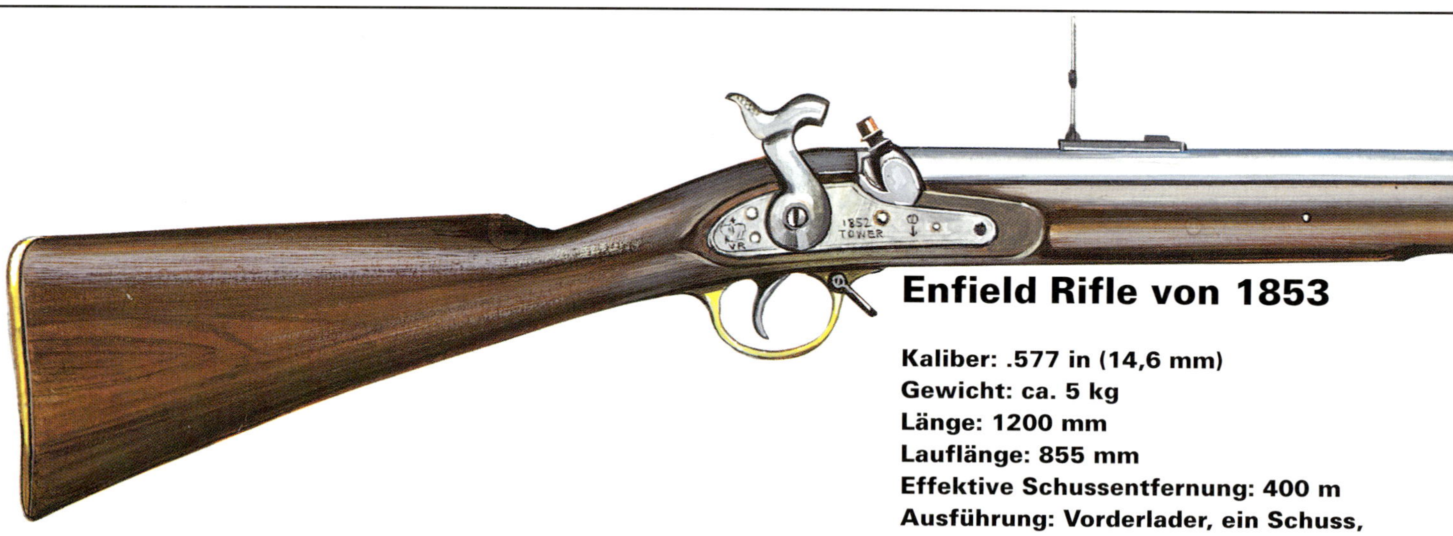

Enfield Rifle von 1853

Kaliber: .577 in (14,6 mm)
Gewicht: ca. 5 kg
Länge: 1200 mm
Lauflänge: 855 mm
Effektive Schussentfernung: 400 m
Ausführung: Vorderlader, ein Schuss, Minié-System
Mündungsgeschwindigkeit: 400 m/s
Herstellerland: Großbritannien

etwas anhebt, bevor er ihn zurück an die Schulter des Schützen drückt. So hoffte man die Belastung des Schützen zu reduzieren. Die Riemenbügel verschwanden recht schnell, weil die Männer lernten, dass die Waffe in die Hand oder in die Armbeuge gehörte und nicht über die Schulter zu hängen war. Nach zeitgenössischen europäischen Vorstellungen waren die amerikanischen Waffen handwerklich sauber gefertigt, mehr aber auch nicht. Die Schlosse waren im Vergleich zu den Produkten aus London oder Deutschland recht primitiv, hatten aber den Vorzug, einfach aufgebaut zu sein. So ließen sie sich mit einfachsten Mitteln und Werkzeugen reparieren.

Die Vereinfachung des amerikanischen Gewehrs sollte aber nicht nur das Gewicht reduzieren, das der Schütze oder der Soldat zu tragen hatte. Sowohl das Blei als auch der Salpeter (KNO_3) für das Schießpulver waren schwer erhältlich und daher sehr teuer. Salpeter, der aktive Bestandteil des Pulvers, ergibt zusammen mit Kohle und Schwefel (die gegen Ende des 18. Jahrhunderts mehr als 75 % des Gewichts ausmachten) eine gute Sauerstoffquelle. Dieser verbindet sich mit der Kohle zu Kohlendioxid. Dieses Gas wird beim Abbrennen des Schießpulvers so schnell und in so großer Menge erzeugt, dass es in der Lage ist, das Geschoss mit einer Geschwindigkeit von mehreren Hundert Metern in der Sekunde aus dem Lauf zu schieben.

PULVER UND KUGELN

Salpeter entsteht in der Natur als Nebenprodukt bei der Verwesung pflanzlichen Materials, allerdings in eher kleinen Mengen. Als die Nachfrage anstieg, wurde ein Verfahren zum intensiven Salpeteranbau entwickelt. Dabei wurde landwirtschaftlicher Dung in flache Gräben geschüttet, warm gehalten und leicht mit Erde bedeckt. Später wurde er geharkt und regelmäßig durchgerührt, um sicherzustellen, dass die Bakterien, die die Nitrate entwickelten, genügend Luft bekamen. Dazu kam eine bestimmte Menge Holzasche, damit das darin enthaltene Kalium den Wasserstoff in der von den Bakterien erzeugten schwachen Salpetersäure ersetzen und so Kaliumnitrat bilden konnte. Die Mischung aus Erde, Dung und Asche wurde dann gewaschen und eingeweicht, damit sich der Salpeter lösen konnte. Die verbleibende Lösung wurde getrocknet, damit das kristallförmige Kaliumnitrat übrigblieb.

Das seltene Vorkommen des Kaliumnitrats hatte Napoleon veranlasst, den berühmten Chemiker Claude Louis Berthollet nach einer Alternative suchen zu lassen. Dieser fand 1786 eine alternative Sauerstoffquelle, das Kaliumchlorat, und produzierte sogar Knallpulver aus Silber. In der zweiten Hälfte des 19. Jahrhunderts vereinfachte sich die Herstellung, nachdem große Nitratvorkommen in Chile entdeckt worden waren. Es handelte sich jedoch um das weniger reaktionsfreudige Chilesalpeter, das einer weiteren Bearbeitung bedurfte. Später nutzte man dann die Erfindung, den Stickstoff direkt aus der Luft zu gewinnen. Gleichzeitig befanden sich neue Sprengstoffe wie Nitroglyzerin und Nitrozellulose in der Entwicklung, die das Schwarzpulver

RECHTS: **Die Männer der Coldstream Guard, ausgerüstet mit Enfield-Gewehren vom Muster 1853, stürmen am 20. September 1854 die Höhen von Alma. Das neue Gewehr hatte nicht nur eine tödliche Wirkung, es war auch leichter zu laden.**

ablösten und die Nachfrage nach Kaliumnitrat zum Erliegen brachten.

DIE HERSTELLUNG VON SCHIESSPULVER

Schwarzpulver ist ein durchaus brauchbarer Sprengstoff, hat aber zwei entscheidende Nachteile: Da es sich um eine einfache Mischung dreier höchst unterschiedlicher Materialien handelt, neigt es dazu, sich bei größerer Menge in seine Bestandteile aufzulösen. Der Umgang damit ist äußerst unpraktisch, und bei der Verbrennung erzeugt es große Mengen von Rauch und Feststoffen, die sich im Lauf absetzen und die Waffe unbrauchbar machen, wenn sie nicht regelmäßig gereinigt wird. Das zweite Problem liegt in der Natur des Materials und lässt sich nicht lösen, das erste hingegen kann durch das „Mahlen“ behoben werden: Dabei wird es mit Wasser gemischt, getrocknet und in kleine ebenmäßige Stücke portioniert, von denen jedes die gleiche Zusammensetzung hat. Dieser Ansatz wurde bereits im 16. Jahrhundert ausprobiert.

HINTERLADER

Viel wichtiger als die Erfindung einer neuen Treibladung war die Suche nach einer Möglichkeit, das umständliche Laden zu vereinfachen. Bislang musste

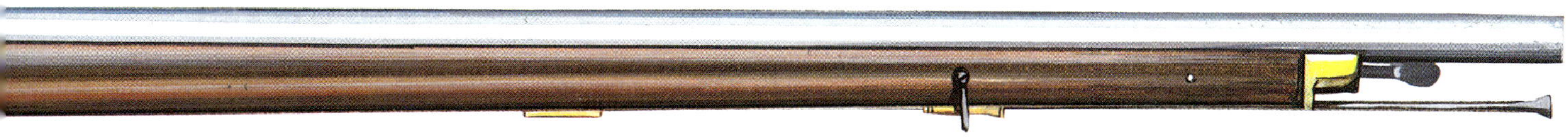

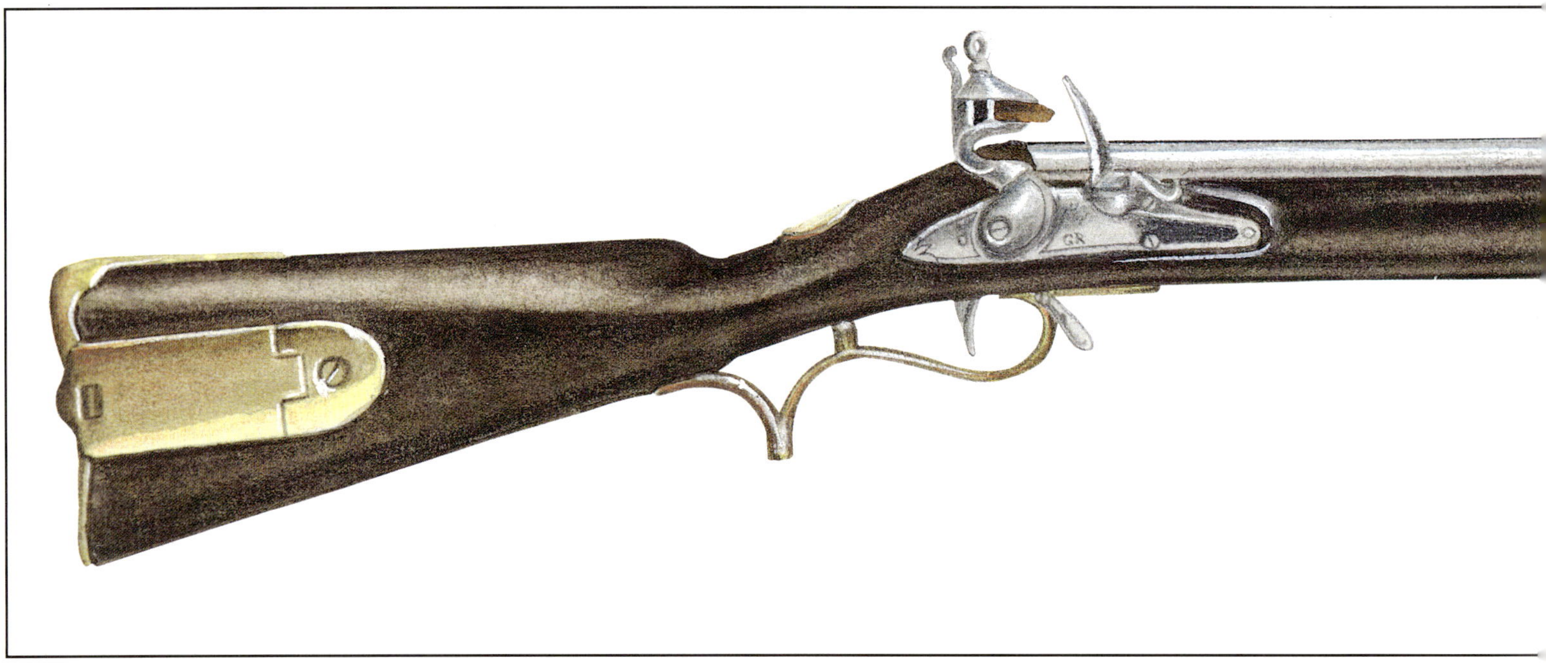

das recht eng sitzende Projektil durch den ganzen Lauf gestopft werden. Um dies zu vermeiden, gab es zwei Lösungswege: Das Laden durch ein offenes Verschlussstück und die Verwendung eines locker sitzenden Geschosses, das einfach in das Verschlussstück gesteckt wurde und sich dann von selbst ausdehnte.

Die erfolgreichsten Hinterlader jener Zeit hatten die Schraubverschlüsse von Ferguson (die Weiterentwicklung einer Methode des Franzosen Chaumette) oder den Kippverschluss von Hall (auch dies eine Weiterentwicklung einer erfolglosen Erfindung, diesmal eines Italieners namens Crespi). Bei Fergusons Gewehr ging ein großer senkrechter Block mit einem Innengewinde durch das Verschlussstück. Er konnte abgesenkt werden, um Kugel und Ladung einzuführen und wurde dann durch Drehen in seine Position gebracht. Das System wurde mit gewissem Erfolg im amerikanischen Unabhängigkeitskrieg angewandt. Bei Halls Methode kam eine Verschlusskammer zum Einsatz, die zum Laden hochgekippt und dann wieder heruntergeklappt wurde, um mit dem Lauf in einer Achse zu liegen. Die US-Regierung beschaffte 1819 Gewehre und Karabiner von Hall und setzte sie im Krieg gegen Mexiko ein.

EXPANSIONSGESCHOSSE

Die Alternative, d. h. ein locker sitzendes Geschoss, das sich etwas ausdehnte, um in die Züge zu greifen, bevor es durch den Lauf schoss, ließ erstaunlich lange auf sich warten. In den 1820er Jahren argumentierte der britische Heeresoffizier John Norton, dass ein entsprechend geformtes, etwas zu kleines Geschoss mit einer Vertiefung an der Rückseite, auf die die Treibladung traf, sich durch die Detonation ausdehnen und in die Züge greifen würde. Nach einer Reihe von Fehlversuchen gab es endlich einen Erfolg, als Greener in England und Delvigne in Frankreich die ursprüngliche Idee verfeinerten. Sie schlugen zylindrische Projektile mit kegelförmigen Spitzen und Einkerbungen am Boden vor, weil es stets problematisch gewesen war, die Vertiefungen an die richtige Stelle zu setzen. Claude Minié, ein französischer Offizier, setzte das System durch und gab ihm den Namen (er führte auch weitere Merkmale ein, die aber allesamt erfolglos blieben und wieder aufgegeben wurden). Anfang der 1850er Jahre kamen die ersten Gewehre mit dem Minié-System zu den Kampftruppen und die besten unter ihnen waren ausgezeichnet. Der Schweizer Bundeskarabiner von 1851 im Kaliber 10,5 mm wurde mit 4 g Schwarzpulver geladen und erreichte eine Mündungsgeschwindigkeit von ca. 400 m/s. Damit konnte das Geschoss drei 2,5 cm dicke Holzbretter auf eine Entfernung von 1000 Schritt durchschlagen. Es war so genau, dass auf einem Drittel dieser Entfernung jeder Schuss auf ein anderthalb Meter großes quadratisches Ziel traf. Gezogene Vorderlader nach dem Minié-Prinzip waren die häufigsten Langwaffen im amerikanischen Bürgerkrieg.

FORTSCHRITT IN VIELE RICHTUNGEN

Am Anfang des 19. Jahrhunderts hatte sich das Steinschloss fast überall durchgesetzt (in einigen Teilen der Welt, besonders Japan und Zentralasien, war das Luntenschloss populärer, und es gab auch noch viele Waffen mit Radschloss, besonders in Afrika). Es war einfacher und zuverlässiger als andere Methoden, das Schießpulver am Verschlussstück zu entzünden. Es genügte ein Funke, erzeugt von einem auf Stahl schlagenden Feuerstein. Trotzdem neigten auch diese Waffen selbst bei gutem Wetter und regelmäßiger Reinigung zu Versagern. Wenn sie schmutzig waren oder bei Nässe eingesetzt wurden, waren sie völlig nutzlos.

Die Bewegung der Kugel in der Waffe war ein sehr komplexer Ablauf. Der Abzug löste das Abzugsstück, das wiederum den Hahn, unmittelbar oder über eine Nuss, löste. Getrieben durch eine Feder ging der Hahn um etwa eine Achteldrehung nach vorn, bevor der in einer Klammer steckende Feuerstein auf eine Stahlplatte schlug, diese und die daran befestigte Zündpfanne nach vorn aus dem Weg schob, den Druck einer weiteren Feder überwand und die Pfanne öffnete, um das Pulver freizulegen.

Die Funken, die der Feuerstein beim Auftreffen auf den Stahl erzeugt, fallen auf das Pulver, entzünden es, wodurch wiederum die Treibladung selbst, die über das Zündloch den Funken ausgesetzt wird, entzündet wird (natürlich nur, wenn sie absolut trocken ist). Da die Ladung durch das Geschoss und den Verbrennungsraum eingeschlossen ist, kommt es zu einer Explosion und einer schnellen (wenn auch nicht sofortigen) Freisetzung großer Gasmengen, die das Geschoss durch den Lauf schieben. Natürlich dau-

Baker-Gewehr

Kaliber: .625in (15,9 mm)
Gewicht: 4,5 kg
Länge: 1100 mm
Lauflänge: 750 mm
Effektive Schussentfernung: ca. 150 m
Ausführung: Vorderlader, ein Schuss
Mündungsgeschwindigkeit: ca. 150 m/s
Herstellerland: Großbritannien

ert dieser Vorgang nicht länger als ein Blinzeln – aber ein Blinzeln braucht eben auch seine Zeit.

DIE SCHWÄCHEN DES STEINSCHLOSSES

Neuzeitliche Versuche mit Steinschlosswaffen – sie haben tatsächlich heute noch viele Anhänger in den Vereinigten Staaten – haben gezeigt, dass bei einer hochwertigen Waffe in optimalem Zustand das Drücken des Abzugs und das Abfeuern scheinbar gleichzeitig erfolgen. Das ist allerdings ein Idealzustand. Früher hat es in der Regel anders ausgesehen. Auf dem Gefechtsfeld des 18. Jahrhunderts waren die schlecht gepflegten Waffen in den Händen von Anfängern (denn das waren die Soldaten im Krieg normalerweise) höchst unzuverlässig. Selbst wenn sie erfolgreich abfeuerten, was bei Soldaten immerhin in 70 % aller Fälle gelang, gab es oft eine spürbare Verzögerung zwischen dem Fallen des Hahns und dem tatsächlichen Abfeuern. Dabei zitterte der Schütze oft, und die Waffe geriet so vom Ziel ab. Schlimmer noch, wenn es sich um ein lebendes Ziel handelte, konnte dieses die Funken sehen und sich rechtzeitig aus der Schusslinie bringen.

KNALLPULVER

Nach der geschichtlichen Überlieferung soll der Schotte Alexander John Forsyth, Rektor von Belhevie, ein paar Meilen nördlich von Aberdeen, über einen derart entkommenen Vogel so frustriert gewesen sein, dass er über die Funktionsweise seiner Waffe nachdachte. Forsyth wusste Bescheid über eine Reihe instabiler explosiver Salze, die gemeinhin als knallsaure Salze bezeichnet und durch das Auflösen von Metallen in Säure gewonnen werden. Knallgold wird beispielsweise in Samuel Pepys' Tagebuch vom 11. November 1663 erwähnt. Knallsilber, das so flüchtig ist, dass es „einmal gewonnen, nicht mehr berührt werden darf", wurde 1788 vom französischen Chemiker Claude Louis Berthollet erzeugt. Zwei Jahre zuvor hatte er Kaliumchlorat künstlich hergestellt und konnte beweisen, dass es als Ersatz für Salpeter im Schwarzpulver geeignet war.

Nachdem Edward Howard im Jahr 1800 begonnen hatte, das etwas besser beherrschbare Knallquecksilber herzustellen, experimentierte Forsyth damit und auch mit Kaliumchlorat, wohl in der Hoffnung, eine schnellere und zuverlässigere Treibladung als das herkömmliche Schießpulver zu finden.

Diese frühen Versuche erwiesen sich als unpraktikabel (trotzdem versuchten sich andere Erfinder später immer wieder daran), und Forsyth kam darauf, die Mischung als Zündladung und nicht mehr als Treibladung zu benutzen.

DAS SCHLOSS VON FORSYTH

Nach Experimenten mit einem simplen Eisenrohr baute er eine Waffe mit einem Hammer an Stelle des Hahns der Steinschlosswaffe und ersetzte die Zündpfanne durch einen kleinen Behälter, der in Form und Funktion einer Parfümflasche nicht unähnlich war. Beim Öffnen entließ der Behälter eine genau bemessene Menge an Knallpulver in das Zündloch und zwar genau auf einen „Amboss". So hatte man endlich, wenn auch noch in sehr rudimentärer Form, eine Alternative zur glühenden Lunte oder zum unzuverlässigen Feuerstein.

ZÜNDHÜTCHEN

Viele Büchsenmacher kauften diese Pulverschlosse von Forsyth (und seinen Lizenznehmern in London und Edinburgh) und benutzten sie, um noch gut erhaltene Steinschlosswaffen auf das neue System umzurüsten. Merkwürdigerweise machte Forsyth keine Anstalten, ein besseres Mittel zu finden, um das Pulver in das Verschlussstück zu befördern. Schließlich war das Knallpulver korrosionsfördernd, und bei seiner Benutzung musste das Schloss regelmäßig peinlich genau gesäubert werden. Irgendeine Hülle war also unbedingt erforderlich. Andere Erfinder kümmerten sich darum, und so gab es schon bald die unterschiedlichsten Zünder. Am besten war sicherlich das Zündhütchen, das seinen Namen erhielt, weil es über einen Nippel gezogen wurde, der an der Stelle des früheren Zündlochs saß. Dieses System sollte sich am Ende durchsetzen, obwohl Zündstreifen – Tütchen mit Knallpulver, die zwischen zwei Papierstreifen saßen, ebenfalls eine kurze Blütezeit erlebten. Diese Erfindung des amerikanischen Zahnarztes Maynard wurde mit Hilfe eines simplen Ratschenmechanismus in das Verschlussstück befördert.

Der vermutliche Erfinder des Zündhütchens ist wohl ein englischer Auswanderer in den USA, der Künstler Joshua Shaw. Shaw erhielt 1822 ein Patent für das Zündhütchen, bestand aber stets da-

LINKS: **Dieser Milizsoldat aus dem Staat New York ließ sich vermutlich 1862 fotografieren, bevor er in den Krieg zog. Er hat eine Muskete, Modell 1855, mit Perkussionsschloss, die Maynards patentierten Zündstreifen benutzt.**

Methoden blieben allerdings Metallrückstände im Ladungsraum, die vor dem erneuten Laden entfernt werden mussten.

Im Jahr darauf beantragte ein britischer Kapitän zur See, John Hayes, ein Patent auf die so genannte Hautpatrone (die Bezeichnung ist irreführend, da es sich in Wahrheit um Därme handelte).

William Storm verbesserte Hayes' Patent 1861, indem er getrocknete Darmpatronen mit Guttapercha-Firnis behandelte. Diese Patrone war nun wasserdicht, aber nach der Trocknung leider auch so brüchig, dass sie sich in kleine Stücke auflöste, wenn sie mit dem Ladestock in den Ladungsraum gestopft wurde.

So mangelhaft diese Erzeugnisse auch waren, sie fanden trotzdem reißenden Absatz – dafür sorgte schon der amerikanische Bürgerkrieg. Einer der beeindruckendsten statistischen Werte bezieht sich auf die enorme Zahl an Handfeuerwaffenpatronen, die verschossen wurden: Für die 19 verschiedenen Handfeuerwaffen, die das Heer der Union ausgab, wurden nicht weniger als 68 385 400 Geschosse beschafft.

DIE PATRONE MIT ZÜNDER

Natürlich enthielt keine dieser Patronen Treibladungszünder, obwohl die Idee dazu bestimmt schon fünfzig Jahre alt war. Die Vorarbeit hatte ein Schweizer, Samuel Johannes Pauly (oder Pauli), in Paris zum Ende der napoleonischen Kriege geleistet. Eigentlich hatte Pauly die Absicht, den damals noch sehr mangelhaften Hinterlader zu vervollkommnen, aber er glaubte, dass er für diesen Zweck zunächst Projektil, Ladung und Zünder in einer Patrone unterbringen musste. 1810 oder 1811 entwickelte er eine Patrone mit einem Weichmetallboden mit Rand und einer Papierhülse, ähnlich wie die bis in die 60er Jahre dieses Jahrhunderts noch benutzten Schrotpatronen. Manchmal bestand die Hülse auch aus Messing und konnte so wieder verwendet werden. Die Zündung war etwas primitiver, denn das Zündhütchen war ja noch nicht erfunden. So blieb nichts anderes übrig, als eine kleine Menge Knallpulver in eine offene Pfanne am Patronenende zu geben. Um sicherzustellen, dass sie dort auch blieb, musste Pauly ein stehendes Verschlussstück benutzen, in das eine Aufnahme für einen federbelasteten Schlagbolzen gebohrt war. Die hahnähnlichen Auswüchse an seinen Waffen sind in Wahrheit lediglich Spanner für versteckte Schlagstücke. Pauly beschäftigte einen jungen preußischen Schlossmacher, Johann Nikolaus von Dreyse, der ihm die Waffen anfertigte. Der Lehrling sollte später berühmter werden als der Meister. Merkwürdigerweise scheint die Tatsache, dass der Messingboden sich ausdehnt und eine gasdichte Versiegelung bildet – sicherlich der Kernpunkt von Paulys Arbeit – viele Jahre lang niemandem aufgefallen zu sein.

RANDFEUERPATRONEN

30 Jahre nachdem Pauly Paris verlassen hatte, entwickelte Louis Flobert dort die weniger wichtige der beiden heute noch in Benutzung stehenden Typen der Metallpatrone: Die Randfeuerpatrone bestand am Anfang lediglich aus einer gezogenen Kupferhülse, kaum größer als ein Zündhütchen, in der der Treibladungszünder auch als Treibladung wirkte und ein leichtes kleinkalibriges Projektil mit geringer Geschwindigkeit heraus-

RECHTS: **Diese beiden schwarzen Unionssoldaten wurden 1864 in Virginia aufgenommen, scheinbar auf der Feldwache. Es fällt aber auf, dass beide Musketen vom Modell 1855 nicht gespannt sind.**

schleuderte. Diese Patronen wurden für Schießübungen in der Halle oder zur Jagd auf Raubzeug benutzt. Flobert stellte seine Produkte 1851 in London aus und erregte beträchtliches Aufsehen.

Ein amerikanischer Waffenschmied, Daniel Wesson, hielt Floberts Arbeit für so interessant, dass er sich ebenfalls diesen Patronen zuwandte. Er setzte auf das Kaliber .22 (5,6 mm) und verlängerte die Hülse etwas, um eine kleine Ladung (200–250 mg) Schwarzpulver unterzubringen. Wesson standen bessere Werkzeuge zur Verfügung als Flobert, und er konnte den Patronen einen echten Rand verpassen, wo Flobert nur eine kleine Aufbauchung erzeugen konnte. Er brachte das Knallpulver dort unter und nicht mehr als Klümpchen irgendwo in der Patrone. Der Rand unterstützte nicht nur das Ausstoßen der Patrone, sondern regelte auch den Verschlussabstand, d. h. den Abstand zwischen dem Verschlussstück und der Oberfläche der Patrone. Paulys Patrone war dazu auch in der Lage, spätere Konstruktionen weniger, sodass es oft zu Versagern kam.

Der grundlegende Mangel der Randfeuerpatrone lag in der Materialstärke. Damit der Schlag des Hahns den Treibladungszünder auslösen konnte, musste die Hülse dünn und weich sein. Bei größeren Kalibern war die für die Projektile erforderliche Treibladung stark genug, die Hülse aufzureißen. Außerdem war es schwierig, die Zündladung gleichmäßig im Rand zu verteilen. Gelang es nicht, gab es ebenfalls oft Versager. Wenn die Zündladung im Verhältnis zur Treibladung relativ groß war, riss oft der Rand auf oder trennte sich von der Hülse. Damit war die Waffe zunächst einmal unbrauchbar und musste von einem Büchsenmacher gerichtet werden.

Alle diese Probleme trugen später zum Untergang der Randfeuerpatrone bei, nur beim Kaliber .22 überlebte sie noch. Zunächst aber war sie durchaus erfolgreich. Es wurden Gewehre und Pistolen mit Kalibern bis zu .50 (12,7 mm) hergestellt. Am populärsten waren die Kaliber .32 (8,1 mm) (wofür bis 1963 noch Pistolen hergestellt wurden) und .41 (10,4 mm), das bei der berühmten Remington Double Derringer verwendet wurde. Diese Waffe wurde von Spielern, Huren, Verbrechern, aber auch den Gesetzeshütern im „Wilden Westen“ der Vereinigten Staaten benutzt. Einige der berühmtesten Gewehre dieser Zeit wie das Winchester Model 1866, das ihm zu Grunde liegende Henry-Gewehr und das beste Repetiergewehr des Bürgerkrieges, das Spencer, benutzten Randfeuerpatronen.

ZENTRALFEUERPATRONEN

Es gab aber zu viele falsche Ansätze und letztendlich auch zu viele falsche Lösungen, bevor die nachladbare Messingpatrone mit Zentralzündung praktisch zu gebrauchen war. Dabei waren alle Komponenten für die Konstruktion und auch die erforderlichen Bearbeitungs- und Herstellungsverfahren bereits 1840 bekannt. Einen wichtigen Beitrag leistete George Morse, der eine rohrförmige Messingpatrone mit „Drahtamboss“ baute, an dem die Zündhütchen detonierten.

Die ringförmige Lücke, die nach der Einpassung des Zündhütchens blieb, wurde mit einem Haltering aus Gummi gefüllt. Wichtiger als die Leistungen von Morse war die Arbeit zweier Offiziere, des Briten Colonel Edward Mounier

OBEN: **Die schweren Verluste der Union bei der Schlacht um Fredericksburg im Dezember 1862 bewiesen die Wirksamkeit – und Tödlichkeit – präzisen Gewehrfeuers aus Stellungsgräben.**

Boxer vom Königlichen Laboratorium in Woolwich und des Amerikaners Colonel Hiram Berdan, ehemals bei den Elitescharfschützen des Unionsheeres. Die beiden entwarfen und bauten mit beträchtlicher Unterstützung ihrer Techniker – die zweifellos viel zur Entwicklung und auch zum Herstellungsverfahren der Patronen beitrugen, denn weder Boxer noch Berdan waren Ingenieure oder Büchsenmacher – die ersten wirklich funktionsfähigen nachladbaren Patronen mit Zentralzündung und eingesetztem Treibladungszünder, Boxer 1866 und Berdan zwei Jahre später.

Die Patronen von Boxer bestanden aus gewickelten Messingwänden, einem Boden aus gezogenem Messing mit einer Bohrung für den Treibladungszünder, einem separaten Amboss sowie einem perforierten Eisenring als Rand für Auswurf und Passung. Im harten Militärdienst erwies sich diese Konstruktion als weniger praktisch. Beim Schießen schwollen die Patronen oft an und klemmten dann. Der eiserne Ring wurde leicht von der Ausziehklaue abgerissen. Montiert wurden die Patronen von Hand.

Die unvermeidlichen Fehler führten stets zu Versagern, was auf dem Schießplatz ärgerlich, im Gefecht jedoch tödlich war, wie die Briten leider viel zu oft feststellen mussten.

RECHTS: **Neben der Muskete wurde 1855 auch eine Standardpistole mit gezogenem Lauf im gleichen Kaliber .58in (14,7 mm) eingeführt. Der abnehmbare Kolben war in erster Linie für die Kavallerie gedacht.**

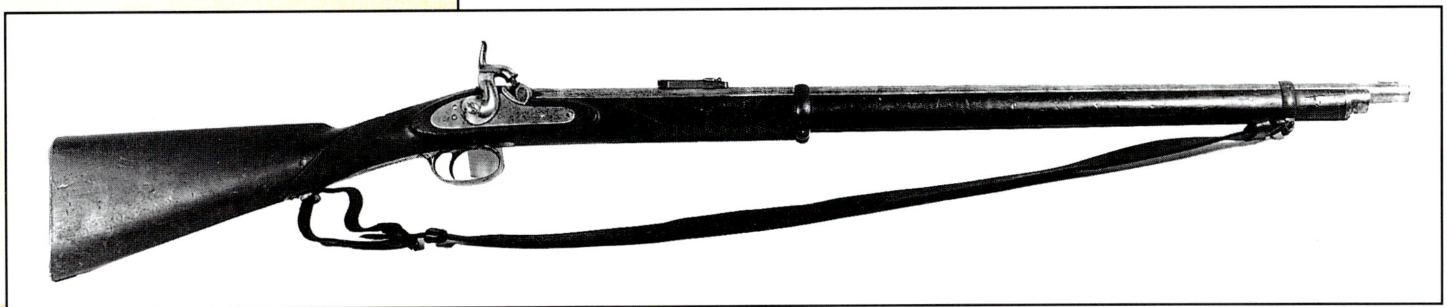

OBEN: **Ein schönes Exemplar des Whitworth-Gewehrs mit seiner spiralförmigen hexagonalen Bohrung. Es handelte sich wohl um die persönliche Waffe eines Offiziers – zu sehen auch an der schachbrettartigen Verzierung.**

Berdans größte Leistung lag in der Einsicht, dass der Amboss für den Treibladungszünder einen Teil der Hülse darstellen musste. Außerdem konnte er darauf verweisen, dass er von Anfang an auf massive, gezogene Patronen gesetzt hatte und so um die Probleme herumkam, die Boxer mit seiner Munition hatte. Überraschenderweise kam er nicht auf den nächsten logischen Schritt, ein Patent für einen passenden Treibladungszünder für seine Patronenhülsen zu beantragen. Diesen Schritt unternahm A. C. Hobbs von der Union Metallic Cartridge Co. im Jahr 1869. In Europa entwickelten Werder in Bayern (und etwas später die Brüder Mauser) ebenfalls Einheitspatronen nach dem Prinzip von Boxer/Berdan. Innerhalb weniger Jahre hatte sich so ein neuer Standard entwickelt.

Zu jener Zeit hatten alle Patronen einen Rand oder Flansch, wobei dieser Rand und nicht die Form der Patrone oder des Geschosses dafür sorgte, dass

UNTEN: **Diese Muskete nach dem Muster des Enfield von 1853 zeigt deutlich, wie einfach das Zündhütchen gegenüber dem Steinschloss aufgebaut war: ohne Hahn, Feuerstein, Batterie, Pfanne und Zündloch.**

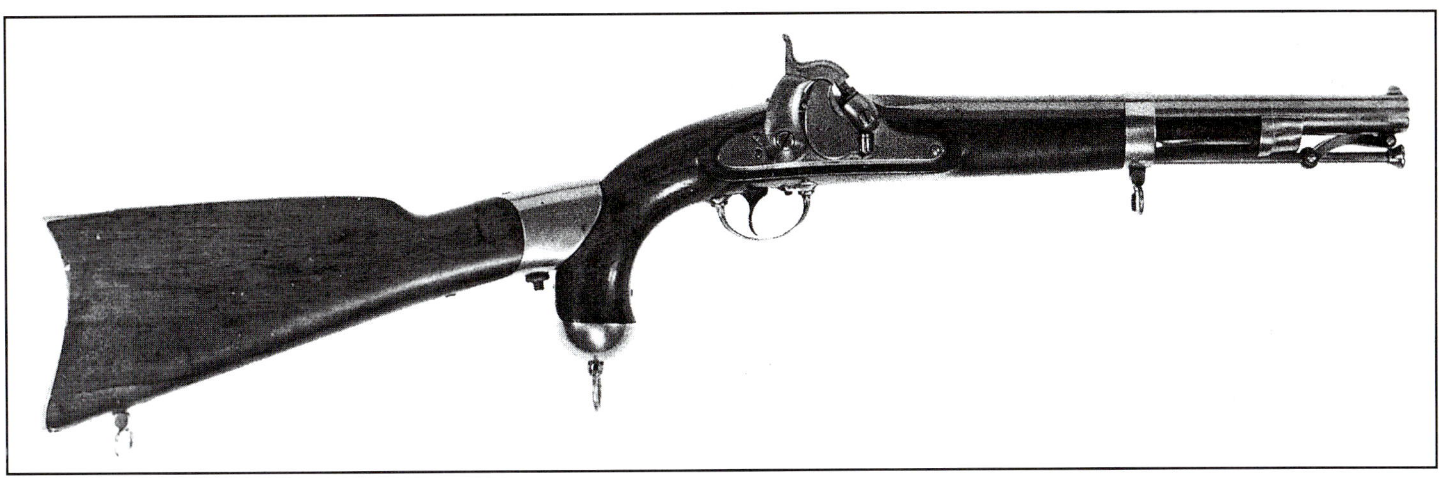

die Patrone richtig im Patronenlager saß. Das war so lange praktisch, bis die ersten Waffen (sowohl Pistolen als auch Gewehre) mit Kastenmagazin erschienen. Dort war es dann hinderlich. Wenn Patronen mit Rand falsch in ein Kastenmagazin gepackt werden, können sie nicht zugeführt werden. Als Lösung des Problems erschien die randlose Patrone. Bei ihr sorgen der Hülsenhals, der natürlich etwas größer als das Projektil ist, und die Länge der Patrone für den exakten Sitz im Ladungsraum, d. h. für den entsprechenden Verschlussabstand und Auswurf. Es dauerte aber einige Zeit, bis der Schweizer Rubin auf diese Idee kam.

Zu dieser Zeit fing man auch an, dem Projektil selbst eine andere Form zu geben. Die erste Verbesserung war die Umstellung von den runden Kugeln der ersten Vorderlader zu den zylindrischen Geschossen mit mehr oder weniger abgerundeten Spitzen, wie sie zunächst von den Papierpatronen und dann von der Einheitspatrone übernommen wurden. Dann gab es für die Mauser Modell 1898 die so genannten „Spitzgeschosse", deren Name schon auf die Form schließen lässt. Schließlich begann die Entwicklung von Patronen mit mehr Durchschlagskraft bei gleicher Geschwindigkeit. Dazu zählen Kugeln, die sich beim Aufschlag ausdehnen, insbesondere solche mit weicher Spitze, Hohlspitz- und verformbare Geschosse. Splitter- und Sprenggeschosse gibt es schon seit dem 19. Jahrhundert. Ihr Einsatz war allgemein geächtet – zumindest solange, wie auf Weiße geschossen wurde – bei anderen Rassen regte sich niemand auf. Dieser weitverbreitete Rassismus geht auf Papst Innozenz II. zurück, der den Einsatz der Armbrust gegen Christen untersagte, ihn gegen Ungläubige aber billigte.

Später änderte sich auch die Zusammensetzung der Projektile. Mit dem Erscheinen des Repetiergewehrs, bei dem die Patronen aus einem Magazin in den Ladungsraum geführt werden, ging die Zeit der reinen Bleikugel zu Ende. Von nun an kam eine Bleilegierung mit einem Härter, normalerweise Zinn oder Antimon, zum Einsatz, um Verformungen und den daraus resultierenden Versagern vorzubeugen. Die endgültige Lösung dieses Problems lag in der Einführung von Geschossen mit einem Mantel aus Stahl oder Kupfernickel, dies ebenfalls eine Erfindung von Rubin. Lediglich die .22in-Randfeuerpatronen bestehen heute noch aus reinem Blei.

ZÜNDNADELWAFFEN

Die ersten „modernen" Hinterlader sind drei Jahrzehnte älter als Boxers Metallpatrone. Ihre Herkunft lässt sich über Paulys Arbeit in Frankreich über die kleine Stadt Sömmerda nördlich von Erfurt, die Heimatstadt von Nikolaus von Drey-

Ferguson-Vorderlader

Kaliber: .75 in (19 mm)
Gewicht: ca. 5 kg
Länge: ca. 1200 mm
Lauflänge: ca. 800 mm
Effektive Schussentfernung: 150 m
Ausführung: Hinterlader mit Verschlussschraube, ein Schuss
Mündungsgeschwindigkeit: 200 m/s
Herstellerland: Großbritannien

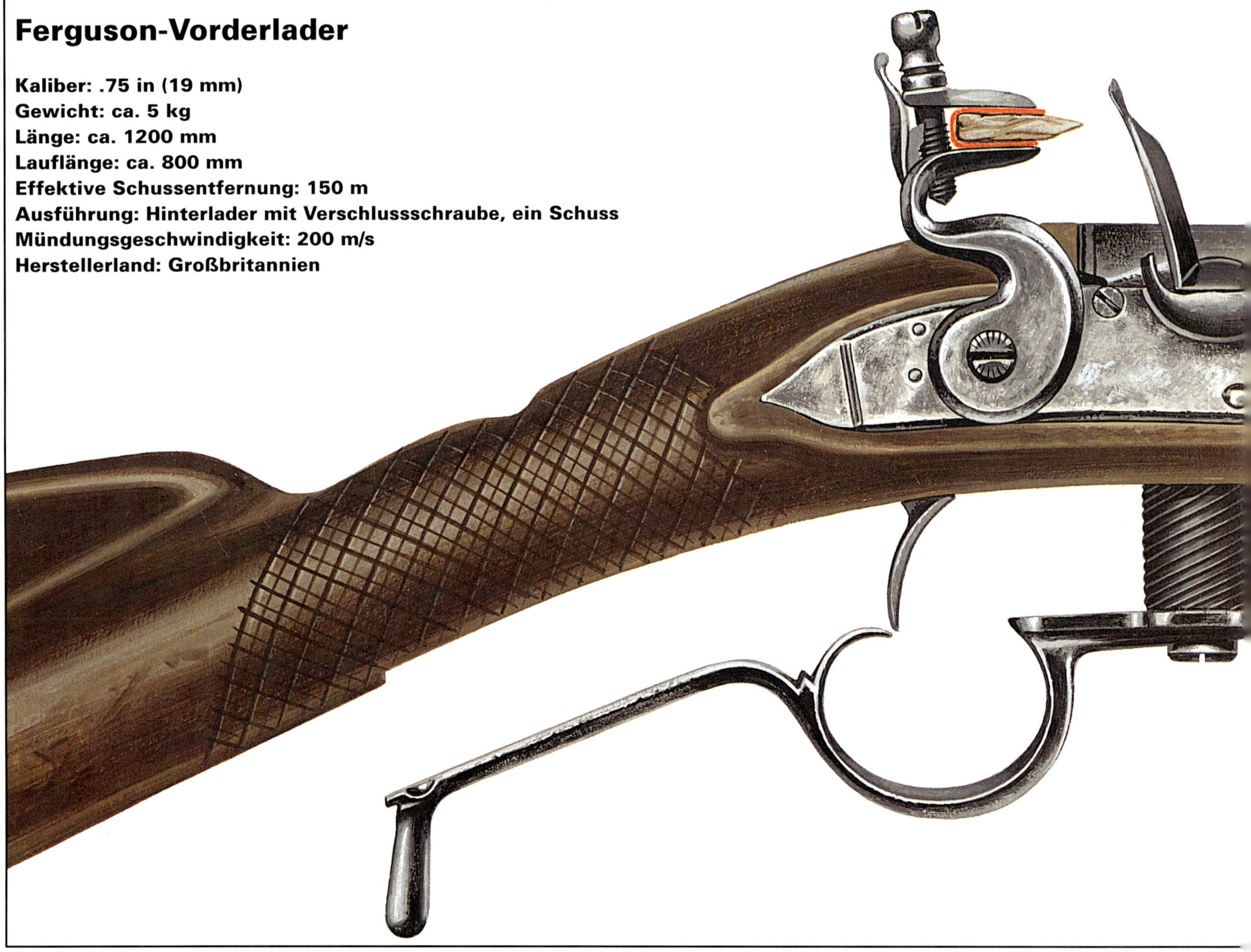

se, verfolgen. Er war aus Paris zurückgekehrt und arbeitete im folgenden Jahrzehnt wohl als Büchsenmachergeselle, bevor er zusammen mit einem Herrn Collenbusch begann, Zündhütchen zu produzieren, gerade zwei Jahre nachdem Shaw sein US-Patent erhalten hatte. In den folgenden drei oder vier Jahren entwickelte und baute er ein neuartiges Gewehr in kleinen Stückzahlen.

VON DREYSE UND PAULY

Von Dreyses Arbeit in Paulys Werkstatt hatte sich auf Gewehre nach der Bauart des Meisters beschränkt, d. h. mit stehendem Verschlussstück und federbelastetem Schlagbolzen. Die erste eigene Entwicklung von Dreyse sah vor, diesen Schlagbolzen zu verlängern und anzuspitzen, sodass er unter dem Druck der Feder die Patrone im Ladungsraum durchbohrte und auf ein Zündhütchen stieß, das im hinteren Hohlraum der Patrone saß.

Dabei handelte es sich um eine zylindrisch-spitze Patrone nach Minié. Von Dreyses erste Zündnadelgewehre waren Vorderlader, bei denen Geschoss und Treibladung separat geladen wurden. Schon bald aber entschied er sich für eine Stoffpatrone, die sowohl Geschoss als auch Treibladung enthielt.

Als nächstes musste eine Art offenes Verschlussstück entwickelt werden, um das Ladeverfahren zu vereinfachen und zu beschleunigen. Er rangierte Paulys Kippblocksystem aus und verwendete statt dessen eine zylindrische Eisenstange, die sich waagerecht durch ein durchbohrtes Gehäuse bewegte. Mit einem kleinen Hebel, rechtwinklig zur Achse der Stange angebracht, konnte diese zurückgezogen werden, um den Ladungsraum zu öffnen und die Patrone zu laden. Mit einer Vorwärtsbewegung wurde der Ladungsraum wieder verschlossen. Ver- und Entriegelung erfolgten (wenn auch nicht gerade perfekt) über eine simple Vierteldrehung, wodurch der Fuß des Hebels hinten in der Vertiefung des seitlich im Gehäuse sitzenden Ladungsraums entriegelt, bzw. mit der Vorderseite einer Einrichtung verriegelt wurde, die mit viel Übertreibung als Verriegelungsnocken bezeichnet werden kann. In Wahrheit handelte es sich um nicht mehr als einen Riegel, wie er ein Gartentor oder eine Tür geschlossen hält. Natürlich war die Waffe nach den damals bestmöglichen Toleranzen gefertigt, und darauf begründet sich auch ihr Ruhm.

DIE ERSTEN ZYLINDER-VERSCHLUSSGEWEHRE

Von Dreyse ließ sich seine Entwicklung 1836 patentieren, und fünf Jahre später führte das preußische Heer seinen Hinterlader im Kaliber 13,6 mm ein, obwohl er mit seiner Mündungsgeschwindigkeit von gerade einmal 300 m/s höchstens auf 200 m wirksam war. Die Zündnadel, die während der Detonation natürlich in der Treibladung saß, war Hitze und Korrosion ausgesetzt, und wurde immer schwächer, bis sie schließlich verbog oder gar brach. Trotz dieser beträchtlichen Nachteile setzte das preußische Heer das Zündnadelgewehr erfolgreich ein. Es besiegte Dänemark 1864 in dem Krieg, der die Zukunft von Schleswig-Holstein entschied und schlug zwei Jahre später Österreich in einem wahren Blitzkrieg, der nur sieben Wochen dauerte. Nach 1866 folgten die meisten deutschen Staaten Preußen und führten das Zündnadelgewehr ebenfalls ein. Als Preußen mit seinen Verbündeten dann vier Jahre später gegen Frankreich in den Krieg zog, war es immer noch die Standard-Infanteriewaffe.

Die französischen Kräfte, denen die Preußen gegenüber standen, nachdem sie das übertrieben optimistische französische Heer im August 1870 aus dem Rheinland und quer durch Frankreich gejagt hatten, hatten im Aufbau ähnliche, aber wesentlich bessere (wenn auch längst nicht perfekte) 11-mm-Zylinderverschlussgewehre. Entwickelt hatte sie Antoine-Alphonse Chassepot, ein Ingenieur im Chatellerault-Arsenal. Chassepot setzte das Zündhütchen an das Patronenende und konnte so sowohl den Schlagbolzen als auch die Nadel verkürzen. So war sie robuster und ragte nicht mehr in die zerstörerische Treibladung. Außerdem brachte er einen Dichtring aus Gummi, den so genannten de-Bange-Gasstopper, am Stoßboden an. Dieser verhärtete zwar recht schnell und wurde mit jedem Schuss unbrauchbarer, erfüllte aber seine Aufgabe zunächst überraschend gut. Seine Methode zur Verriegelung des Verschlusses war genauso wenig ausgefeilt wie die von Dreyse. Man muss den beiden aber zugute halten, dass echte Versager recht selten waren, da beide Waffen recht leichte Treibladungen verwendeten.

Das Chassepot-Gewehr erreichte eine Mündungsgeschwindigkeit von 410 m/s und war so auf doppelt soweite Entfernung wirksam wie das Dreysesche Zündnadelgewehr. Es arbeitete auch etwas schneller. In den Händen des sicherlich schlechtesten Heeres jener Zeit nutzten diese Vorteile aber nicht viel. Die Preußen erbeuteten etwa 600 000 Stück und nahmen auch viele ihrer Träger gefangen. Nach der deutschen Vereinigung im folgenden Jahr wurden die erbeuteten Gewehre an das nun größere Heer ausgegeben. Bereits 1868 hatten die Brüder Mauser die Chassepot-Gewehre erfolgreich auf Messingpatronen umgerüstet und auch den Verschlussmechanismus verbessert. Ihre Arbeit bildete die Grundlage für ein Umrüstungsprogramm, mit dem die Beutewaffen zu aptierten Chassepot-Karabinern M/71 umgebaut wurden. Sie wurden auf die Werder-Einheitspatrone umgerüstet, und – was noch wichtiger war –, sie dienten als Grundlage für das Mauser-Modell 1871, das erste Zylinderverschlussgewehr der Firma aus Oberndorf, die seither mit dieser Art von Waffe untrennbar verbunden ist.

Die staatlichen Arsenale in Bayern und Sachsen und schließlich sogar der Staat

FOR SHARP'S RIFLE

Kapitel 2
Das Gewehr in der Übergangszeit

In den ersten zwei Dritteln des 19. Jahrhunderts war die Feuerwaffe alles andere als perfekt. Sie war mühselig zu laden, neigte zu Versagern und war somit kaum für das Gefechtsfeld geeignet – mit der Erfindung der Einheitspatrone sollte sich das aber ändern.

Mit der Perfektionierung der Metallpatrone gab es keine Daseinsberechtigung mehr für Vorderlader. Das bedeutete nebenbei auch, dass Repetiergewehre, die über ein Magazin für ihre Munition verfügten und diese Zug um Zug luden, plötzlich machbar waren. Mehrschüssige Revolvergewehre für Kugeln und Zündhütchen hatte Samuel Colt bereits gebaut, aber sie waren weder praktisch noch gefragt. Es sollte noch einige Jahre dauern, bis die Repetierwaffe auch von den Streitkräften akzeptiert wurde, Privatpersonen waren hingegen aufgeschlossener, besonders in den Vereinigten Staaten, wo der Zug nach Westen über den Mississippi hinaus in vollem Gang war. Die staatlichen Arsenale und die Vertragsfirmen der Regierung setzten dagegen auf einschüssige Hinterlader mit unterschiedlichen Mechanismen, darunter viele simple Umbauten. Schließlich mussten die Millionen vorhandener Vorderlader modernisiert werden, aber auch die ersten, mehr schlecht als recht funktionierenden Hinterlader konnten mit deutlich verbesserten Verschlusseinrichtungen auf den neuesten Stand gebracht werden.

Die beiden wichtigsten Verbesserungen in dieser Hinsicht – beide einander sehr ähnlich und aus ungefähr der gleichen Zeit – wurden durchgeführt, um die Dienstgewehre des britischen und des nordamerikanischen Heeres auf den aktuellen Stand zu bringen.

LINKS: **Die Schlacht von Reynau. Nachdem Frankreich Preußen 1870 leichtfertig den Krieg erklärt hatte, musste es sich schnell geschlagen geben, obwohl sein Heer teilweise deutlich besser ausgerüstet war.**

Bis 1865 hatte das britische Heer noch Vorderlader-Gewehrmusketen im Kaliber .577in vom Muster Enfield 1853. Überraschenderweise – wenn man die hohe Qualität der britischen Büchsenmacher, den Stand der technischen Neuerungen und die Kapazität der britischen Industrie bedenkt – sollte ein von einem Amerikaner vorgeschlagenes System zur Umrüstung der Gewehre auf Hinterlader benutzt werden. Jacob Snider aus New York hatte eine äußerst simple Idee: Ein sieben Zentimeter langer Teil des Verschlussstücks wurde ausgefräst und durch einen Verschlussblock ersetzt, der rechts an einem Scharnier ausgeklappt werden konnte. Der Block wurde mit einem schlichten Riegel verriegelt und enthielt einen geneigten Schlagbolzen, auf den der ursprüngliche Hahn schlug.

SNIDERS UMRÜSTUNG

Diese Änderung war einfach und verständlich, sowohl in der Durchführung als auch in der Benutzung. Der einzige echte Nachteil war die schlechte Konstruktion des Ausziehers, der im Verschlussblock saß. Wegen des unglücklichen Winkels, in dem er arbeitete, zog er die verbrauchte Patrone nur teilweise aus dem Verschlussstück. In solchen Fällen war vorgeschrieben, die Waffe umzudrehen und so lange zu schütteln, bis die Patrone herausfiel. Allzu oft, besonders nach intensivem Schießen, sorgte die durch die Hitze erzeugte Ausdehnung dafür, dass die verbrauchte Hülse klemmte, die Auszieherklaue den eisernen Rand der Hülse abriss – bei der Patrone handelte es sich natürlich um die Boxer-Patrone – sodass dem Schützen nichts anderes übrig blieb, als die Reste mit dem Messer herauszukratzen.

Klappte das auch nicht mehr, war das Gewehr ein Fall für den Büchsenmacher. Natürlich konnte sich das Gewehr so unter den Soldaten nicht gerade beliebt machen. Die Lage besserte sich erst nach Einführung der robusteren nahtlos gezogenen Patrone, die ab 1885 regulär ausgegeben wurde. Trotz dieser Nachteile sollte das Enfield-Snider, so die offizielle Bezeichnung, sechs turbulente Jahre lang an der Front eingesetzt werden, nachdem es seinen Einstand 1868 bei der Strafexpedition von Sir Robert Napier gegen Äthiopien gegeben hatte. Erst dann wurde ein brauchbarer Ersatz gefunden, aber in Ersatzeinheiten blieb es bis in die 1880er Jahre im Dienst.

ALLINS FALLTÜR

Der Ansatz, den die US Army zur Umrüstung ihrer Gewehrmusketen Springfield Model 1860 und 1863 wählte, ähnelte im Prinzip dem des Enfield. Erskine S. Allin, Büchsenmachermeister bei Springfield, fräste das Verschlussstück des Vorderladers genauso auf wie beim Enfield und baute ebenfalls einen Verschlussblock ein. Dieser war aber vorn aufgehängt, wurde am Lauf mit zwei Schrauben gesichert und nach vorn hochgeklappt. Die Ähnlichkeit mit einer Falltür sorgte für den entsprechenden Spitznamen „Trapdoor" (in Europa wurden solche Umbauten als „tabatière" bezeichnet, weil eine Schnupftabakbüchse genauso geöffnet wurde). Wie der Snider-Umbau enthielt auch der Verschlussblock von Allin einen geneigten federbelasteten Schlagbolzen, der den Stoß des Hahns auf das Zündhütchen übertrug. Der simple Auszieher, über einen Hebel rechts am Verschlussstück per Hand zu bedienen, erwies sich als zuverlässiger als die Snider-Konstruktion, wurde aber trotzdem durch eine U-förmige Feder ersetzt, die automatisch wirkte, sobald das Verschlussstück geöffnet wurde. Das modifizierte Trapdoor-Springfield war zunächst auf Randfeuerpatronen ausgelegt, aber schon ein Jahr nach der Ausgabe erfolgte die Umstellung auf die (zumindest etwas) zuverlässigeren Zentralfeuerpatronen vom Typ Boxer. Gleichzeitig wurde das Kaliber recht einfach auf .50in reduziert, indem der Lauf ausgebohrt und ein Reduzierstück eingelegt wurde. 1873 wurde das Kaliber weiter reduziert, diesmal auf .45in, und es wurde eine Treibladung von 4,54 g (70 Grain) Schwarzpulver standardisiert. In dieser Form und unter der Bezeichnung Springfield .45in-70 (diese Kombination aus Kaliber in Inches und der Treibladung in Grain war zu jener Zeit in den Vereinigten Staaten die Standardbezeichnung für den Patronentyp) blieb das Gewehr fast bis zum Ende des Jahrhunderts im Dienst (bei einigen Staatsmilizen sogar bis zum Ausbruch des Ersten Weltkriegs), obwohl es technisch längst überholt war. Sowohl der Mechanismus als auch die Benutzung von Schwarzpulver waren inzwischen Anachronismen.

Während der langen Dienstzeit des Trapdoor-Springfield hat es verschiedene Versuche gegeben, einen Nachfolger zu finden und einzuführen. Zunächst konzentrierte man sich auf ein anderes einschüssiges Gewehr, das Remington Rolling Block, das einen einfacheren und wesentlich stabileren Mechanismus hatte. Konstruiert von Leonard Geiger und Joseph Rider in der Remington-Fabrik in Ilion, New York, entstand das neue Gewehr in den letzten Monaten des amerikanischen Bürgerkriegs und war Anfang 1866 produktionsreif – sehr zum Ärger von Remington. Dabei musste er sich um Aufträge wirklich nicht sorgen, denn das Gewehr und auch die einschüssige Pistole mit dem gleichen Mechanismus verkauften sich sehr gut, im Falle der Pistole recht bemerkenswert, denn der Revolver war ja auch schon erfunden. Bei der Kaiserlichen Ausstellung in Paris wurde das Gewehr 1868 zum besten Gewehr der Welt gewählt. Insgesamt sollte Remington in den folgenden Jahren mehr als eine Million Exemplare vom Typ Rolling Block verkaufen; der Mechanismus blieb in begrenztem Umfang sogar bis 1933 in der Produktion. Später und bis heute waren Repliken sehr gefragt, was übrigens auch für das Trapdoor-Springfield gilt (sowohl für die Vitrine als auch schussbereite Waffen).

Der Mechanismus ist einfach und robust und so konstruiert, dass der Druck im Patronenlager das stehende Verschlussstück und den Drehblock fester aneinander presste. Um ihn zu öffnen, braucht man nur den Hahn mit dem Daumen in Spannrast zu schieben, sodass das Verschlussstück sich zurück bewegen kann und eine eventuell vorhandene leere Hülse aus dem Ladungsraum zieht. Dann wird eine neue Patrone eingelegt und das Verschlussstück hochgeklappt. Dabei wird der Schlagbolzen mit dem Hahn und dem Treibladungszünder in eine Linie gebracht. Ein geübter Schütze kann mit dem System durchaus eine hohe Feuergeschwindigkeit erzielen – bis zu 15 Schuss in der Minute waren unter den richtigen Bedingungen möglich. Die Stärke wurde bei einem Versuch in Lüttich, einem der Zentren der Waffenindustrie, unter Beweis gestellt. Selbst mit den stärksten Treibladungen ließ sich das Gewehr nicht zerstören. Ein Versuchsträger wurde mit einer Ladung von 48,6 g Schwarzpulver – das Zehnfache der normalen Ladung – und 40 übergroßen Kugeln geladen, sodass der Lauf völlig gefüllt war. Beim Abfeuern passierte nichts außergewöhnliches – so die Aussage des Testleiters.

Insgesamt rüstete über ein Dutzend Staaten seine Heere mit dem Remington-Gewehr aus; die Vereinigten Staaten waren allerdings nicht darunter. Die US Navy hätte es beinahe eingeführt und der Waffenausschuss hatte bereits 10 000 Exemplare bestellt, als sich herausstellte, dass aufgrund eines Fabrikationsfehlers die Kimme falsch ausgerichtet war. Dieser Fehler ließ sich nicht beheben, ohne den Lauf zu beschädigen. Aber noch war nicht alles verloren, denn die Gewehre sollen angeblich kurz vor dem Krieg gegen Preußen an Frankreich verkauft worden sein. Laut französischen Quellen sollen es aber nur 1000 Stück gewesen sein; sie trafen erst am 4. September in Le Havre ein, als der französische Kaiser Napoleon III. sich bereits den Deutschen ergeben hatte. Die US Army bestellte ein paar Remingtons zur Erprobung, wollte aber das Springfield nicht durch ein Gewehr ersetzen, das auch nicht viel besser war.

DER FALLBLOCKVERSCHLUSS

Das britische Heer wiederum hatte Sniders Umrüstung der Enfield-Gewehrmuskete stets nur als Zwischenlösung betrachtet. Schon während der Umrüstungsphase sah man sich nach einem Nachfolger um. Angeblich sollen etwa 120 unterschiedliche Vorschläge mit nicht weniger als 49 Patronentypen eingegangen sein. Die Wahl fiel schließlich 1871 auf ein Gewehr mit nach unten öffnendem Fallblockverschluss, das Martini-Henry.

Dieser Verschluss (der nur rein äußerlich dem erfolgreichen Mechanismus von Sharps ähnelte, aber auch kaum schlechter war) war eine Entwicklung von Henry O. Peabody aus Boston, die er sich 1862 patentieren ließ. Betätigt durch das Vorschieben eines Hebels, der die rückwärtige Verlängerung des Abzugsbügels darstellte und so geformt war, dass sich der

OBEN: **Jacob Sniders simple Umrüstung der Enfield-Gewehrmuskete von 1853 war billig und wirksam, galt aber stets nur als Übergangslösung.**

Daumen leicht einschieben ließ, wurde der Verschlussblock, der an seiner unteren Hinterkante beweglich angelenkt war, nach unten gekippt, um das Patronenlager freizulegen.

Die glatte, konkav geformte Oberseite, die nun im entsprechenden Winkel geneigt war, diente als Führung für das Einlegen einer neuen Patrone. Peabody fand genügend Abnehmer in Kanada und in zahlreichen europäischen Staaten; die US Army hingegen lehnte das Gewehr (wie auch viele andere) 1865 ab, um sich auf den Umbau des Springfield zu konzentrieren. Im gleichen Jahr suchte das Schweizer Heer einen Hinterlader und lehnte das Peabody ebenfalls ab. Bei einer Übung jedoch wurde ein Schweizer (oder Österreicher), Friedrich von Martini, Leiter der Firma Martini, de Frauenfeld, auf die Waffe aufmerksam. Sein Unternehmen allerdings beschäftigte sich keineswegs mit Waffen, sondern mit Spitze. Der Textilfabrikant erkannte die Schwächen von Peabodys Konstruktion. Er beseitigte den freistehenden Hahn, den der Schütze mit dem Daumen zurückschieben musste, und den offenen Schlagbolzen, auf den er wirkte. Statt dessen installierte er einen gekapselten Schlagbolzen, der unmittelbar vom Abzugsmechanismus betätigt wurde. Gespannt wurde der Mechanismus, indem der Block heruntergedrückt und dann wieder in Feuerstellung gebracht wurde.

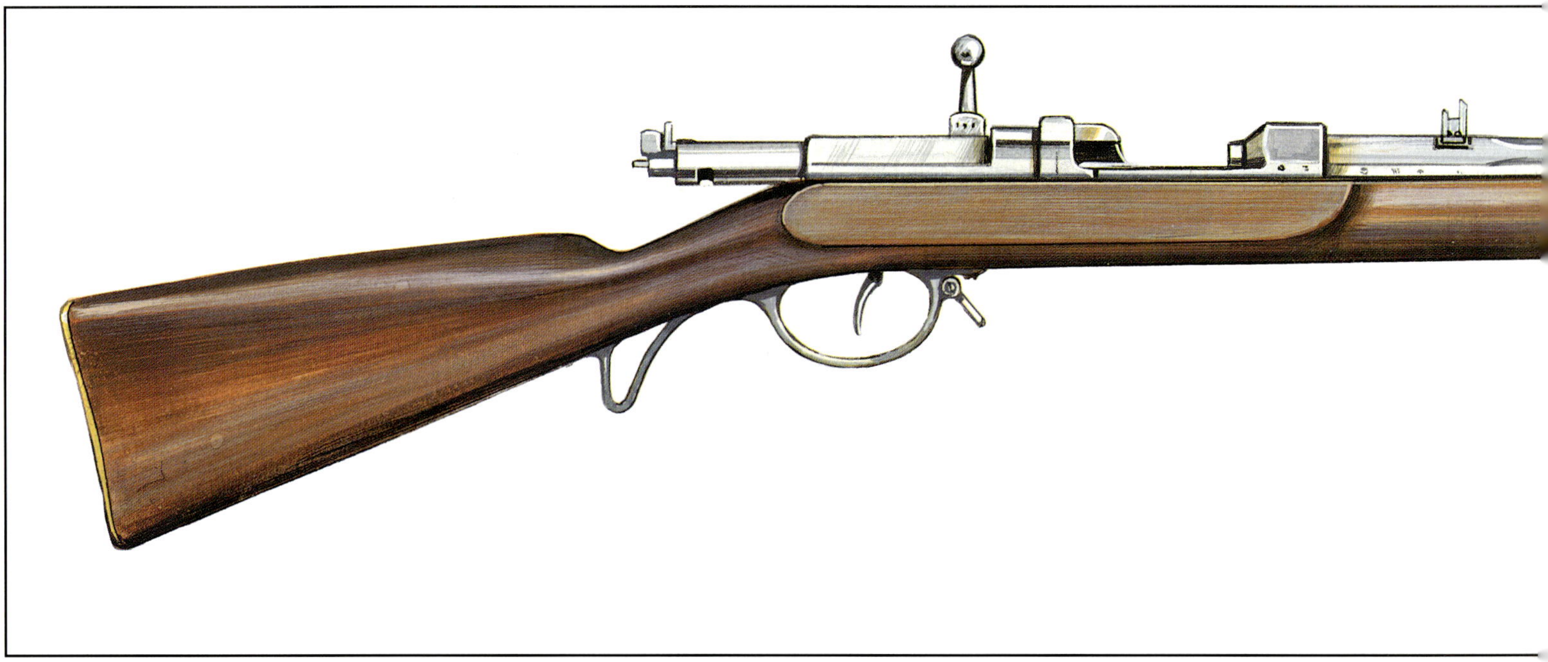

DAS MARTINI-HENRY

Martini legte das modifizierte Gewehr dem Offiziersausschuss vor, der 1867 über die Einführung eines neuen Gewehrs für das britische Heer zu befinden hatte. Er war zum Teil sogar erfolgreich – die Briten fanden nämlich Gefallen am Fallblockverschluss.

Sie lehnten allerdings das Zugprofil von Peabody ab, das Martini unverändert gelassen hatte. Sie entschieden sich für ein System, das Benjamin Henry Tyler für einen Unterhebelrepetierer für Randfeuerpatronen entwickelt hatte, den er sieben Jahre zuvor für Oliver Winchester gebaut hatte.

Mitte 1868 erhielt der Betriebsleiter des Royal Arsenal in Woolwich, Colonel Dixon, den Auftrag, aus den Bestandteilen beider Waffen ein .45in-Gewehr (11,43 mm) für Zentralfeuerpatronen mit Rand zu entwickeln. Der erste Prototyp wurde am 21. Oktober vorgelegt. Bei den nun folgenden Schnellfeuerversuchen schaffte ein Schießlehrer, Sergeant Bott, 20 Schuss in 53 Sekunden. Danach kam der Härtetest: Das Gewehr wurde sieben Tage und Nächte lang in Schlamm und schmutziges Wasser getaucht, gelegentlich herausgeholt und gereinigt, sodass insgesamt 400 Schuss abgegeben werden konnten. Dann wurde ein zweiter Schießlehrer, Captain Mackinnon, aufgefordert, Botts Leistung so gut wie möglich zu wiederholen. Er schaffte 20 Schuss in 63 Sekunden. Das neue Gewehr wurde genehmigt und in England produziert; die Auslieferung an die Infanterieregimenter erfolgte ab 1871. Es blieb bis 1888, bis zur Einführung des ersten Lee-Metford-Repetiergewehrs (Rifle, Magazine, Mark I) mit Magazin im Dienst. Es bildete die Grundlage einer Reihe erfolgloser Versuche, den nach unten öffnenden Fallblockverschluss auf eine Repetierwaffe mit Magazinzuführung zu übertragen. Der Martini-Mechanismus fand später Verwendung bei vielen handgefertigten Scheibengewehren im Kaliber .22in. Die Birmingham Small Arms Co. (BSA) in Großbritannien und auch andere Hersteller bauten noch bis in die 60er Jahre solche Gewehre.

DAS BAYRISCHE WERDER

Nicht nur die Briten entschieden sich für den unten öffnenden Fallblockverschluss. Auch das bayrische Heer führte ein solches Gewehr ein, konstruiert von Johann-Ludwig Werder, Direktor der Cramer-Klett-Maschinenfabrik in Nürnberg. Das Werder-Gewehr im Kaliber 11 mm trug die Bezeichnung M/69, wurde aber erst an die Truppen des zweitgrößten deutschen Staats ausgegeben, nachdem diese aus dem Krieg gegen Frankreich zurückgekehrt waren.

Es unterschied sich vom Martini dadurch, dass sein Entwickler den handbetätigten Hebel weggelassen und einen federbelasteten Mechanismus gewählt hatte. Er wurde über einen kurzen Hebel betätigt, der dem Abzug ähnelte, unmittelbar vor diesem im Abzugsbügel saß und eine entgegengesetzte Krümmung hatte. Dieser Hebel wurde mit der Rückseite des Abzugsfingers bedient und öffnete das Verschlussstück.

Auswurf und Ausziehen der Hülsen erfolgten automatisch, wie auch bei den Systemen von Peabody und Martini. Danach wurde das Verschlussstück geschlossen und der Mechanismus in Feuerstellung gebracht (und die Feder, die den Verschlussblock öffnete, gespannt), indem die frei liegende Hahnspitze mit dem Daumen nach hinten in Spannrast geschoben wurde. Der Hahn selbst saß verborgen in einer hinteren Verlängerung des Gehäuses des Verschlussblocks. Zum Sichern der Waffe wurde er in Vorderrast gebracht.

WENIGER BAUTEILE

Eines der wichtigsten Merkmale des Werder-Gewehrs war die geringe Zahl der Bauteile – das Schloss bzw. der Mechanismus hatte nur 13 Teile einschließlich der seitlichen Platten. Das britische Martini-System hatte 27, der Henry-Repetierer nicht weniger als 49.

Dies war ganz entscheidend, denn es erleichterte nicht nur die Pflege und Reparatur, sondern sorgte auch für niedrigere Produktionskosten. Von Anfang an war das Werder-Gewehr bei der Truppe sehr beliebt. Sie konnten nämlich 20 Schuss in der Minute abgeben, und das Gewehr war über 600 m präzise und über die doppelte Entfernung noch wirksam.

Die M/69-Langpatrone mit der 4,5-g-Pulverladung und dem 22 g schweren Bleigeschoss mit runder Spitze sorgte für eine Mündungsgeschwindigkeit von 385 m/s (fast identisch zu der des Henry-Martini). Daneben gab es noch eine schwächere M/69-Kurzpatrone, die für den Karabiner M/69 und eine einschüssige Pistole mit dem gleichen Mechanismus entwickelt wurde.

Dreyse-Zündnadelgewehr

Kaliber: 13,6 mm
Gewicht: 4,6 kg
Länge: 1100 mm
Lauflänge: 700 mm
Effektive Schussentfernung: 200 m
Ausführung: Hinterlader mit Zylinderverschluss, einschüssig
Mündungsgeschwindigkeit: 295 m/s
Herstellerland: Preußen

DIE PATRONE M/71

Das alles sollte sich später ändern, denn in einem Versuch, einheitliche Verhältnisse im Deutschen Reich zu schaffen, entschloss man sich, alle in Bayern vorhandenen Dienstgewehre M/69 – nicht weniger als 127 000 Stück – auf die stärkere Patrone M/71 (siehe unten) umzurüsten, die in Spandau für das in Preußen soeben eingeführte Mauser-Zylinderverschlussgewehr M/71 entwickelt worden war.

Die Umrüstung (hauptsächlich die Verlängerung des Patronenlagers und die Installation entsprechender Visiere) wurde allzu oft recht schlampig durchgeführt; die Munition klemmte oder wurde nicht richtig ausgezogen. Das war bei einem Zylinderverschlussgewehr oder sogar bei einem Gewehr mit vertikalem Verschlussblock wie das Sharps schlimm genug; bei einem Gewehr mit nach unten öffnendem Fallblockverschluss war es eine Katastrophe, denn der Fehler ließ sich im Feld nicht beheben, und die Waffe musste zum Büchsenmacher gebracht werden. Es erwies sich bald, dass der Fehler im Prinzip nicht am Gewehr M/69 lag, denn die insgesamt 25 000 neuen Waffen, die von Anfang an auf das stärkere Kaliber ausgelegt wurden, waren mit der neuen Patrone ebenso gut wie die Originale vor der Umrüstung. Sie waren sogar eher besser, denn die stärkere Patrone sorgte für eine Mündungsgeschwindigkeit von 430 m/s. Sie kamen allerdings zu spät, der Ruf der Waffe war schon ruiniert. Es gab ernsthafte Bedenken, dass Bayern in einem Krieg zur Landesverteidigung (was zu jener Zeit schnell passieren konnte) einfach überrollt werden könnte, denn das umgebaute Gewehr M/69 war nach dem Urteil des Untersuchungsausschusses unter Prinz Luitpold, bayerischer Feldzeugmeister, als Kriegswaffe nicht zu gebrauchen.

Als Folge dieses Fiaskos wurde in Bayern das preußische Zylinderverschlussgewehr M/71 an Stelle des Werder-Gewehrs eingeführt. Prinz Luitpold war sich der strategischen Auswirkungen dieser Entscheidung bewusst, denn er forderte ursprünglich, dass die staatliche bayerische Waffenfabrik in Amberg die Produktion des M/69nM (neues Modell) für die Patrone M/71 steigern sollte. Das war allerdings unmöglich, weil die gesamte Kapazität mit der Lieferung des M/71 an Preußen ausgelastet war, ein Vertrag, der seinerzeit recht vorteilhaft erschien. Die wenigen zur Verfügung stehenden Gewehre M/69nM wurden tatsächlich von Josef Werndl in Steyr, Österreich, gebaut, aber auch er hatte keine weiteren Kapazitäten, obwohl es sich um die größte Waffenfabrik seines Landes handelte.

Luitpold war so gezwungen, das Mauser-Gewehr zu akzeptieren. Diese Entscheidung war der Beginn der Vorherrschaft des in Oberndorf entwickelten Zylinderverschlusses. Der Weg zum Erfolg sollte aber, wie in jener Zeit üblich, steinig und voller Tücken sein.

DIE BRÜDER MAUSER

Die Brüder Mauser wurden im Abstand von vier Jahren (Wilhelm im Jahr 1834

UNTEN: **Wie das Enfield-Snider war auch das von Allin modifizierte Trapdoor-Springfield die modernisierte Form eines Vorderladers (der Gewehrmuskete Model 1863), um die Benutzung von Einheitspatronen zu ermöglichen.**

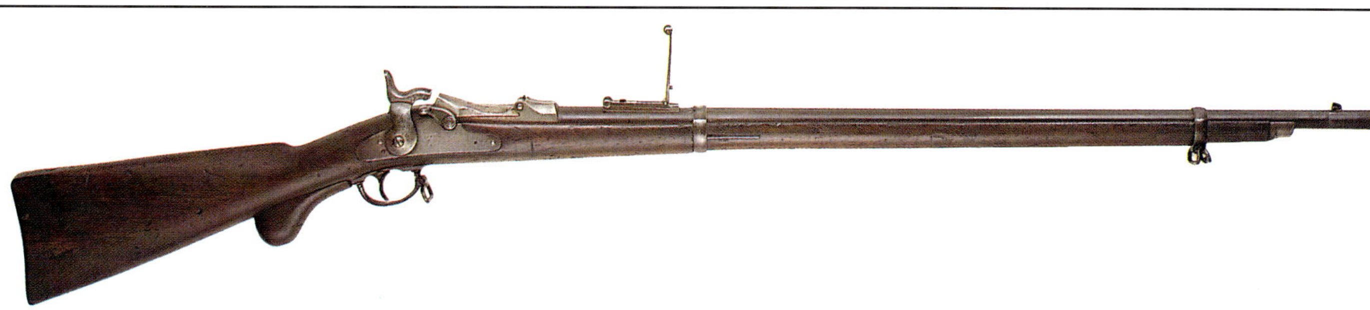

***OBEN:* Ein wunderbar erhaltenes Trapdoor-Springfield mit den Modifikationen von Allin. Diese Waffe wurde erstmals Ende der 1860er Jahre ausgegeben und erst im 20. Jahrhundert endgültig abgelöst.**

und Paul bzw. Peter-Paul 1838) als 11. bzw. 13. Kind von Andreas Mauser, einem angelernten Feiler der Königlich Württembergischen Gewehrfabrik in Oberndorf, geboren. Im Alter von 12 Jahren arbeiteten sie bereits selbst in der Fabrik. Ihre Ambitionen gingen aber über die der normalen Fabrikarbeiter hinaus.

Sobald sie sich die notwendigen Fertigkeiten angeeignet hatten, fingen sie an, eigene Konstruktionen zu entwickeln. Dabei nutzten sie in ihrer Freizeit die Einrichtungen der Fabrik. Von Anfang an wollten sie ein Zylinderverschlussgewehr bauen, wahrscheinlich weil sie an zahllosen Zündnadelgewehren arbeiten mussten. Mitte der 1860er Jahre hatten sie ein eigenes Modell, das sie nicht nur dem Betriebsleiter in Oberndorf, sondern auch Vertretern fremder Regierungen in den verschiedenen Botschaften in der Landeshauptstadt Stuttgart vorführten.

Die Neuigkeit bei dieser Waffe war der Kammerverschluss, aus zwei Teilen hergestellt, die durch eine Senkschraube am Kopf des Verschlusses zusammengehalten wurden. Der hintere Teil, aus Federstahl bestehend, wurde durch das Lager auf der Abzugstange zurückgehalten und diente als Spannstück.

Es wurde durch den Abzug gelöst, traf auf den Schlagbolzen, der wiederum auf die Treibladung der entsprechenden Zentralfeuerpatrone traf. Sowohl Preußen als auch Bayern lehnten das Gewehr ab, bei den Preußen sogar der Botschafter persönlich, der mit Sicherheit von Waffen absolut nichts verstand. Er erklärte den Brüdern, dass seine Regierung die Dreyse-Zündnadelgewehre keineswegs ersetzen wollte (was gewiss nicht der Wahrheit entsprach). Der Vertreter Bayerns berief sich auf den Waffenausschuss in München, der auf nicht behebbare Konstruktionsmängel hinwies. Nur in Österreich wurde die neue Waffe wohlwollend aufgenommen, aber letztendlich auch abgelehnt, denn die Regierung hatte erst ein Jahr zuvor entschieden, ihre große Zahl an Lorenz-Vorderladern ähnlich wie in Großbritannien und den USA umzurüsten. Immerhin erklärte sich der Kriegsminister persönlich bereit, die Waffe Samuel Norris, dem europäischen Agenten von Remington and Sons, vorzuführen.

Die Vorzüge der Mauser-Konstruktion lagen darin, dass sie sich auch auf die Umrüstung von Vorderladern anwenden ließ. Norris hoffte, damit in einen lukrativen, wenn auch kurzlebigen Markt einzusteigen, was sicher nicht im Interesse von Eliphalet und Philo Remington lag. Er reiste im September 1867 nach Oberndorf und nahm Verhandlungen mit dem älteren Mauser auf (Wilhelm war eher Geschäftsmann, sein Bruder Paul hingegen ein begabter Konstrukteur). Er überredete die Brüder, nach Lüttich zu kommen, um für ihn zu arbeiten. In einem für die damalige Zeit nicht ungewöhnlichen Handel übertrugen die Brüder Mauser die Rechte an ihrer Erfindung an Norris (da sie kein Patent erhalten hatten, ist nicht klar, welche Rechte gemeint waren) und erhielten dafür 60 000 Francs, zahlbar über zehn Jahre. Norris schaffte es aber nicht, die Erfindung an den Mann zu bringen und brach dann auch sein Versprechen.

Dafür hatten die Brüder Mauser in ganz anderer Weise profitiert: In Lüttich, einem der wichtigsten Zentren der Waffenherstellung überhaupt, hatten sie sich mit Werkzeugmaschinen und Produktionsverfahren vertraut gemacht, die sie in Oberndorf nie gesehen hätten. Und – genauso wichtig – sie lernten wichtige Vertreter der Preußischen Militärschießschule in Spandau kennen. Dort fand nämlich die Meinungsbildung über Produktion und Beschaffung von Handwaffen für Preußen statt. Nach der Vereinigung des Deutschen Reichs 1871 übernahm die Schule diese Position für ganz Deutschland.

DAS MAUSER-NORRIS-GEWEHR

Ein Großteil der frühen Arbeit der Mausers in Lüttich konzentrierte sich auf die Umrüstung von Chassepot-Gewehren auf Einheitspatronen. Innerhalb eines Jahres war die Konstruktion so ausgereift, dass sie 1868 ein Patent darauf erhielten. Das sollte wichtiger werden als zunächst angenommen, denn schon in den folgenden Jahren begannen die deutschen Staaten, die eine Unmenge dieser Waffen besaßen, diese genau nach dem Mauser-Prinzip umzurüsten. Ob Wilhelm und Paul Mauser finanziellen Gewinn daraus bezogen, ist höchst ungewiss – die Regierungen waren damals recht selbstherrlich und ignorierten Patente, wenn sie sich einen Vorteil davon versprachen.

Die Brüder trennten sich 1869 von Norris, nicht ohne vorher noch ein überarbeitetes Gewehr mit konventionellerem Verschluss auf der Grundlage des Chassepot zu entwickeln. Dieses konnte Norris dem preußischen Ausschuss für die Erprobung von Gewehren vorlegen, der einen Ersatz für das altehrwürdige (und überholte) Dreyse-Zündnadelgewehr suchte. Das Mauser-Norris-Gewehr fand sich so neben dem neuen Werder M/69 mit nach unten öffnendem Fallblockverschluss, dem Martini, dem Chassepot, dem Schweizer Vetterli und vielen anderen längst vergessenen Produkten aus Holland und Belgien sowie einer Waffe von Hiram Berdan wieder, der inzwischen die US Army verlassen hatte und selbst Waffen produzierte. Bei den letzteren handelte es sich stets um Zylinderverschlussgewehre.

DAS MAUSER MODELL 1871

Nach 35 Jahren Erfahrung mit dem Zylinderverschluss waren die Preußen von vornherein dem Martini und dem Werder gegenüber negativ eingestellt. Am interessantesten fanden sie die Zylinderverschlussgewehre, und es scheint, dass das Mauser-Norris ihr Favorit gewesen ist. Im Mai 1870 fuhr Wilhelm Mauser nach Spandau, um die Lage zu erkunden, und er schrieb seinem Bruder Paul: „Es steht fest, dass Preußen ein neues Gewehr sucht, und unseres steht sicherlich ganz oben auf der Liste. Was die Einfachheit betrifft, so ist es einzigartig...“.

Trotzdem war der Ausschuss nicht ganz damit einverstanden. Im Frühjahr nahm Paul Mauser viele kleine Änderungen vor, nachdem er über seinen Bruder von der konstruktiven Kritik aus Spandau erfahren hatte. Er hatte eine kleine Werkstatt im Haus seiner Schwiegereltern in Oberndorf, wo er über Monate hinweg das Gewehr immer weiter verbesserte. Die Erprobung ging aber nur langsam voran, und bevor eine Entscheidung gefällt wurde, brach der Krieg mit Frankreich aus.

Erst im Spätsommer des folgenden Jahres ging es wieder voran. Im Krieg hatte sich das Werder-Gewehr in den Händen der bayerischen Jägerbataillone bewährt, sodass es trotz aller Kritik immer noch im Wettbewerb war. Ende September jedoch war es aus dem Rennen, zusammen mit den amerikanischen, belgischen, britischen und holländischen Mitbewerbern (wie auch das Vetterli, ein elfschüssiges Repetiergewehr mit Röhrenmagazin, das seiner Zeit um einige Jahre voraus war).

Das überarbeitete Zylinderverschlussgewehr von Mauser war klarer Sieger, allerdings unter der Bedingung, dass Paul Mauser den Sicherungsmechanismus in nur zwei Monaten überarbeiten würde. Er hielt den Termin problemlos ein, und am 2. Dezember 1871 erhielt das Königliche Arsenal in Preußen den Auftrag, 2500 Stück vom Mauser-Infanteriegewehr Modell 1871 im Kaliber 11 mm für umfangreiche Erprobungen herzustellen.

Am 22. März 1872 erhielten die Mausers ein Schreiben vom Kriegsministerium: „Seine Majestät, der Kaiser und König, hat sich entschieden, das erprobte Infanteriegewehr M/71 zu genehmigen und befiehlt wohlwollend, Gewehre dieser Art für die Wiederbewaffnung der Infanterie herzustellen.“ Endlich waren die Mausers einmal erfolgreich, mussten aber entdecken, dass es auch diesmal kaum mehr als eine Illusion war.

EIN SCHLECHTER AUSWURF-MECHANISMUS

Der grundlegende Mechanismus des M/71 ähnelte dem des von Dreyse oder

***OBEN:* Ein französischer Infanterist des zweiten Empire mit seinem Chassepot-Zündnadelgewehr. Das Chassepot wurde 1866 als Antwort auf das Dreyse-Zündnadelgewehr eingeführt.**

des Chassepot, und die Verriegelung war auch kaum besser, obwohl die speziell entwickelte Patrone M/71 viel stärker war als die Produkte der vorherigen Generation.

Der Verschluss hatte einen geraden Kammerstengel, der auf einer erhöhten Rippe befestigt war. War der Mechanismus geschlossen, stand er im rechten Winkel ab. Wenn er in senkrechte Stellung gebracht wurde, drehte er den Verschluss um 90 Grad, sodass er sich nach hinten ziehen ließ. Die Führungsrippe lief durch einen Schlitz, der in die Oberseite des Gehäuses gefräst war. Die Rückwärtsbewegung wurde durch einen Stopper (nicht mehr als eine Stellschraube mit einer dicken Unterlegscheibe) in der Rippe angehalten, der gegen die runden Schultern der Gehäusebrücke stieß. Am Ende der Rückwärtsbewegung wurde die Waffe gespannt – die Schlagbolzenmutter hinten am Verschluss, eine Verlängerung des federbelasteten Schlagbolzens, aber nicht mit diesem verbunden, rastete in die Spannrast der Abzugstange ein. Mit der nun folgenden Vorwärtsbewegung wurde das Spannen abgeschlossen, das Spannstück hielt an der Abzugrast an und hielt es gegen den Druck einer zweiten Feder. Der Sicherungsriegel, den Paul Mauser ja nachträglich noch modifizierte, war nichts weiter als eine Sperre zwischen dem Spannstück und dem Verschlusskör-

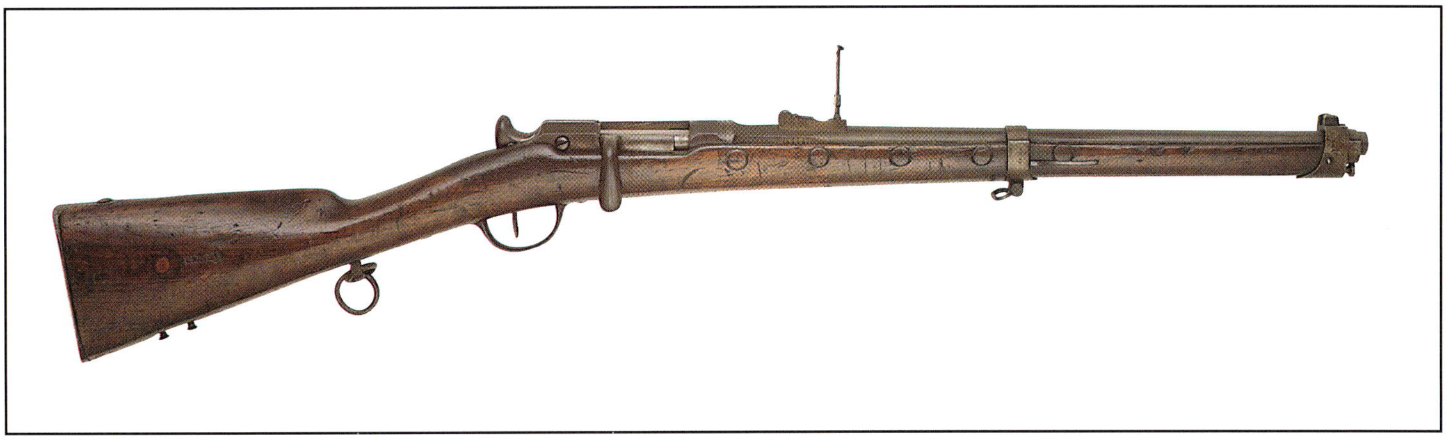

OBEN: **Die kürzere Karabinerversion des französischen Chassepot-Zündnadelgewehrs. Nach dem Krieg von 1870/71 fielen mehr als eine halbe Million dieser Waffen in preußische Hände.**

per, gehalten durch einen Stift, der hinten in der Verschlussführung saß. Ver- und entriegelt wurde sie durch eine Drehung um jeweils 90 Grad. Sobald der Verschluss zurückgezogen wurde, wurde die verbrauchte Hülse, deren Rand fest durch die mit einer Feder am Verschlusskopf montierte Auszieherklaue gehalten wurde, aus dem Patronenlager gezogen. Unerklärlicherweise jedoch fehlte beim künftigen M/71 der Auswurfmechanismus – ein federbelasteter Hebel im Gehäusebett – der in den früheren Entwicklungsstufen noch vorhanden war, sodass der Schütze gezwungen war, die Waffe umzudrehen und die verbrauchte Hülse herausfallen zu lassen, bevor er eine neue Patrone nachladen konnte.

Dazu schob er den Verschluss zurück in die Kammer und kippte schließlich den Kammerstengel wieder nach unten rechts, sodass der hintere Teil der Führungsrippe (im Prinzip der Fuß des Kammerstengels) in die Nockenbahn am Vorderteil der Gehäusebrücke einrastete. Nun saß die Patrone richtig und wurde durch einen ringförmigen Flansch am Verschlusskopf abgedichtet.

Wie bereits beschrieben, hatten die Zündnadelgewehre von Dreyse und Chassepot die gleiche einseitige Verriegelungsmethode. Was bei den schwachen Ladungen der Vergangenheit kein Problem gewesen war, sollte sich aber in der Zukunft als Handicap erweisen. Beim Gewehr M/71 mit der Patrone M/71 führte es dazu, dass das Gewehr die Tendenz hatte, nach rechts zu ziehen, worunter natürlich die Präzision litt. Dieser Fehler wiederholte sich im ersten Mauser-Repetiergewehr und sollte dort noch stärker zum Tragen kommen.

EIN UNGLÜCKLICHER AUSGANG

Obwohl sie über keine eigenen Produktionsstätten verfügten, waren die Brüder Mauser überrascht, dass sie keinen Auftrag zur Herstellung des Gewehrs M/71 erhielten. Sie hatten geglaubt, mit einer entsprechenden Order eine eigene Fabrik aufbauen zu können, aber die Arbeit ging an die Königlichen Waffenfabriken in Spandau, Erfurt und Danzig.

Es kam sogar noch schlimmer – als die Kapazität der drei Werke nicht ausreichte, ging der Vertrag wiederum nicht an Mauser, sondern an die Königliche Bayerische Waffenfabrik in Amberg, an Spangenberg & Sauer, Schilling, Haenel in Suhl, Josef Werndls Österreichische Waffenfabrik-Gesellschaft in Steyr und an die National Arms & Ammunition Co. in Birmingham. Die Mausers bauten im Endeffekt nur ein paar Tausend Visiere. Nach den damaligen Gepflogenheiten hatten die Mausers nicht einmal eine Entwicklungsgebühr mit der preußischen Regierung vereinbart (obwohl der Präsident des Preußischen Ausschusses für die Erprobung von Gewehren, Oberst Kalinowski, scheinbar 60 000 Taler, d. h. nach heutigem Wert 180 000 DM, genehmigt hatte). Sie mussten sich schließlich mit 8000 Talern (24 000 DM) zufrieden geben. Schließlich erklärte die preußische Regierung auch noch die Konstruktion zum Staatsgeheimnis, sodass die Mausers keine Exportaufträge annehmen konnten.

Nicht einmal ein Patent wurde ihnen gewährt, sodass sie keine Chance hatten, Lizenzgebühren einzustreichen. Als Ausgleich gab Kaiser Wilhelm den Brüdern ein offizielles Geldgeschenk in Höhe weiterer 12 000 Mark.

DER KARABINER M/71

Zum Schluss sollte es doch noch nicht ganz so schlimm kommen, denn die Staatsregierung von Württemberg erteilte den Mausers Ende 1873 einen Auftrag über 100 000 M/71, die über die nächsten fünf Jahre zu produzieren waren. Der Stückpreis wurde auf 22 Taler für die ersten 11 000 Gewehre und 18 Taler 55 Groschen für den Rest festgesetzt. Die gleiche Summe verlangten in etwa auch die anderen Hersteller von der preußischen Regierung. Was noch wichtiger war, die württembergische Regierung erklärte sich bereit, den Brüdern die Königliche Waffenfabrik in Oberndorf zu verkaufen. Das notwendige Kapital kam von der Württembergischen Unionsbank, und am 5. Februar 1874 wurde die Gebrüder Mauser & Cie gegründet.

Das gleiche passierte den Mausers erneut im Jahr 1875, als die kürzere Karabinerversion des M/71 für die Kavallerie gebaut werden sollte (dabei wurde im Prinzip nur der Lauf von 860 auf 485 mm verkürzt, der Wischstock weggelassen und der Kammerstengel um 90 Grad gedreht, sodass er bei geschlossenem Verschluss seitlich anlag).

Preußen bestellte 60 000 Stück bei Werndl in Steyr, Sachsen beschaffte dort 10 000 Stück, während Spangenberg & Sauer, Schilling, Haenel 14 000 Stück an Bayern lieferten (und die gleiche Zahl an Chassepot-Gewehren im Austausch entgegennahmen). Die Gebrüder Mauser & Cie konnten gerade einmal 3000 Stück an die Württembergische Kavallerie liefern.

Im Jahr der Firmengründung besserte sich die Lage langsam, denn das Staatsgeheimnis um das M/71 wurde aufgehoben, sodass das Gewehr endlich nach Übersee verkauft werden konnte.

Der erste Auftrag über 26 000 M/71 kam aus China. Ein paar Jahre später, nämlich 1878, bestellte die neue Regierung des nun (von der Türkei) unabhängigen Serbien 100 000 Stück einer leicht modifizierten Version unter der Bezeich-

OBEN: Diese Abbildung eines frühen Chassepot-Gewehrs (das Herstellungsjahr 1867 ist in den Lauf gestanzt) zeigt die Hülle des nadelförmigen Schlagbolzens.

nung Mauser-Koka Modell 78/80 im Kaliber 10,15 mm x 63. Die zweite Zahl gibt die Länge der Patrone in Millimeter an, sie wurde – und wird – zur Unterscheidung herangezogen, denn es gibt viele Munitionsarten im gleichen Kaliber, die nicht kompatibel sind, weil sie sich eben in der Länge unterscheiden. Der Lauf hatte keilförmige Züge, deren Felder sich von 4,7 mm am Verschlussstück auf 3,9 mm an der Mündung verengten, und es fehlte der gefederte Auswerfer des Infanteriegewehrs Modell M/71.

ÄNDERUNGEN VON WIND

Dies waren längst nicht die einzigen Änderungen, die inzwischen durchgeführt worden waren. Interessanterweise kamen die wichtigsten Anregungen nicht von Paul Mauser, sondern von einem jungen preußischen Leutnant der Artillerie namens Wind. Man hatte schon früh beim Mauser M/71 eine Schwäche in Bezug auf die „Zündfähigkeit" festgestellt, d. h. die Kraft, mit der der Schlagbolzen auf die Treibladung schlug, die oft zu Versagern führte. Drei Lösungen wurden vorgeschlagen. Die Verstärkung der Schraubenfeder, die den Schlagbolzen nach vorn trieb, was aber auch dazu führen würde, dass zum Schließen des Verschlusses ein höherer Kraftaufwand erforderlich war. Man konnte auch das Spannstück leichter machen, sodass der Schlagbolzen weniger Gewicht bewegen musste, oder aber – so Winds Vorschlag – Spannstück und Schlagbolzen zu einem Bauteil kombinieren. Das Problem war allerdings nicht so schwerwiegend, und die Diskussionen um die beste Lösung erwiesen sich 1876 schließlich als überflüssig, denn die konvex geformten Anzündhütchen der ursprünglichen Patronen wurden gegen flache Hütchen ausgewechselt, die weniger Energie zum Auslösen benötigten. Trotzdem übernahmen die Gebrüder Mauser die Änderung für die für Serbien gebauten Waffen sowie für das Repetiergewehr M/71-84.

Es gab allerdings noch weitere Schwächen in der Konstruktion, die sich nicht ohne weiteres beheben ließen. Zunächst sorgte das Band, das am Vordergriff des Laufs nahe der Mündung befestigt war und durch eine Gewindeschraube an einer Öse unter dem Lauf gehalten wurde (damit sollte der feste Sitz des Bajonetts garantiert werden) dafür, dass der Lauf nicht frei schwingen konnte und der Treffpunkt in unvorhersehbarer Weise vom Zielpunkt abwich. Zweitens – was scheinbar nicht ganz so wichtig war – gab es noch die einseitige Verriegelung des Verschlusses (indem der Fuß des Kammerstengels gegen die Verriegelungsfläche vorn an der rechten Seite der Gehäusebrücke geschoben wurde), die ebenfalls für eine gewisse Abweichung sorgte, allerdings berechenbarer, denn sie sorgte dafür, dass der Rückstoß das Gewehr vom Zielpunkt weg nach rechts zog. Beide Fehler machten das Gewehr nicht völlig unbrauchbar, aber sie waren vorhanden, und sie werden Paul Mauser, dem absoluten Perfektionisten, keine Ruhe gelassen haben. Der scheinbar geringere dieser beiden Fehler sollte ihn auch später noch ärgern.

DIE ERSTEN REPETIERGEWEHRE

Anfang der 1870er Jahre verfügten die wichtigsten Heere in aller Welt über Hinterladergewehre mit einer Kampfentfernung von 500 m oder mehr. Damit veränderte sich natürlich auch die Art der Kriegsführung gegenüber der der letzten Generation. Die Schützen standen nun nicht mehr in der offenen Landschaft, sondern fingen nun an, sich aus der Deckung heraus zu beschießen, zumin-

dest wenn ihre Waffen das ermöglichten. Der Unterschied zwischen dem Krimkrieg 1853–56 und dem amerikanischen Bürgerkrieg keine zehn Jahre später konnte kaum krasser sein. Die „Kolonialtruppen" der wichtigsten Kolonialmächte und die Soldaten der US Army bekämpften ihre Gegner in den Eroberungskriegen weiterhin ohne jegliche Deckung – kein Wunder, denn sie hatten ja dafür gesorgt, dass ihre Gegner keine modernen Feuerwaffen hatten.

Die Schussentfernung ist nur ein Faktor der Feuerkraft. Genauso wichtig ist, wie schnell ein bewaffneter Truppenteil wirksam schießen kann, besonders in der letzten Phase des Angriffs, wenn der Angreifer dem Verteidiger näherrückt und ihn besiegt, indem er ihn tötet, verwundet oder vertreibt. Wir haben bereits beschrieben, dass die neuen einschüssigen Hinterlader in der Hand eines geübten Schützen bis zu 20 Schuss in der Minute abfeuern konnten. Das war den Strategen zunächst gar nicht recht, denn ein undisziplinierter Soldat konnte so in kurzer Zeit seinen gesamten Vorrat verfeuern. Danach war er dann schutzlos seinen Gegnern ausgesetzt. Genau aus diesem Grund waren die Repetiergewehre in Europa nicht schon früher eingeführt worden.

Im Jahr 1877 machten sie dann aber erst recht auf sich und ihre Qualitäten aufmerksam. In einer abgelegenen Gegend im heutigen Bulgarien gelang es 30 000 Türken, die Stadt Plevna mehrere Monate lang gegen 100 000 Russen zu verteidigen, und zwar hauptsächlich deshalb, weil ihre Winchester-Repetiergewehre den einschüssigen Berdan-Hinterladern der zaristischen Truppen weit überlegen waren.

Die Türken hatten keine Freunde mehr in Europa, insbesondere nach den Massakern, die sie im Gefühl des Machtverlustes auf dem Balkan veranstaltet hatten, aber dieser vorübergehende Erfolg bei Plevna (schließlich wurde Osman Pascha bis zum Jahresende vertrieben, und bis zum Frühjahr standen die Russen schon vor den Toren von Konstantinopel) rüttelte die Welt auf. Die Büchsenmacher beeilten sich, die Konstruktionen ihrer Repetierwaffen zu verfeinern, und die Regierungen warteten nur darauf, sie zu beschaffen. Um diesen Fortschritt von Anfang an zu verfolgen, müssen wir noch einmal in der Zeit zurückgehen und uns der Pionierarbeit des inzwischen fast vergessenen Walter Hunt sowie den bekannteren Beiträgen von Christopher M. Spencer und Benjamin Tyler Henry widmen. Für den entscheidenden Schritt nach vorn sorgte ein Mann, der angeblich nie eine Waffe abgefeuert haben soll, nämlich Oliver Fisher Winchester.

DIE UNTERHEBELREPETIERER

Im Jahr 1847 erhielt Walter Hunt aus Brooklyn, New York, ein begabter professioneller Erfinder, der Hunderte von Erfindungen von der Nähmaschine bis zur Sicherheitsnadel gemacht und dabei kaum einen Dollar verdient hatte, ein Patent für eine Einheitspatrone. Sie hatte eine kleine Treibladung von 0,42 g Pulver im hohlen Boden eines zylindrisch-konischen Geschosses, das selbst etwa 6,5 g wog. Gezündet wurde sie über ein Zündhütchen, das durch ein Loch in dem Korkstopfen wirkte, der die hintere Öffnung verschloss. Eine vergleichbare schwache 10,5-mm-Randfeuerpatrone hatte normalerweise eine Ladung von etwa 0,8 g und ein Geschoss von 8,4 g. Zwei Jahre später erhielt Hunt ein US-Patent auf eine Repetierwaffe, die diese Munition in einem Röhrenmagazin unterbrachte. Sie verfügte über einen von einer Spiralfeder ausgelösten Schlagbolzen an Stelle des sonst üblichen federbelasteten Hahns und war ihrer Zeit um einige Jahre voraus. Wegen Kapitalmangel übertrug er das Patent sofort für eine unbekannte Summe auf einen Maschinenbauer namens George Arrowsmith.

Einer dessen Angestellten, Lewis Jennings, überarbeitete die Konstruktion, machte sie einfacher und robuster und erhielt ein weiteres Patent, das er auch an Arrowsmith übertrug. Dieser verkaufte die Patente von Hunt und Jennings an Courtland Palmer, der wiederum die Firma Robbins and Lawrence in Windsor, Vermont, beauftragte, 5000 Gewehre nach diesem Prinzip herzustellen.

In den folgenden zwei Jahren verfeinerten zwei Waffenschmiedegesellen, Horace Smith und Daniel Baird Wesson, die sich kennen gelernt hatten, als sie für Allen, Brown and Luther in Connecticut Läufe fertigten, die Konstruktion in ihrer Freizeit und taten sich 1854 mit Palmer zusammen, um ein Gewehr und eine Pistole herzustellen.

DIE VOLCANIC COMPANY

Im folgenden Jahr verkauften Smith, Wesson und Palmer die Produktion an die Volcanic Repeating Arms Company, ein Konsortium aus rund 40 Investoren aus New Haven und New York. Unter ihnen waren Uhrmacher, Stellmacher, Ladenbesitzer und auch ein Hemdenfabrikant namens Oliver F. Winchester. Volcanic baute die Gewehre und Pistolen weiter und änderte hauptsächlich die Patronen. Statt Schwarzpulver saß nun ein Perkussionspulver auf Knallpulverbasis am Geschossboden. Dieses funktionierte als selbstzündende Treibladung, wodurch endlich das Zündhütchen überflüssig wurde. Daniel Wesson hatte die Treibladung nach dem Vorbild von Flobert entwickelt, war aber damit nicht zufrieden und entwickelte deshalb 1854 eine echte Patrone mit Zentralzündung. Die Volcanic Company erwarb die Rechte an dieser Patrone zusammen mit dem anderen Betriebskapital von Smith, Wesson und Palmer, stellte sie aber nie her – was sich später als schwerwiegender Fehler herausstellen sollte.

Dieser Fehler war um so tragischer, als es gerade die traurige Leistung der ursprünglichen Patrone war, die sich als Katastrophe für die Volcanic-Pistolen und -Gewehre erweisen sollte. Anfang 1857 war die Gesellschaft bankrott – natürlich mögen auch noch andere Faktoren eine Rolle gespielt haben. Am 19. März jenes Jahres nämlich erwarb Winchester mit einigen der ursprünglichen Investoren die Anlagen und brachte sie bei der New Haven Arms Co. ein, deren Präsident er

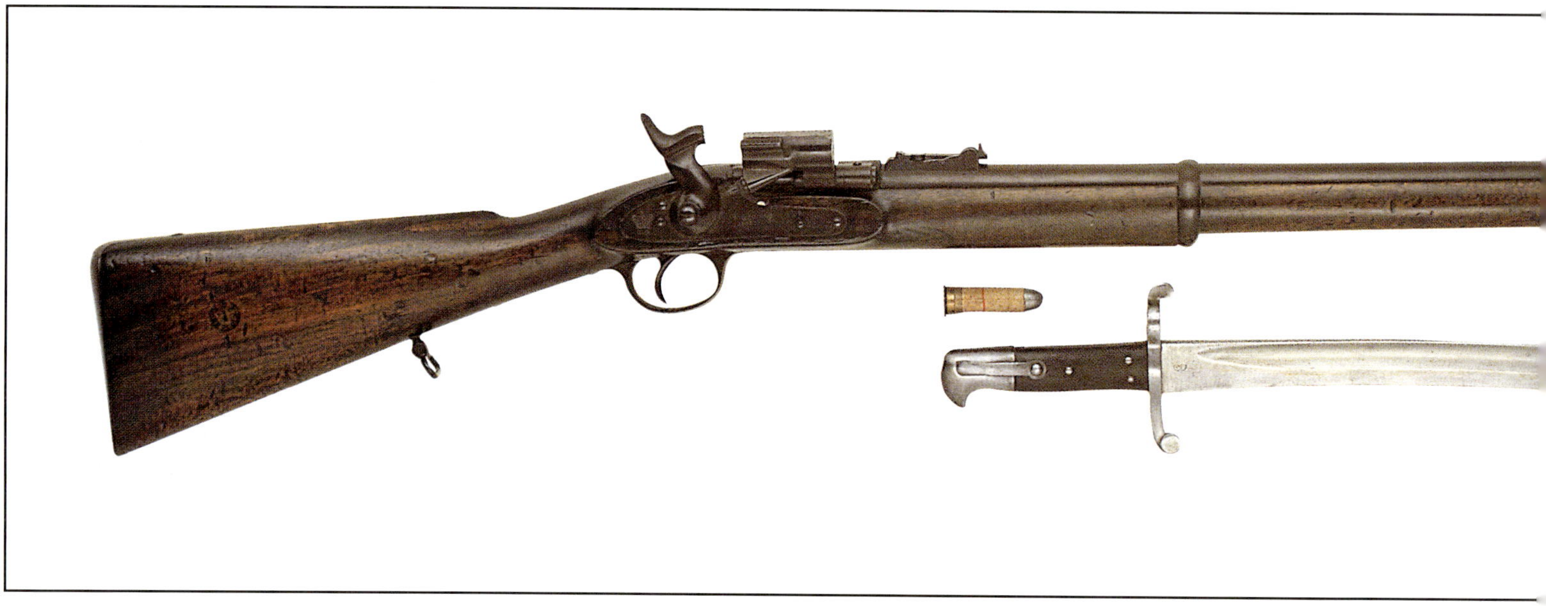

OBEN: **Das Enfield-Snider wirkte schon zu seiner Dienstzeit irgendwie anachronistisch – besonders das Bajonett erinnert an vergangene Zeiten.**

war. Da er von Waffen nichts verstand, stellte er Benjamin Tyler Henry als Produktionsleiter ein. Henry entschied sich, die Produktion von Pistolen aufzugeben und sich auf wesentliche Verbesserungen des Gewehrs zu konzentrieren. Er entwickelte auch die .44-Randfeuerpatrone (11,2 mm) dafür und konnte so seiner Firma das Schicksal von Volcanic ersparen. Das Ergebnis seiner Bemühungen war eine der berühmtesten Gewehrreihen überhaupt.

Das Volcanic war im Prinzip ein Zylinderverschlussgewehr, obwohl hier wie auch bei vielen weiteren Unterhebelrepetierern, die noch folgen sollten, der Verschluss durch einen ähnlichen Hebel nach vorn und hinten geschoben wurde, wie ihn Peabody und Martini für den nach unten öffnenden Fallblockverschluss ihrer Gewehre benutzt hatten.

Puristen weisen darauf hin, dass die Methode eines Geradzugverschlusses, wie die frühen Unterhebelrepetierer ihn hatten, weniger sicher ist als ein Drehkammerverschluss, dessen Griff von einem Verriegelungsnocken gehalten wird, so wie bei den Waffen von Dreyse, Chassepot und Mauser.

Es hätte wohl mehr Anlass zu Besorgnis gegeben, wenn die Gewehre von Hunt und Jennings und das Volcanic für stärkere Patronen ausgelegt gewesen wären. Trotzdem machte sich Henry bei der Überarbeitung als erstes daran, ein Paar waagerechter Stangen zu montieren, die abkippbar gelagert waren und eine Art Kniegelenk bildeten. Sie wirkten auf den Verschluss und hielten ihn geschlossen, indem sie durch den Spann-/Ladehebel gestreckt gehalten wurden.

Es gibt einen interessanten Beweis für die unglaubliche Stabilität dieser Neuerung, der ihr nachträglich eine Bedeutung verlieh, die zunächst niemandem aufzufallen schien: Als Hiram Maxim beweisen wollte, dass der Rückstoß eines Gewehrs stark genug ist, um den Mechanismus zu betreiben, entschied er sich dafür, einen Winchester-Repetierer entsprechend zu modifizieren. Er baute eine Waffe, die sich immer wieder automatisch nachlud, sobald das erste Geschoss abgefeuert war. Man musste nur genügend Munition bereithalten und den Finger am Abzug lassen (als Browning beweisen wollte, dass man eine derartige Waffe auch bauen konnte, indem man das

UNTEN: **Die Hunt/Jennings-Gewehre waren zwar nicht besonders effektiv, machten sich aber einen Namen als Vorgänger der enorm erfolgreichen und beliebten Unterhebelrepetierer von Winchester.**

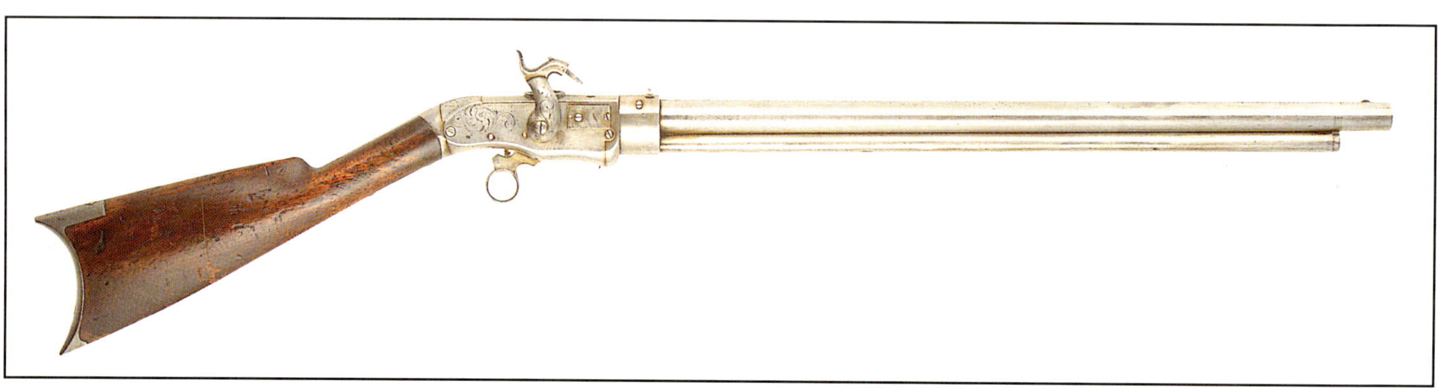

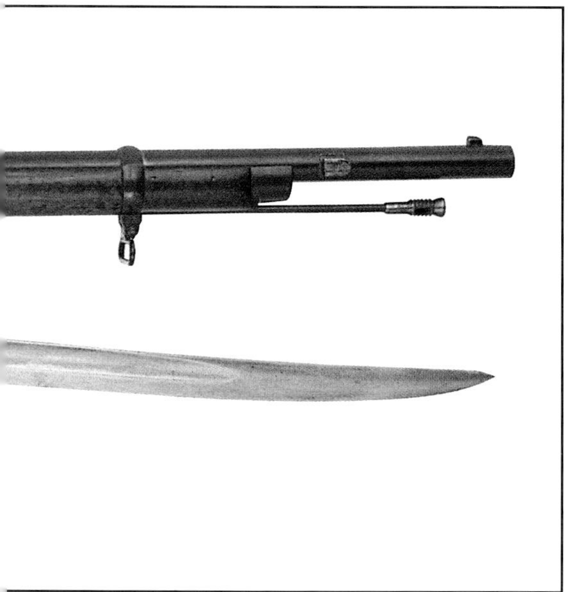

Gas aus dem Lauf abzapfte und damit einen Kolben bewegte, der wiederum den Mechanismus in Gang hielt, entschied er sich ebenfalls für eine Waffe von Winchester). Maxim übernahm später das Kniegelenk und baute es so um, dass es das Herzstück seines MGs bildete. Das Überwinden des mechanischen Widerstands und des Kniegelenks verzögerte die Bewegung des Mechanismus, bis das Projektil den Lauf verlassen hatte und der Druck auf ein ungefährliches Maß abgesunken war, sodass das Verschlussstück geöffnet werden konnte. Es ist nicht von der Hand zu weisen, dass Benjamin Henry Tylers simple Verschlussverriegelung ihn auf diese Idee gebracht hatte.

DAS HENRY-GEWEHR

Henry entwickelte nicht nur eine wirksame Patrone, sondern auch einen gegabelten Schlagbolzen, der den Patronenrand an zwei Stellen gleichzeitig traf. Damit wurde das (bei einer Randfeuerpatrone stets gegebene) Risiko eines Versagers auf ein Minimum reduziert. Henry erhielt Patente für beide Erfindungen wie auch für die verbesserte Verriegelung, und ein Gewehr mit diesen Neuerungen wurde ab 1860 unter seinem Namen verkauft. Die ersten Modelle hatten eiserne Systemkästen, aber von 1861 an stellte er auf Messing um.

Präsentationsmodelle verfügten über versilberte Kästen mit aufwändiger Gravur. Winchester war sich von Anfang an der Wichtigkeit öffentlicher Auftritte bewusst, so übergab er derartige Modelle im Rahmen feierlicher Anlässe an Kriegsminister Simon Cameron und Marineminister Gideon Welles. Der Großteil der Produktion bestand aus Gewehren, in der Regel mit einem Magazin für 15 Schuss unter dem Lauf (und einem weiteren im Verschlussstück, deshalb wurden die ursprünglichen Henry-Gewehre in der Regel als „sechzehnschüssig“ angepriesen). Es gab aber auch kürzere, handlichere Karabiner mit 12 Schuss.

Wenn die Henry-Waffen überhaupt eine Schwäche hatten, dann war es das Laden der Magazine. Die Feder im Magazin war über einen Schlitz an der Unterseite nahe der Mündung zusammenzudrücken, worauf das Vorderteil aufgeklappt und das Magazin von dort aus beladen werden konnte. Das war ein zeitraubendes, mühseliges Verfahren und konnte nicht verhindern, dass Schlamm und Dreck eindrangen. Nach Ansicht der älteren Offiziere der US Army lag der Nachteil aber darin, dass die Waffe zu wirksam war. Versuche hatten gezeigt, dass ein erfahrener Schütze in fünf Minuten und 40 Sekunden 120 Schuss abfeuern konnte. Die Gefahr, dass ein unerfahrener junger Soldat seine Munition in ein paar Minuten verfeuerte und dann schutzlos dem Gegner gegenüberstand, ließ dem Henry keine Chance als Dienstwaffe, zumal sich besonders Brigadegeneral James Wolfe Ripley gegen das Gewehr aussprach.

Ripley war beim Ausbruch des Bürgerkriegs Direktor des Feldzeugausschusses. Davor war er Leiter von Springfield Armory und hatte Entwicklung und Herstellung der Gewehrmuskete Model 1855 wie auch deren Umstellung von Zündstreifen auf Zündhütchen im Jahr 1860 überwacht. Er war von „seinem“ Gewehr so eingenommen, dass er sich kein besseres vorstellen konnte, und er tat alles in seiner Macht stehende, um die Einführung des Henry zu verhindern. Dabei gab er stets vor zu befürchten, dass die Munition zu schnell verbraucht wurde (was eigentlich ein Problem der Disziplin und nicht der Technik ist). Er konnte sich auf ganzer Linie durchsetzen, denn im gesamten Bürgerkrieg beschaffte das Unionsheer nur 1731 Henry-Gewehre, die an Einheiten ausgegeben wurden, die kaum in Kämpfe verwickelt waren. Mit dieser Haltung sollte sich Ripley noch ein weiteres Mal durchsetzen.

Das Problem mit dem Magazin beseitigte 1866 Nelson King, Henrys Nachfolger als Betriebsleiter bei der New Haven Arms Co. (Henry hatte sich inzwischen selbstständig gemacht und baute Gewehre mit von ihm entworfenen Zügen). Er installierte eine Ladeklappe rechts am Gehäuse, die sicherer und einfacher in der Handhabung war. So konnte sogar ein teilweise entladenes Magazin nachgeladen werden und musste nicht leergeschossen werden – das war bei Henrys Konstruktion nicht möglich. Dank dieser Änderung konnte die Dauerfeuergeschwindigkeit um 50 % erhöht werden – auf etwa 30 Schuss pro Minute, einschließlich der Zeit zum Nachladen. Das Gewehr wurde als Model 1866, aber immer noch unter Henrys Namen angeboten. Erst am 30. März 1867, nachdem schon ein paar Tausend Stück gebaut worden waren, gründete Oliver Winchester die Winchester Repeating Arms Co., und von nun an verschwand Henrys Name.

WINCHESTER-REPETIERGEWEHRE

So wohlkonstruiert und beliebt das Winchester '66 auch war, es hatte einen Fehler: Es handelte sich dabei ausgerechnet um die Patrone, die Henry für das Vorläufermodell entwickelt hatte und die immer noch in Benutzung war. Randfeuerpatronen werden aus wesentlich leichterem Material hergestellt als die moderneren Zentralfeuerpatronen, da das Material der Hülse durch den Schlagbolzen oder den Hahn deformiert werden muss, damit der Schlag auf den Treibladungszünder wirken kann. Daher benutzte Henry für seine Hülsen Kupfer. Diese verkrafteten aber nur eine geringe Pulvermenge, was wiederum negative Auswirkungen auf die Durchschlagskraft hatte und sogar die Flugbahn beeinträchtigte. Schwerere Ladungen hätten die Hülse zerrissen und zu Hemmungen geführt. Da der Mechanismus von allen Seiten umschlossen war, musste die Patrone mühselig durch den Auswurfschlitz oben auf dem Gehäuse entfernt werden. Das war die einzige Möglichkeit, ohne die Waffe komplett zu zerlegen. Die Randfeuerpatrone hatte noch einen weiteren Nachteil: Sie konnte nicht nachgeladen werden, was bei der Zentralfeuerpatrone mit separatem Treibladungszünder durchaus möglich war. Für jemanden, der neben einem Büchsenmacher oder einem Warenhaus lebte, spielte dies keine Rolle. Wer aber allein in der Wildnis lebte, trug wahrscheinlich Treibladungszünder, Pulver, eine Stange Blei und die Kugelform separat mit sich herum und fertigte seine Patronen selbst.

Nelson King machte sich daran, auch dieses Problem zu lösen. Er änderte den Mechanismus des '66 so, dass er die bald schon allgegenwärtige Zentralfeuerpatrone aufnahm und stellte die passende

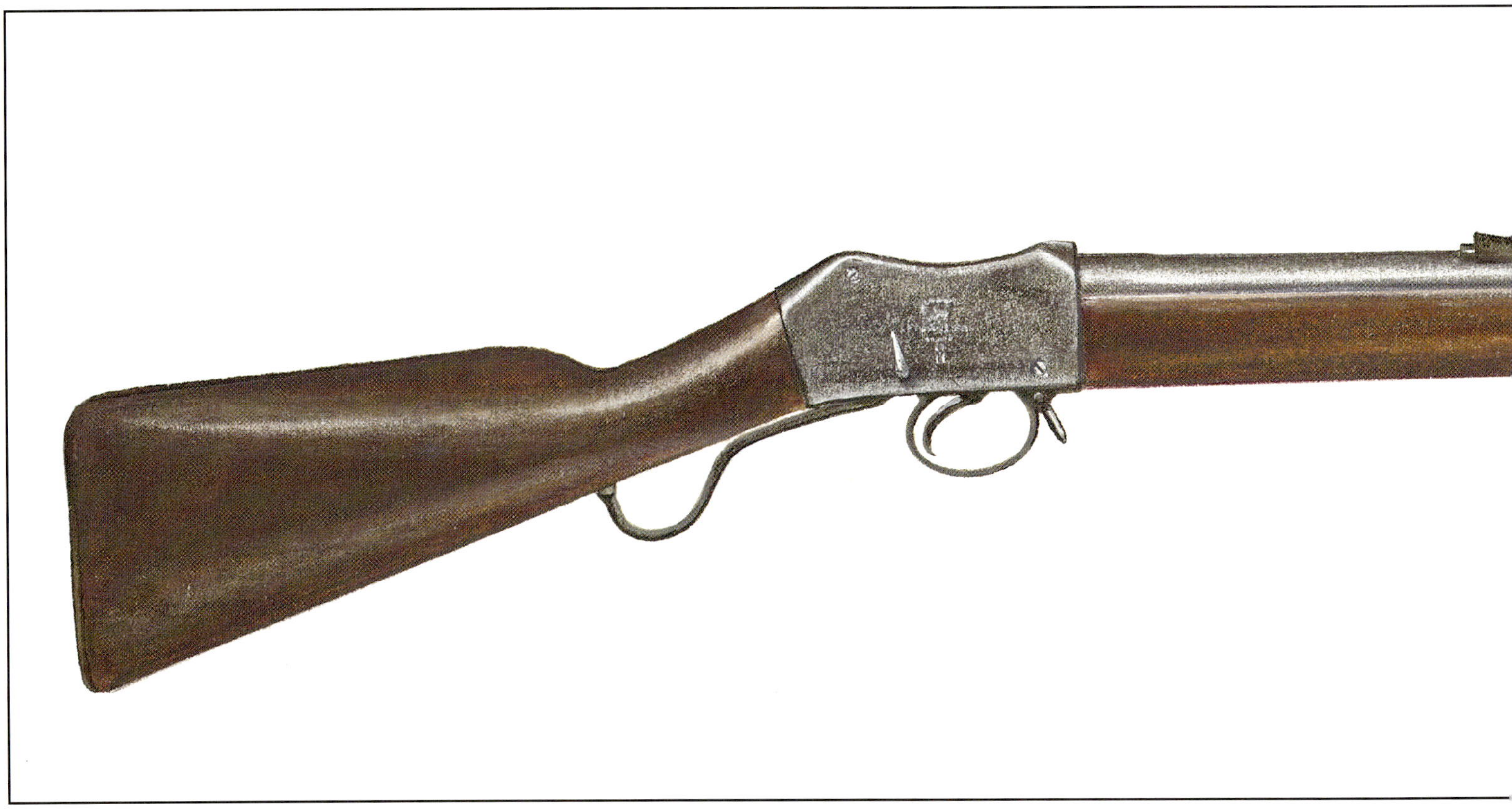

Munition gleich selbst her (Winchester war später mit seiner Munition genauso erfolgreich wie mit seinen Waffen). Das Ergebnis war das Winchester Model 1873, das berühmteste Gewehr Amerikas überhaupt. Es teilte sich mit dem Colt Single-Action Army (SAA) Revolver den Titel „die Waffe, die den Westen erobert hat". Fünf Jahre später gab es einen Grund mehr, sich beide Waffen zuzulegen, denn Colt baute als Frontier Model eine Version des SAA für die Zentralfeuerpatrone .44-40 Winchester Center Fire (WCF). So konnten beide Waffen die gleiche Munition verschießen (andere Hersteller, insbesondere Remington und Smith & Wesson, folgten nach). Winchester baute die '73 später in anderen Kalibern, darunter .32 WCF und .38 WCF. Die Winchester-Patronen waren am kleinen „Hals" zu erkennen; die anderen Patronen waren meistens gerade. Die Winchester 73 wurde bis 1919 gebaut und kam insgesamt auf knapp 750 000 Exemplare. Das Model '66 für Randfeuerpatronen blieb parallel bis 1898 in der Produktion und brachte es immerhin auch auf 170 000 Stück.

WINCHESTER MODELL 1876

In einer Beziehung war Winchester den Mitbewerbern voraus: Er hatte einen gut

UNTEN: **Der Fallblockverschluss von Remington war auch dann noch gefragt, als er nach Einführung der Repetierwaffe eigentlich überholt war. Dank seiner Einfachheit erlaubte er eine überraschend hohe Feuergeschwindigkeit.**

Martini-Henry-Gewehr

Kaliber: . 45 (11,4 mm)
Gewicht: 4,7 kg
Länge: 1310 mm
Lauflänge: 850 mm
Effektive Schussentfernung: über 400 m
Ausführung: nach unten öffnender Fallblockverschluss, einschüssig
Mündungsgeschwindigkeit: 400 m/s
Herstellerland: Großbritannien

entwickelten Geschäftssinn. Als erster Waffenhersteller setzte er auf Werbung, dabei betonte er ganz besonders die Qualität seiner Produkte. Ausgewählte Waffen wurden mit Stecherabzug ausgerüstet (und die Besitzer installierten oft noch Lochvisiere auf dem Kolbenhals).

Mit sorgfältigem Finish kosteten die Gewehre 100 Dollar. (Das war extrem teuer zu einer Zeit, als europäische Büchsenmacher Zylinderverschlussgewehre mit Röhrenmagazin zu einem Fünftel dieses Preises anboten. Sie gingen natürlich an Kunden, die auf den Preis achteten.) Diese wurden unter der Bezeichnung „Eines von Tausend" angeboten und dieses Motto war auch auf einer Platte am Vorderschaft eingraviert. Diese Waffen waren damals schon sehr gefragt und sind es heute um so mehr.

Drei Jahre später stellte Winchester schwerere Gewehre und Karabiner der gleichen Bauart vor. Der einzige Unterschied war in der Regel die Länge des Laufs; beim Model 1876 hatte der Karabiner auch einen verlängerten Vorderschaft, der fast bis zur Mündung reichte und einen Handschutz über dem Lauf, eigentlich typische Merkmale der damaligen Dienstgewehre. Eine echte Militärversion, merkwürdigerweise als Model 1876 Musket bezeichnet, sah ähnlich aus.

Mit dieser Waffe kämpften die türkischen Streitkräfte bei Plevna so ausdauernd gegen die Russen. Ursprünglich auf eine .54-75 Patrone ausgelegt, die in ihren Eigenschaften der Munition des Trapdoor-Springfield ähnelte, hatte sie ein 22,7 g schweres Geschoss und eine Ladung von 4,86 g Schwarzpulver. Damit hatte sie doppelt soviel Kraft wie das Modell 73. Es war besonders bei denen gefragt, die mehr Aufhaltekraft wollten als das kleinere Gewehr bieten konnte.

Schließlich wurde es auch in den Kalibern .50-95 Express, .45-60 WCF und .40-60 WCF angeboten. 1897 wurde die Produktion aufgegeben, weil der Markt für derartige Waffen einfach nicht mehr vorhanden war. Theodore Roosevelt, der wohl extravaganteste US-Präsident und passionierter Großwildjäger, bevorzugte das 76er, und viele Jäger folgten seinem Beispiel. Die Royal Canadian Mounted Police führte es offiziell als Nachfolger des Model 66 ein. Gegen Ende der 1870er Jahre, 25 Jahre nach ihrer Gründung, war die Winchester Repeating Arms Co. fest etabliert und hatte drei ausgezeichnete Gewehre zu bieten.

DER SPENCER-KARABINER

Der zweite große Erneuerer in den Vereinigten Staaten auf dem Gebiet des Gewehrs hatte eine ganz andere Geschichte als Oliver Winchester. Dieser war im Prinzip Geschäftsmann, hatte aber auch politische Ambitionen und diente 1866 und 1867 eine Amtszeit lang als stellvertretender Gouverneur von Connecticut. Christopher Spencer hingegen verließ mit 14 die Schule und arbeitete in der Seidenfabrik seiner Heimatstadt Manchester, ebenfalls in Connecticut. Später baute er Werkzeugmaschinen und Lokomotiven und arbeitete kurz für Colt in New Haven. Nach der Rückkehr in seine Heimatstadt erhielt er, noch nicht einmal 30 Jahre alt, sein erstes bedeutendes Patent (auf eine Maschine zum Wickeln des Seidenfadens). Am 6. März 1860, also sechs Monate vor Henry, ließ sich Spencer (der als Quäker eigentlich ein Pazifist hätte sein müssen) ein Repetiergewehr patentieren. Wie bei Henry hatte es einen Zylinderverschluss, der mit einem Unterhebel verbunden war. Hier saß die Munition, insgesamt sieben Schuss, aber in einer Röhre im Kolben. Das Gewehr war etwas umständlicher als das Henry, denn der Mechanismus wurde nicht durch das Vor- und Zurückbewegen des Unterhebels gespannt, um die verbrauchte Hülse auszuwerfen und eine neue Patrone in das Patronenlager zu bringen, sondern musste mit dem Daumen zurückgeschoben werden. Dafür war es wesentlich einfacher aufgebaut (das Henry hatte ja nicht weniger als 46 bewegliche Teile), sodass es robuster und billiger herzustellen war. Es hatte einen Vorteil gegenüber dem Röhrenmagazin unter dem Lauf – bei diesem ändert sich der Schwerpunkt mit jedem Schuss, der

abgefeuert wird. Das Magazin hatte zwar nur die Hälfte der Kapazität des Henry, ließ sich dafür aber schneller nachladen, besonders nach der Einführung des Blakeslee Quickloader – ein fertig geladenes Magazin mit sieben Schuss. Der Schütze konnte zehn dieser Magazine in einem umgebauten Munitionsbehälter an seinem Schulterriemen tragen. Zum Nachladen genügte es, das Magazin einfach in die Waffe zu schieben.

Beim Ausbruch des amerikanischen Bürgerkriegs 1861 bot Spencer der Unionsarmee seinen Karabiner an – und traf auf James Wolfe Ripley, der auch von dieser Waffe nichts wissen wollte. Spencer hatte aber mehr Glück – oder Geschick – als Winchester und sicherte sich die Unterstützung von Präsident Abraham Lincoln, der Ripley befahl, die Waffe zu beschaffen. Leider kam es zu Verzögerungen in der Produktion, was Ripley nutzte, um das Auftragsvolumen einzuschränken. So konnte der Spencer-Karabiner sich erst 1863 einen Namen im Gefecht machen, obwohl bereits vorher einzelne Soldaten und sogar ganze Regimenter sich die Waffe privat beschafft hatten. Ripley suchte immer noch nach Ausflüchten. Erst eine zweite Intervention des Präsidenten brachte die Sache wieder in Schwung. Spencer traf sich am 18. August mit Lincoln zu einem Wettschießen; der Büchsenmacher war etwas besser als der Staatsmann. Zwei Wochen später hatte Ripley seinen Job verloren und wurde durch George D. Ramsay ersetzt, der Spencer voll und ganz unterstützte.

Bis zum Ende des amerikanischen Bürgerkriegs lieferte Spencer 77 181 Karabiner und 12 471 Gewehre im Kaliber .52in an die Unionsarmee. Ungefähr die gleiche Zahl wurde noch einmal privat beschafft.

DAS ENDE FÜR SPENCER

Mit dem Ende des Bürgerkriegs geriet

LINKS: **Im Januar 1879 gelang es zwei Offizieren und 137 Soldaten, hauptsächlich von den South Wales Borderers, sich dank ihrer Nervenstärke und überlegenen Waffen bei Rorke's Drift gegen den Angriff von 4000 Zulus zu verteidigen.**

aber auch die Nachfrage nach dem Spencer-Gewehr ins Stocken, so wie es dem simpleren, aber robusteren Sharps-Gewehr zehn Jahre später auch gehen sollte. Der letzte Nagel zum Sarg war die Einführung der verbesserten Winchester 66 – mit ihrem kleineren Kaliber, der höheren Geschwindigkeit und dem größeren Fassungsvermögen – das den neuen „Cowboys" und Pionieren wesentlich besser gefiel. 1869 wurde die Spencer Repeating Rifle Co. geschlossen. Maschinen und Restbestände wurden versteigert (und gingen an Oliver Winchester, der sie prompt ins Ausland verkaufte).

Spencer starb 1922, hatte aber in seinen späteren Lebensjahren noch wichtige Innovationen auf dem Gebiet der Werkzeugmaschinen eingeführt – zum Beispiel einen Gewindeschneidaufsatz für eine Revolverdrehbank. So wie Winchester zum Geschäftsmann geboren war, war sein einstiger Hauptkonkurrent mit Leib und Seele Ingenieur.

REPETIERGEWEHRE MIT ZYLINDERVERSCHLUSS

Während die Vereinigten Staaten eine lange Beziehung zum Unterhebelrepetiergewehr eingingen (Winchesters Gewehre stellten nur den Anfang dar, drei weitere geniale Büchsenmacher, John Moses Browning, John Marlin und Arthur Savage bauten ebenfalls höchst populäre Unterhebelrepetierer, und sie waren nicht allein), blieben die Europäer beim Althergebrachten.

Der drehbare Zylinderverschluss war vielen Benutzern völlig ausreichend, beim Unterhebelrepetierer gab es hingegen noch Zweifel an der Sicherheit. Außerdem hatte dieser gegenüber dem Unterhebel seine Vorteile beim Schießen im liegenden Anschlag. Als die Europäer sich schließlich dem Repetiergewehr zuwandten, interessierten sie sich nur für Waffen mit Zylinderverschluss. Zunächst benutzten sie wie Winchester Röhrenmagazine, abgeleitet von dem Mechanismus, den Hunt für sein Repetiergewehr entwickelt hatte.

Wie schon erwähnt, wurde den Preußen bereits 1870, als sie noch über einen Nachfolger für das Dreyse-Zündnadelgewehr debattierten, das Vetterli-Repetiergewehr mit Röhrenmagazin angeboten. Friedrich Vetterli hatte seine Konstruktion bereits 1866 perfektioniert, indem er viele Bauteile der Winchesters von Henry und King übernahm (u. a. die Anordnung des Magazins, den Patronenträger von Henry und die Ladeklappe von King). Sie setzte sich im Wettbewerb gegen das Peabody, ein einschüssiges Gewehr mit nach unten öffnendem Fallblockverschluss, durch, das später von Martini überarbeitet wurde. Das Vetterli wurde 1868 im Kaliber 10,4 mm von der Schweizer Regierung als Dienstgewehr eingeführt, das erste Repetiergewehr mit Zylinderverschluss in offiziellem Gebrauch. Es verfeuerte eine Patrone vom Typ Boxer mit 3,75 g Schwarzpulver und einem 20,4 g schweren Geschoss. Dabei erreichte es eine Mündungsgeschwindigkeit von 410 m/s, etwas mehr als die bayerische Langpatrone M/69, aber weniger als die kurz danach eingeführte M/71. Das Gewehr blieb im Dienst, bis es vom Schmidt-Rubin M 1889 abgelöst wurde. Dieses folgte dem von Frankreich ausgehenden Trend zu kleineren Kalibern. Möglich wurde dies durch die Entwicklung stärkerer Treibmittel, der letzte Schritt in der Entstehung der „modernen" Munition. Rubini stammte aus dem italienischen Teil der Schweiz (es ist unklar, warum sein Name stets falsch geschrieben wird, aber er hat sich nunmal allgemein so eingebürgert) und hatte mit der Entwicklung des Gewehrs nichts zu tun. Er war Major der Bundesarmee und Leiter ihres technischen Labors in Thun. Dort führte er die randlose Patrone und das Mantelgeschoss ein, das er 1887 erstmals herstellte und das auch bei diesem Gewehr benutzt wurde.

Die von Henry und King vorgeschlagene Methode, eine neue Patrone vom Röhrenmagazin in das Patronenlager zu führen, war natürlich nicht die einzige Möglichkeit. Der Österreicher Kropatschek baute ein System, das bei mehreren der ersten europäischen Repetiergewehre, besonders beim (späteren) französischen M1886 zur Anwendung kam. Dieses wird normalerweise als Lebel bezeichnet, nach dem Oberstleutnant, der den Vorsitz des Auswahlausschusses führte (wie in Frankreich damals üblich). Es verfügte über den Mechanismus des M1874 (im Prinzip der des Chassepot, aber durch den französischen Oberst Gras umfangreich überarbeitet). Ein weiterer Österreicher, Ferdinand Früwirth, benutzte ein ähnliches System für sein Gewehr, das er bereits 1869 für die Gendarmerie seines Heimatlands baute. Das wichtigste Gewehr dieser Art jedoch war das Mauser M71/84, nicht etwa, weil es besonders gut war (das konnte man wirklich nicht behaupten), sondern weil es in großer Zahl produziert wurde und dank der Macht seines Herkunftslandes besonders großen Einfluss hatte.

Josef Werndl in Steyr bot dem Preußischen Ausschuss für die Erprobung von Gewehren bereits 1875 eine Repetierversion des Mauser an, ausgestattet mit einem Röhrenmagazin von Kropatschek. Es wurde aber abgelehnt, weil gewisse hochrangige Offiziere befürchteten, dass

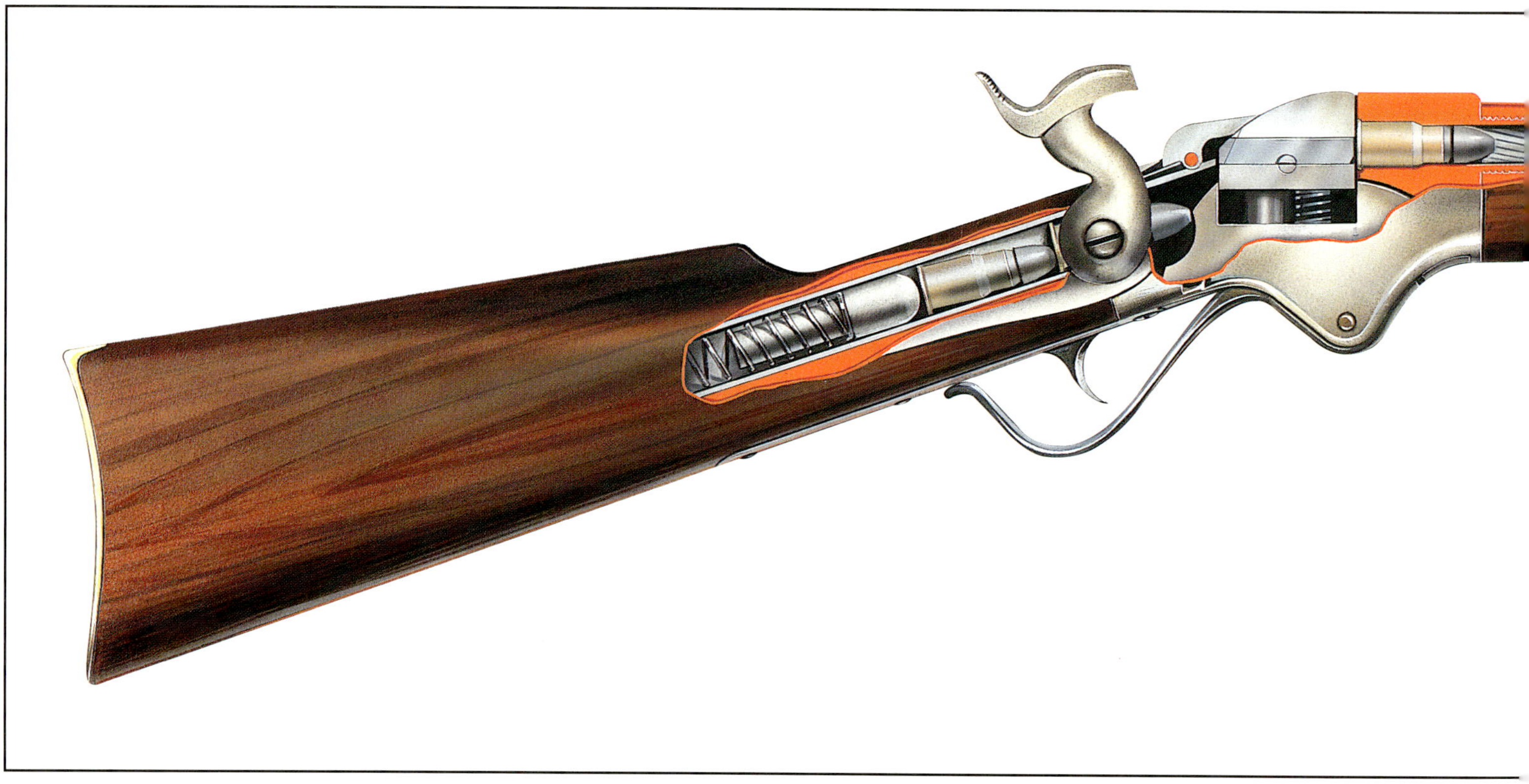

disziplinlose Soldaten ihren Munitionsvorrat in wenigen Minuten verschießen würden. Werndl hielt nicht viel von Früwirths System. Er kaufte dessen Betrieb 1869, brachte den Großteil der Maschinen nach Steyr und schloss den Betrieb. In Steyr produzierte er das System von Kropatschek, obwohl er die Rechte an Früwirths Entwicklung hatte.

Dann kam die Schlacht bei Plevna, und nun war auch den konservativsten Militärs klar, dass das einschüssige Gewehr hoffnungslos überholt war. Schließlich konnten 30 000 Türken 100 000 Russen standhalten – was konnte dann erst ein hochentwickelter Gegner wie zum Beispiel das wiedererstarkte Frankreich, wenn es...?

DIE ERSTEN MAUSER-REPETIER-GEWEHRE

Paul Mauser baute 1877 und 1878 in

UNTEN: **Das Spencer-Gewehr war einfach und klar aufgebaut und daher gut als Waffe für den Krieg geeignet. In Friedenszeiten wurde es aber von dem fortschrittlicheren Winchester in der Beliebtheit ausgestochen.**

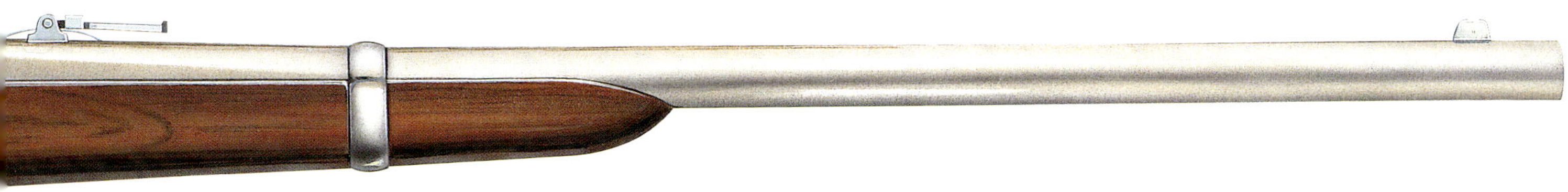

Spencer Model 1865 Carbine

Kaliber: .56in (14,2 mm) Randfeuer
Gewicht: 4,2kg
Länge: 1025 mm
Lauflänge: 550 mm
Effektive Schussentfernung: 400 m
Ausführung: Unterhebel, Röhrenmagazin mit 7 Schuss
Mündungsgeschwindigkeit: 400 m/s
Herstellerland: Vereinigte Staaten von Amerika

Oberndorf am Neckar eine Reihe von Magazinen, die an die Patronenzuführung des M/71 zu montieren waren. Darunter waren einfache Kästen und U-förmige Versionen. Das Ziel war, das vorhandene Gewehr zu geringen Kosten zu einem Repetiergewehr umzubauen. Die Spandauer Gewehrprüfungskommision lehnte aber sämtliche Versuche ab. Mausers Favorit für den 1878 geschlossenen Vertrag mit Serbien war ein Repetiergewehr mit einem röhrenförmigen Magazin unter dem Lauf. Die Serben wollten aber das (viel billigere) einschüssige Gewehr. Er muss also schon etwa 1875 oder 1876 mit der Arbeit an diesem Konzept angefangen haben.

Obwohl die Serben die Konstruktion ablehnten, baute Mauser einige Repetiergewehre mit Röhrenmagazin und stellte sie 1881 auf der Württemberger Handelsmesse aus, wo sogar Kaiser Wilhelm sie

UNTEN: Die schlichten Linien des nach unten öffnenden Fallblockverschlusses des Martini-Henry kommen in dieser späten Ausführung besonders gut zur Geltung. Beachtenswert der hebelähnliche Signalstift über dem Abzugsbügel.

sich interessiert betrachtete. Im folgenden Jahr bestellte Preußen 2000 Stück und gab sie zur Erprobung an vier Infanteriebataillone aus.

ÄNDERUNGEN

Die Repetiergewehre sollen bis auf die Magazine und die Zuführung identisch mit dem M/71 gewesen sein. Die Soldaten sahen es zumindest so. Tatsächlich hatte Paul Mauser aber so gut wie jedes Teil umkonstruiert, wobei er sich so eng wie möglich an das Original hielt, um die Kosten für die Werkzeuge niedrig zu halten. Als Ergebnis der Erprobungen der Jahre 1882–1883 nahm Mauser weitere Änderungen vor. Er kürzte die Gesamtlänge des Magazins (sowie des Laufs und des Schafts) und reduzierte das Fassungsvermögen von neun auf acht Schuss; so wurde das Gewehr leichter und die Balance verbesserte sich.

Auch das Problem der Schwerpunktverschiebung beim Leerschießen des Magazins war hier nicht ganz so gravierend. Gleichzeitig musste Mauser die Patrone M/71 umkonstruieren, denn das äußerst spitze Projektil hatte bei Erprobungen nicht selten die davor im Magazin liegende Patrone gezündet. Gleichzeitig nutzte er die Gelegenheit, den Sitz des Zündhütchens zu verbessern. Das Pro-

UNTEN: Die Taktik der Kolonialkriege brachte nichts neues: Standhalten und kämpfen. Diese britischen Truppen, die 1885 bei Abu Klea kämpften, scheinen mit Enfield-Sniders ausgerüstet zu sein.

blem mit den Patronen betraf alle Röhrenmagazine, und es sollte noch schlimmer werden, als die Vollmantel-Spitzgeschosse immer beliebter wurden. Erst Remington löste das Problem endgültig: Er baute sozusagen Züge in die Magazine ein, d. h. sie hatten paarweise angeordnete spiralförmige Rippen, die als Patronenführung dienten. Damit war sichergestellt, dass die Patronen nicht in einer Linie hintereinander lagen. Jede Patrone lag in einem bestimmten Winkel zu den benachbarten Patronen, sodass die Spitzen und die Treibladungszünder nicht miteinander in Kontakt kommen konnten.

Schließlich reduzierte Mauser die Tiefe der Züge von 0,3 mm auf 0,15 mm; bei späteren Versionen reduzierte er sie noch weiter.

WEITERE VERFEINERUNGEN

Die größte Änderung aber betraf das Verschlussgehäuse, genau gesagt den Patronenzubringer. Wo Mauser bislang ein massives Behältnis vorgesehen hatte, gab es nun einen komplizierten, winkelig zulaufenden Patronenzubringer, der an seinem hinteren Ende angelenkt war.

Er kippte vorn ab, um eine Patrone aus dem Magazin aufzunehmen und wurde dann mit Hilfe des Hebels (und geführt durch die verlängerte Auswerferstange) über die waagerechte Stellung hinaus nach oben geklappt, sodass er leicht schräg stand. Dabei zog er die Patrone heraus und legte sie zurecht. Bei der nun folgenden Vorwärtsbewegung traf der Stoßboden des Verschlusses dann auf den Boden der neuen Patrone (während der Träger zurückfiel) und nahm diese mit. Der Mechanismus wurde durch die Forderung, den Patronenzubringer auf Wunsch verriegeln zu können, noch komplizierter. Dadurch wurde das Magazin praktisch verschlossen und aus dem Repetiergewehr wurde wieder eine einschüssige Waffe. Zu diesem Zweck gab es einen Hebel an der linken Gehäuseseite, der das Verschlussgehäuse beim Laden dauerhaft unten verriegelte und einen flachen Boden dafür bildete. Das Verriegeln war nur möglich, wenn der Verschluss voll zurückgezogen und der Patronenträger angehoben war. Die Soldaten zerstörten den Mechanismus oft genug, wenn sie versuchten, den Hebel bei geschlossenem Verschluss zu bewegen. Zu den weiteren wichtigen Änderungen, die Mauser am ursprünglichen M/71 vornahm, zählte die Verbindung von Spannstück und Schlagbolzen, wie bereits von Wind vorgeschlagen (siehe oben).

Das Problem des Ausschlagens nach rechts versuchte Mauser zu lösen, indem er den Verschluss so modifizierte, dass er an seinem hinteren Ende auf beiden Seiten verriegelte. Dieser „doppelte Widerstand“, wie er ihn nannte, war aber eher eine Verlegenheitslösung. Sie fand aber auch Anwendung bei dem im Prinzip fast unveränderten Gewehr, das Mauser im folgenden Jahr an die Türken lieferte. Die allgemein akzeptierte Methode, die Abweichung nach rechts auszugleichen, bestand darin, das Korn um etwa 0,6 mm nach rechts von der Laufachse abzusetzen. In Extremfällen, d. h. in der Praxis fast immer, durften die Waffenmeister der Bataillone die doppelte Abweichung wählen. Mit ihrer Tendenz, seitlich zu verziehen, standen die Mauser-Gewehre zu jener Zeit keineswegs allein. Die Züge sorgten bereits für eine gewisse Abweichung; dazu kommen noch die asymmetrischen Verschlussverriegelungen. Oft wurde die Kimme entsprechend nach der einen oder anderen Seite versetzt. Dazu diente im allgemeinen ein Schwalbenschwanz. Sobald der Soldat seine Waffe aber besser kannte, sorgte er beim Zielen selbst für die entsprechenden Abweichungen bei den unterschiedlichen Entfernungen, was besser funktionierte als diese Hilfslösungen.

DIE KONKURRENTEN

Insgesamt wurden in den vier staatlichen Waffenfabriken Preußens etwa 950 000 Gewehre vom Typ M/71-84 zu einem Stückpreis von je 43 Mark gefertigt (darin waren die Kosten für die Werkzeuge nicht enthalten, sodass der tatsächliche Preis in etwa bei 55 Mark lag). Nun profitierten auch die Gebrüder Mauser davon, denn im deutschen Reich wurde das Patentgesetz überarbeitet. Sie erhielten drei Mark für jedes der ersten 100 000 Gewehre und eine Mark für jedes weitere Exemplar. Sie (d. h. nur noch Paul, denn Wilhelm war im Januar 1883 gestorben) hatten auf einen Großauftrag für die Oberndorfer Waffenfabrik gehofft und bereits die erforderlichen Werkzeuge beschafft, aber dazu sollte es wiederum nicht kommen, obwohl alles bereit für die Produktion war. (Mauser baute schließlich 19 000 M/71-84 für den Staat Würt-

FOLGENDE SEITEN: **Diese Unterhebelgewehre von Henry wurden allesamt zwischen 1860 und 1866 in New Haven Connecticut, gebaut. Dann verließ Betriebsleiter Benjamin Tyler Henry den Inhaber Oliver Winchester und wurde durch Nelson King ersetzt, der gleichzeitig als Chefkonstrukteur fungierte. Auffällig die unterschiedlichen Schaftformen, die unterschiedliche Länge der Läufe (und Magazine). Der Rahmen des Gehäuses bestand aus Messing oder Eisen. Die Gravuren, über die einige der Gewehre verfügen, wurden ab Werk für einen Aufpreis von ein paar Dollar geliefert. Die speziell angefertigten Präsentationsmodelle waren natürlich noch aufwendiger verziert. Alle Waffen verschießen natürlich die ursprüngliche .44in-Randfeuerpatrone, die erst beim berühmteren Model 1873 abgelöst wurde.**

NEW HAVEN ARMS CO.

temberg und konnte die Werkzeuge auch weiter benutzen, als im folgenden Jahr die Produktion der fast identischen 9,5-mm-M/87 für die Türkei anlief. Dies war der erste geschäftliche Erfolg der Firma Mauser, obwohl finanziell nicht allzu viel dabei heraussprang.) Die Lieferung an die Infanterieregimenter, zunächst in dem umstrittenen Reichsland Elsass-Lothringen begann 1886 und war bis zum Ende des folgenden Jahres abgeschlossen. Im gleichen Jahr jedoch führte Frankreich – nach den Ereignissen von 1871, d. h. der Gefangennahme und Inhaftierung des Kaisers und der besten Offiziere, der Zerstörung des Kernlands, des dauerhaften Verlustes der Industriegebiete Elsass und Lothringen und den gewaltigen Reparationszahlungen (denn Frankreich hatte ja unter dem fadenscheinigen Vorwand, den deutschen Prinzen Leopold von Hohenzollern nicht auf dem spanischen Thron akzeptieren zu können, den Krieg angezettelt) der ärgste Feind des deutschen Reichs – das 8-mm-Lebel ein. Im Jahr 1889 brachte Großbritannien, ein weiterer Rivale, besonders im Rennen um die Kolonien in Afrika, das .303in-Lee-Metford, und auf einen Schlag zählte das 11-mm-Mauser zum alten Eisen.

Bis 1892 waren die Gewehre mit Röhrenmagazin bei den Kampfeinheiten abgeschafft und durch das untaugliche Gewehr 88 im Kaliber 7,92 mm ersetzt worden. Der Großteil wurde später zu einem Stückpreis von vier Mark verkauft, einige wurden allerdings für die einheimischen Truppenteile in den deutschen Kolonien zurückbehalten.

DIE ENTWICKLUNG DER MAGAZINE

Das Röhrenmagazin hatte entscheidende Nachteile, ganz besonders die systembedingte Schwäche der Spiralfeder, die beim M/71-84 vom vollen Magazin bis zur Entleerung um insgesamt 612 mm zusammengedrückt wurde. Ungelöst war auch immer noch das Problem der Verlagerung des Schwerpunkts beim allmählichen Entleeren des Magazins. Daher hatten die Konstrukteure längst mit anderen Systemen experimentiert. Benjamin Berkeley Hotchkiss (der zu jener Zeit noch in seiner Heimat USA arbeitete, aber schon bald nach Frankreich emigrierte und dort den Markt für Maschinengewehre beherrschte) baute ein Gewehr mit Zylinderverschluss, das wie das Spencer-Gewehr über eine federbelastete Röhre im Kolben mit Munition versorgt wurde. Im November 1877 wurde es von der US Army übernommen, aber nur für eine umfangreiche Versuchsreihe.

Der zur gleichen Zeit erprobte Karabiner von Chaffee-Reece war ebenfalls eine Zylinderverschlusswaffe, deren Patronen in einem Magazin im Kolben saßen. Hier aber steckten sie zwischen zwei ansteigenden Führungsschienen, die jeweils über Innenrundungen verfügten, die den Profilen der Patronenhülsen entsprachen. Wenn der Verschluss geöffnet wurde, bewegten sich die Patronen wechselweise nach vorn und es wurde jedes Mal eine neue Patrone in den Verschluß geschoben. Damit war zumindest das Problem der überlangen Feder gelöst. Dafür ergaben sich aber andere Probleme, sodass diesem Versuch keine lange Lebensdauer beschieden war.

HOPPER- UND UMLAUFMAGAZINE

Die Hopper-Magazine und die ähnlichen Steckmagazine (bei den ersteren fielen die Patronen nach unten, bei den letzteren wurden sie durch eine Feder nach oben gedrückt – beide wurden an der Seite montiert und führten die neue Patrone genauso zu, wie sie von Hand in das Gehäuse eines einschüssigen Gewehrs eingeführt wurde) waren kurze Zeit sehr beliebt, konnten aber keine echten Erfolge erzielen. Zumindest boten sie eine preisgünstige Möglichkeit, ein vorhandenes einschüssiges Gewehr zum Repetierer umzurüsten. Gleichzeitig blieb die ursprüngliche Funktion erhalten, denn die Magazine konnten einfach abgeklappt werden. Die Briten waren besonders begeistert davon (das ist wohl in erster Linie darauf zurückzuführen, dass es keine andere vernünftige Möglichkeit gibt, ein Gewehr mit nach unten öffnendem Fallblockverschluss wie das Martini zum Repetierer zu machen) und erprobten

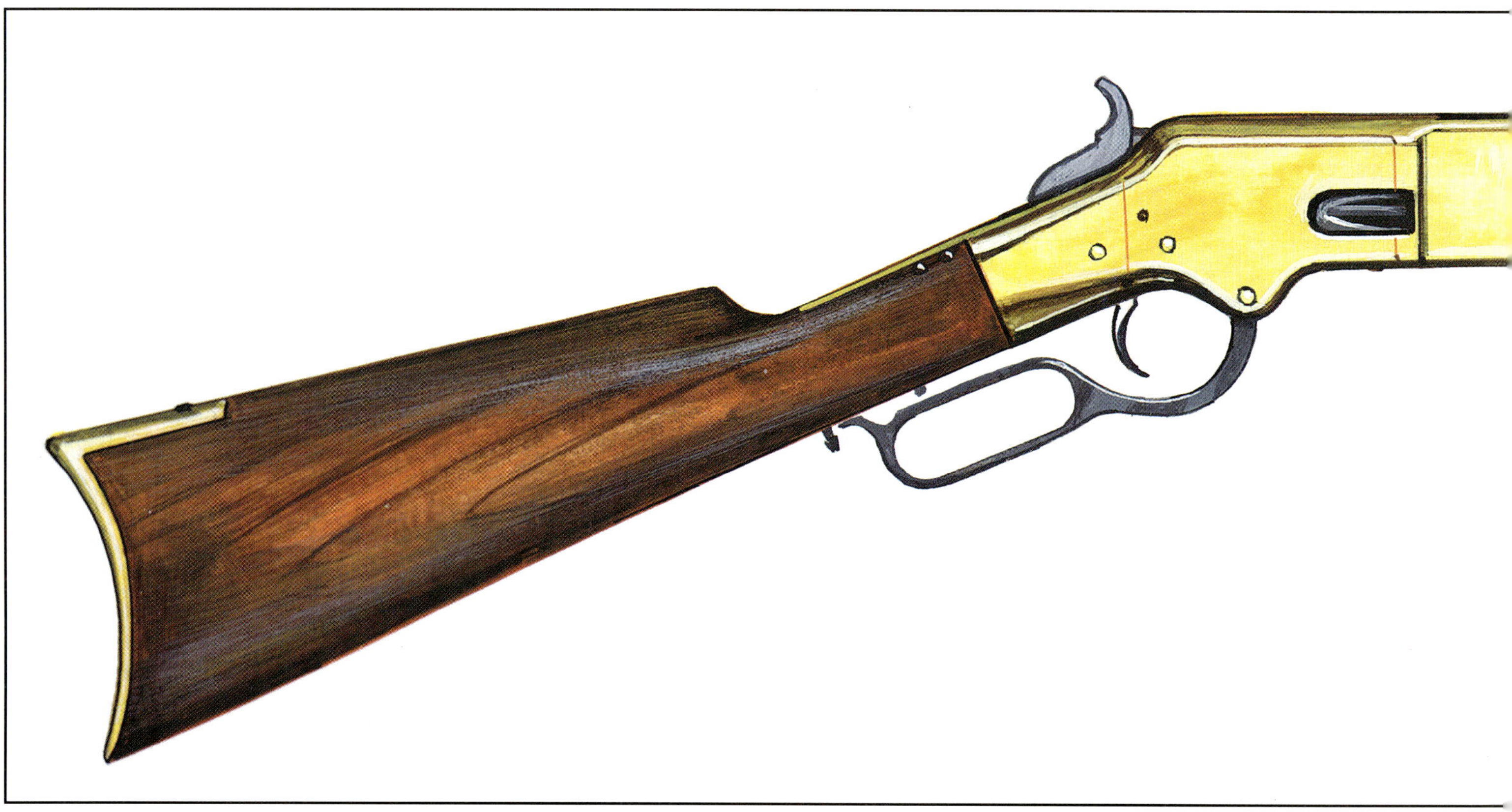

sogar eine Reihe von neuen Gewehren mit nach unten öffnendem Fallblockverschluss und Hopper-Magazinen, als die restlichen Armeen in Europa sich längst auf den Zylinderverschluss festgelegt hatten.

Es wurden auch Trommel- oder Spulenmagazine vorgeschlagen, hauptsächlich in Deutschland und Österreich, wo Mannlicher, Schönauer und Schulhof derartige Konstruktionen vorstellten. Sie ähneln der Trommel eines Revolvers, nur liegen die Patronen in Mulden, die von der Seite zugänglich sind und nicht in geschlossenen Kammern. Ihr Vorteil liegt darin, dass sie die unbenutzte Munition optimal schützen, auf der Sollseite ist der komplizierte Mechanismus zu verbuchen. 1903 endlich, nach einer scheinbar ewigen Entwicklungszeit, wurde ein Gewehr im Kaliber 6,5 mm mit diesem Magazin – in Zusammenarbeit von Schönauer und Mannlicher entwickelt und mit einem Zylinderverschluss des letzteren – in Griechenland als Dienstwaffe eingeführt. Abgesehen vom selbstladenden Johnson-Gewehr, das in geringer Zahl von den niederländischen Kolonialtruppen und dem US Marine Corps eingeführt wurde, war das griechische M1903 das einzige Gewehr mit Trommelmagazin, das als Dienstwaffe benutzt wurde. Der Mechanismus war dafür am Anfang des 20. Jahrhunderts bei Wettbewerbswaffen sehr beliebt und wurde sehr lange beim ersten Savage Model 99 verwendet. Vor kurzem wurde es neu aufgelegt: Ruger baute damit den zehnschüssigen KK-Selbstlader 10/22 und Steyr-Mannlicher das Scharfschützen- und Sportgewehr SSG 69.

Ein noch eigenartigeres und absolut einzigartiges Magazin tauchte in einem Gewehr auf, das ein Hauptmann der Königlichen Norwegischen Artillerie, Ole Krag, zusammen mit Erik Jorgensen, Ingenieur bei der Königlichen Norwegischen Waffenfabrik, entwickelte. Das Krag-Gewehr wurde schließlich von der US Army (aber auch in Norwegen und Dänemark) übernommen, wenn auch nur für eine kurze Zeit. Es wird im nächsten Kapitel in allen Einzelheiten beschrieben.

DAS KASTENMAGAZIN

Im Endeffekt besteht wohl kein Zweifel daran, dass ein Kastenmagazin direkt unter dem Verschluss die beste Möglichkeit darstellt, Patronen einfach und zuverlässig in das Verschlussstück zu bringen. Die Patronen sitzen hier übereinander und werden von nach innen gewölbten Lippen (oder manchmal einer Feder) gegen eine Mehrfachblattfeder (auch als Ziehharmonika bezeichnet) oder eine C-Feder gedrückt, die einen Druck nach oben ausübt. Bei frühen Versionen kam auch ein Scharnierhebel zum Einsatz, der durch eine Kegelfeder unter Spannung gehalten wurde.

FOLGENDE SEITEN: **Diese Sammlung klassischer Winchester-Unterhebelrepetierer umfasst sowohl die Modelle 1873 und 1876 (links) als auch das neuere Model 1886 (rechts) in den verschiedensten Kalibern und mit unterschiedlichen Läufen und Magazinen. Auch hier gibt es wieder verschiedenartige Schaftformen. Auffällig die abweichende Form von Verschluss und Verriegelungshebel, die bei den späteren Gewehren eingeführt wurde, erkennbar bei den zwei Gewehren rechts unten, die halb geöffnet sind (im Vergleich zum Verschluss des Model '73 oben links). Das Gewehr links unten ist besonders interessant, da es sich um ein „Eines von Tausend" handelt. Es hat einen maßgefertigten Kolben und ein Klappvisier sowie einen langen, besonders schweren achteckigen Lauf.**

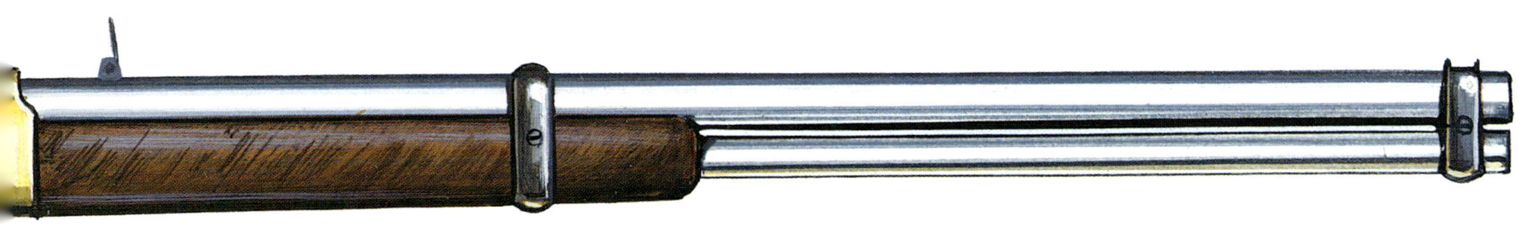

Winchester Model 1866

Kaliber: Randfeuerpatrone .44in (11,2 mm)
Gewicht: 4,2 kg
Länge: 1150 mm
Lauflänge: 585 mm
Effektive Schussentfernung: 400 m
Ausführung: Unterhebelrepetierer, Röhrenmagazin mit 13 Schuss
Mündungsgeschwindigkeit: 400 m/s
Herstellerland: Vereinigte Staaten von Amerika

20

OBEN: **Das Vetterli-Gewehr im Kaliber 10,4 mm wurde 1868 beim Schweizer Heer eingeführt. Die erste Version wurde zunächst verbessert und später durch das hier gezeigte Modell 1871 abgelöst.**

Von diesem wurden sie Stück für Stück durch die Vorwärtsbewegung des Verschlusses mitgenommen. Den ersten Vorschlag dieser Art machte James Paris Lee (zumindest nach seiner eigenen Behauptung), ein schottischer Uhrmacher, der zunächst nach Kanada und später in die Vereinigten Staaten emigriert war. Seine erste (zumindest teilweise) erfolgreiche Entwicklung auf dem Gebiet der Feuerwaffe war eine Umrüstung des Springfield-Vorderladers. Damit begab er sich in Konkurrenz zu Allin und konnte sich sogar durchsetzen. Von diesem Zeitpunkt an konzentrierte er sich auf den Bau von Gewehren, zunächst in Zusammenarbeit mit der Sharps Rifle Co. und nach deren Schließung mit Remington in Ilion, New York. Lees wichtigster Beitrag war ein modifizierter Zylinderverschluss, der sich durch hintere Verriegelungswarzen auszeichnete. Dieser Mechanismus überzeugte schließlich die Briten, das Martini-System aufzugeben und dem Rest von Europa zu folgen, allerdings erst zum Ende der 1880er Jahre. Das Kastenmagazin und der überarbeitete Mechanismus von Lee, die er sich 1877 hatte patentieren lassen, wurden zunächst von den Chinesen und 1879 von der US Navy übernommen. Lee war damals einer der wichtigsten Konstrukteure, und das von ihm entwickelte System sollte noch bis in die Mitte dieses Jahrhunderts bei den britischen Dienstgewehren zum Einsatz kommen. Natürlich gehen wir im Folgenden noch weiter auf ihn ein.

FERDINAND MANNLICHER

In der Zwischenzeit – und zwar völlig unabhängig von Lee – arbeitete Ferdinand Ritter von Mannlicher aus Mainz zusammen mit Werndl in Steyr an der gleichen Problematik. Mannlicher war als junger Mann nach Österreich gegangen und in der Folgezeit praktisch zum Österreicher geworden. Ein Besuch bei der Messe in Philadelphia 1876 verleitete ihn dazu, selbst Waffen zu bauen. In der Folge baute er eine große Zahl (manche Quellen sprechen von 150, aber das scheint selbst bei Mannlichers Fleiß unwahrscheinlich) an Varianten von Verschlussstücken und Magazinen und kam schließlich auf ein System mit Zylinderverschluss und Kastenmagazin unter dem Verschluss, das dem von Lee sehr ähnlich war. Einige der späteren und bekannteren Zylinderverschlussgewehre von Mannlicher wie das österreichische M1895 hatten einen Geradzugverschluss und keinen schwenkbaren Kammerstengel wie das Mauser. Sie hatten ein Drehverriegelungssystem mit Warzen, das durch längsdrehende Führungsnuten gesteuert wurde.

Auch andere Konstrukteure bauten Waffen mit diesem Schiebedrehmechanismus, insbesondere Schmidt, der bei dem für das Schweizer Bundesheer gebauten M1889 ebenfalls eine (anders aufgebaute) Drehverriegelung einsetzte. Ross benutzte bei seinem Gewehr im Kaliber .303in eine modifizierte Version des Mannlicher-Systems. Damit zog das kanadische Heer 1914 in den Krieg (und ersetzte es unmittelbar danach). Lee baute 1895 ein Geradzugverschlussgewehr mit Verriegelungsnocken im Kaliber .236in, das die US Navy übernahm, aber schnell wieder ausrangierte. Trotz ihrer prinzipiellen Schwächen hatten die Geradzugverschlussgewehre während dieser Zeit viele Freunde. Im nächsten Kapitel soll weiter darauf eingegangen werden. Keines war aber so erfolgreich wie das Mannlicher, das erst 1914 beim österreichisch-ungarischen Heer abgelöst wurde.

Bis in die Mitte des 20. Jahrhunderts war Mannlichers Einfluss fast völlig verschwunden (sein Name lebt aber weiter, die Steyr Mannlicher AG hat die Nachfolge von Werndls Firma angetreten). In den 1880er Jahren stand er aber im Mittelpunkt des Interesses, und die von ihm gebauten Gewehre waren noch lange nach dem Ersten Weltkrieg im Einsatz. Mannlichers M/86 war das letzte neue großkalibrige Schwarzpulvergewehr, das bei einem Heer eingeführt wurde.

Die unterschiedlichen Verschlüsse und Magazine von Mannlicher waren allesamt handwerklich perfekt konstruiert, meistens sauber verarbeitet und demzufolge sehr zuverlässig. Sie waren auch sehr gefragt, und der von ihm entwickelte zweiteilige Schlagbolzen ließ sich viel einfacher (und preiswerter) reparieren als der von Mauser. Das war wichtig, denn Brüche waren durchaus nicht selten. Sein wichtigster Beitrag zur heutigen Technik war aber zweifellos die Entwicklung des Laderahmens, mit dem das gesamte Magazin in einem Schritt geladen werden konnte, d. h. die Patronen mussten nicht einzeln geladen werden. Mauser baute später ebenfalls einen (besseren) Laderahmen (eine ähnliche Einrichtung gab es auch für die Lee-Magazine, und schließlich setzte sie sich allgemein durch), bei ihm wurden die Patronen aber aus dem Rahmen gezogen und mit dem Daumen in das Magazin gedrückt. Bei Mannlicher hingegen wurde der gesamte Rahmen in das Magazin geschoben und fiel einfach aus dem (offenen) Boden heraus, wenn er leer war. Spätere Versionen, die in Deutschland vor dem Ersten Weltkrieg eingeführt wurden, sprangen nach oben, wenn sie leer waren; sie dienten so zum Offenhalten und als Anzeige, dass die Waffe nachgeladen werden musste. Eingeführt wurde diese Änderung, um Magazin und Zuführung frei von Staub und Dreck zu halten. Dazu wurden eine Bodenplatte und eine Feder eingesetzt, die auf den Rahmen wirkte.

Der Laderahmen von Mannlicher war etwas schneller zu bedienen als die von Mauser oder Lee. Mannlicher war zwar ein leidenschaftlicher Erfinder, aber er hatte auch ein Gespür dafür, wann andere besser waren. Als er sein Trommelmagazin entwickelte, benutzte er daher den Laderahmen von Mauser und sparte sich die Mühe einer eigenen Konstruktion.

MAGAZINSPERREN

Eine militärische Forderung, die heute etwas seltsam erscheint, hatte in den 1880er Jahren einen starken Einfluss auf die Auswahl der Repetiergewehre durch die einzelnen Heere Europas: Die Frage war, ob sie auch mit voll geladenem Magazin als einschüssiges Gewehr funktionieren konnten. Wie bereits beschrieben, funktionierte das beim Mauser M/71-84 dank eines Hebels, der den Patronenzubringer in der obersten Stellung arretierte. Bei den meisten Gewehren aus jener Zeit gab es ähnliche Einrichtungen. Die meisten Gewehre mit Hopper- oder Einschubmagazinen, die zur Erprobung vorgelegt wurden, hatten Magazine, die weggeschoben oder abgeklappt werden konnten, sodass sie keine Patronen in das Patronenlager führen konnten. Der Grund für diese Maßnahme war immer noch die Angst, dass undisziplinierte Soldaten ihre Munition hektisch verfeuerten und dann wehrlos waren. Ripley stand also mit dieser Meinung keineswegs allein. Sie galt in den 1880er und 1890er Jahren immer noch, und zwang die Konstrukteure, ihre Gewehre unnötig kompliziert zu machen.

Es war allerdings unmöglich, ein Gewehr mit dem Mannlicher-Laderahmen derart zu manipulieren. Die Länder, die ihn einführen wollten, mussten also auf diese Einschränkung verzichten. Österreich war bereit dazu, ebenso Deutschland während einer kurzzeitigen und katastrophalen Abkehr von Mausers Konstruktionen. Allmählich setzte sich die Einsicht durch, dass die Ängste der Pessimisten unbegründet waren, und die Forderung verschwand. Sie galt aber noch im Jahr 1893, als die US Army sich für das Krag-Jorgensen entschied. Schon bald danach vollzogen die Heere eine totale Kehrtwende: Die hohe Feuergeschwindigkeit, die bislang als Mangel galt, war plötzlich erstrebenswert. Noch aber war sie tabu.

Unter den Kastenmagazinen gab es noch die eine oder andere Variante. Die von Lee ließen sich abnehmen, die von Mannlicher nicht. Mauser baute beide Versionen, und die fest installierten Magazine hatten oft abnehmbare Bodenplatten, um die Reinigung zu erleichtern. Bei manchen Magazinen saßen die Patronen in einer Reihe übereinander, bei anderen waren es zwei Reihen. Einige passten ganz in den Schaft, während andere nach unten herausragten, in der Regel vor dem Abzugsbügel. In der Praxis hatten die Unterschiede keine große Bedeutung und auch keinen großen Einfluss auf die Funktion der Gewehre. Genauso wenig Einfluss hatten die meisten unterschiedlichen Verschlussarten auf die Soldaten (bei manchen gab es aber schon Unterschiede, und der Geradzugverschluss war ohnehin eine Geschichte für sich). Wichtig war das grundlegende Prinzip, und das Repetiergewehr mit Zylinderverschluss und Kastenmagazin war so viel besser als alle anderen verfügbaren Alternativen, dass es sich als Dienstwaffe voll und ganz durchsetzen konnte. Merkwürdig nur, dass der Nachzügler ausgerechnet eine Nation war, die wir heute stets mit dem technischen Fortschritt verbinden: die Vereinigten Staaten von Amerika. Dort wurde ein Gewehr mit Kastenmagazin erst in den ersten Jahren des folgenden Jahrhunderts als Dienstwaffe eingeführt.

Kapitel 3

Das militärische Zylinderverschlussgewehr erreicht seinen Höhepunkt

Am Anfang des 20. Jahrhunderts war die Kriegsführung fast völlig mechanisiert. Das Gefechtsfeld wurde von präzisem Schnellfeuer über große Entfernungen beherrscht. Der Grund lag in der Weiterentwicklung des Infanteriegewehrs und der Einführung des Maschinengewehrs mit der gleichen Munition.

Die Gründe für den Wechsel vom einschüssigen zum Repetiergewehr waren schon zum Anfang der 1880er Jahre mehr als überzeugend, aber die meisten Heere ließen sich dennoch Zeit damit. Privatpersonen gaben sich in der Regel mit billig erworbenen Waffen aus Armeebeständen zufrieden oder kauften sich eine Winchester, wenn sie genug Geld hatten. Deutschland hatte ja eine zum Mehrlader umgebaute Version seines einschüssigen Dienstgewehrs in die Produktion genommen und erreichte im Grunde nur wenig damit, außer dass fast 50 Millionen Mark sinnlos verschwendet wurden. Das war natürlich nicht voraussehbar, aber das Zögern bei der Einführung neuer Dienstgewehre sollte sich im Endeffekt auszahlen, obwohl es nicht rationell begründet und eher auf eine starre Bürokratie zurückzuführen war. Es war nämlich eine Waffe kurz vor der Fertigstellung, die praktisch über Nacht die großkalibrigen einschüssigen Schwarzpulverwaffen ablösen sollte.

Während der 1860er und 1870er Jahre hatte man viel Mühe darauf verwandt, die Ausmaße des Gewehrs zu reduzieren. Der Grund war der gleiche wie für die Einführung kleinerer Kaliber in Amerika ein Jahrhundert zuvor: Der Infanteriesoldat sollte bei gleicher Belastung mehr Munition mitführen können. Diese Maßnahme war immer wieder aktuell, also auch noch hundert Jahre später. Eine einfache theoretische Berechnung, unterstützt durch Erprobungen, besagte, dass das kleinste wirksame Kaliber einer Gewehrpatrone mit Schwarzpulver bei ungefähr 9 mm lag. Die Grundlage bildete ein einfaches physikalisches Gesetz: Die kinetische Energie in einem Geschoss ist das Produkt aus Masse und Geschwindigkeit. Wird die Masse reduziert, ist man gezwungen die Geschwindigkeit proportional zu erhöhen, um die gleiche Durchschlagskraft zu erhalten. Dazu kann man nur eine bestimmte Menge Schwarzpulver in eine Patrone füllen, die der Verschluss dann auch verkraftet. Die Masse dadurch beizubehalten, dass man bei kleineren Kalibern einfach die Patronen verlängerte, kam auch nicht in Frage, man hätte dann die Drallgeschwindigkeit erhöhen müssen, um die Richtungsstabilität zu erhalten. Dafür aber war eine schwerere Ladung nötig, um den erhöhten Widerstand der steileren Züge auszugleichen, was wiederum für einen stärkeren Rückstoß sorgte.

Erforderlich war also ein neues Treibmittel. Es sollte eine kontrolliertere und gleichmäßigere Detonation bewirken als Schwarzpulver, um dem Projektil einen

***LINKS:* Die kanadischen Truppen, hier bei der zweiten Schlacht von Ypern im April/Mai 1915, wurden hastig in die Schlacht geworfen. Hier sind sie mit SMLE-Gewehren und einem Vickers-MG ausgestattet.**

gleichmäßigen Schub statt eines kurzen, heftigen Stoßes zu verleihen.

Der erste neue Sprengstoff seit dem Mittelalter war das berüchtigt instabile Nitroglyzerin, das bereits beim Herunterfallen oder Schütteln explodiert. Erfunden hatte es der italienische Chemiker Sobrero im Jahr 1846. Fast 20 Jahre später gelang es dem Schweden Alfred Nobel, einige der Probleme beim Umgang mit Nitroglyzerin zu lösen, als er nämlich entdeckte, dass eine „aufsaugende Erde" mit der Bezeichnung Kieselgur oder Diatomit das drei- oder vierfache ihres Eigengewichts aufnehmen konnte. Bereits früher, im Jahr 1838, hatte Théophile Pelouze ein höchst brennbares Material gewonnen, indem er Baumwolle mit konzentrierter Salpetersäure behandelte. Dieses Verfahren führte zur Entwicklung der Nitrozellulose. Ein anderer Chemiker, der Schweizer Johann Christian Schönbein, führte diese Arbeit fort und brachte Schwefelsäure in das Verfahren ein. Diese Entwicklung wird als Schießbaumwolle bezeichnet. Paul Vieille entwickelte die erste praktische Treibladung, das rauchlose Pulver B aus Schießbaumwolle, indem er sie mit einer Mischung aus Alkohol und Äther behandelte (das „B" stand für General Boulanger, den rechtsradikalen selbst ernannten „Retter Frankreichs", der in jenem Jahr Kriegsminister wurde und dafür eintrat, sich an Deutschland für die Schmach von 1871 zu rächen). Aber erst Nobel gelang es, die beiden Entwicklungen (im wahrsten Sinne des Wortes) miteinander zu verbinden. Er ließ die mit Salpeter behandelte Baumwolle mit Nitroglyzerin gelieren. Diese Bestandteile, bei denen es sich ebenso wie beim Schießpulver um progressiv abbrennendes Pulver (im Gegensatz zu detonationsgefährlichen Explosivstoffen kann man den Verbrennungsprozess in Grenzen steuern) handelt, bilden die Grundlage aller modernen rauchlosen Treibstoffe.

RAUCHLOSES PULVER

Aufgrund der Tatsache, dass es ungefähr dreimal mehr Gas bildet als Schwarzpulver, erzeugte Vieilles „Pulver B" erheblich mehr Treibkraft. Es hatte natürlich auch seine Nachteile, in erster Linie die wesentlich höhere Verbrennungstemperatur, die sich auf die Lebensdauer des Laufs auswirkte. Es brauchte auch eine stärkere Zündladung. Dafür sorgte es endlich für eine höhere Mündungsgeschwindigkeit und konnte gleichzeitig den Rückstoß reduzieren, weil es langsamer und gleichmäßiger als Schwarzpulver abbrannte. Die Leistung ließ sich später noch besser abstimmen. Dafür sorgte ausgerechnet die Kombination von Nitrozellulose mit einem noch flüchtigeren Sprengstoff, dem Nitroglyzerin, zusammen mit einem Mineralbrei und Verzögerungsmitteln wie Grafit.

Selbst vor der Zugabe von Verzögerungsmitteln war schon bekannt, dass sich die Verbrennungsdauer dieser schwach explosiven Mischungen durch Form und Größe der Körner, Kugeln oder Flocken, zu denen sie gepresst wurden, beeinflussen ließ. Wenn man diese durchbohrte, um Röhren oder Perlen zu bilden, wurde die Oberfläche vergrößert und die Verbrennung wiederum etwas beschleunigt. So konnte man genau kontrollieren, wie der Sprengstoff sich zu Gas umwandelte und ein ideales Verbrennungsprofil entwickeln. Die Verbrennung sollte langsam anfangen, um das Projektil aus der Hülse zu lösen und in den Lauf zu bringen, und sich dann steigern, bis das Geschoss den Lauf verließ. Als Ergebnis konnte die Mündungsgeschwindigkeit im Schnitt um 50 % erhöht werden, mit allen Vorteilen für Reichweite und Präzision (je schneller die Kugel war, desto weniger Zeit hatten die Schwerkraft und andere Einflüsse, auf das Geschoss zu wirken), ohne dass der schädliche Rückstoß deshalb stärker wurde. Das neue Treibmittel hatte eine weitere, ebenfalls höchst willkommene Eigenschaft: es produzierte so gut wie keinen Rauch. Also verschmutzte es den Lauf kaum und verriet auch nicht mehr, wo der Schütze stand. Früher gab es einen hellen Blitz, und das vermeintliche Opfer konnte sich noch in Sicherheit bringen. Mit dem rauchlosen Pulver wurde jetzt nicht einmal mehr dem Schützen die Sicht genommen. Dies sollte in den Kriegen jener Zeit einen entscheidenden Einfluss haben, besonders wo die eine Seite schon über das neue Treibmittel verfügte und die andere noch nicht.

DAS 8-MM-GEWEHR

Die Franzosen beeilten sich natürlich, Vieilles Erfindung zu nutzen, und führten 1886 das Lebel-Gewehr im Kaliber 8 mm x 50R für Randfeuerpatronen ein. Die Treibladung wog 2,98 g und das Projektil 12,8 g. Die Mündungsgeschwindigkeit war im Vergleich zu herkömmlichen Waffen beeindruckend – über 700 m/s, also fast die doppelte Schallgeschwindigkeit. Im Vergleich zu der modernen Munition war die Waffe bereits überholt; man sah deutlich, dass sie in aller Eile entwickelt worden war. Das röhrenförmige Magazin nach Kropatschek-Art wirkte anachronistisch zu einer Zeit, als alle anderen Konstrukteure bereits auf Kastenmagazine setzten.

RECHTS: Ein französischer Kolonialsoldat in den späten 1880er Jahren. Er hat das 8-mm-Lebel-Gewehr M1886, gegen das alle anderen Waffen plötzlich überholt wirkten.

Im Prinzip war das Lebel lediglich eine Weiterentwicklung des großkalibrigen Gras-Kropatschek-Gewehrs mit Röhrenmagazin, das Frankreich acht Jahre zuvor als M1878 (allerdings nur für die Regimenter der Marineinfanterie) beschafft hatte. Überholt oder nicht, es war auf jeden Fall moderner als alles, was die verhassten Nachbarn im Osten zu bieten hatten. Anfang 1887 gelangte ein Exemplar in die Hände der Deutschen. Ein Deserteur aus dem französischen Heer hatte das Gewehr mitgehen lassen und für 20 000 Mark verkauft. Es sorgte für viel Aufregung auf deutscher Seite, denn das Gewehr M/71-84, das gerade erst eingeführt wurde, war damit schon wieder überholt.

Die Zusammensetzung des „Pulver B" war ein streng gehütetes Geheimnis. Sobald es in aller Welt vorgeführt wurde, arbeiteten die Chemiker Tag und Nacht daran, die Formel herauszufinden. In einigen Ländern gelang es recht schnell, in anderen dagegen (darunter sogar in den Vereinigten Staaten) sollte es länger dauern, obwohl die ersten Schritte des Verfahrens allgemein bekannt waren. Der Fortschritt lässt sich daran ablesen, wie schnell die einzelnen Staaten auf die kleineren Kaliber umstellten.

KAMPF UM DAS NEUE PULVER

Es ist hauptsächlich einem Mann, Max Duttenhofer aus Rottweil am Neckar, nicht weit von Oberndorf, zu verdanken, dass Deutschland schnell aufschließen konnte. Duttenhofer wäre dabei beinahe sogar erfolgreicher als Frankreich gewesen, hätte er nicht am Anfang einen Irrweg verfolgt. Gegen 1880 hatte Duttenhofer eine Art Schwarzpulver (oder vielmehr Braunpulver) für die Marineartillerie erfunden, wobei er statt der normalen Holzkohle teilweise verbranntes Wegedornholz benutzte. Diese Entwicklung hielt er geheim. Im Jahr 1883 fing er gleichzeitig mit Paul Vieille, aber unabhängig von diesem, an, mit Nitrozellulose zu experimentieren. Dort, wo Vieille Baumwolle benutzte, blieb er aber dem

LALAUZE

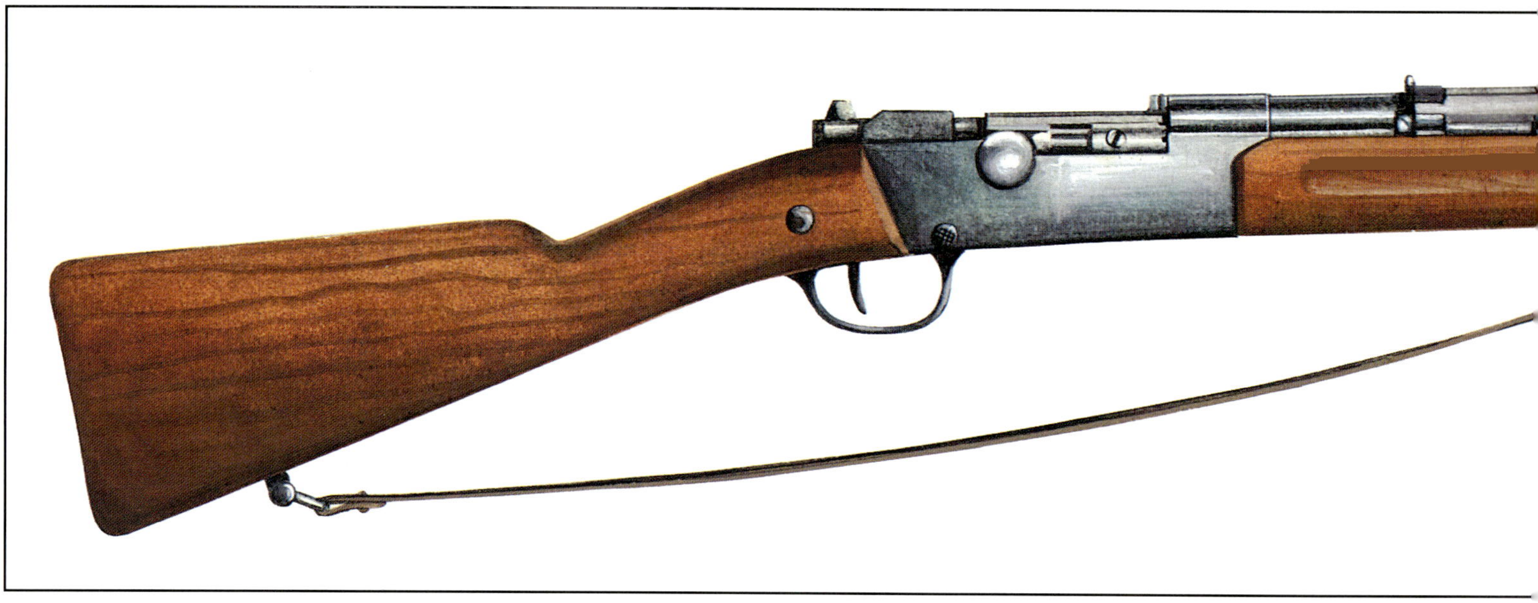

Wegedornholz treu, teilweise mit katastrophalen Ergebnissen.

Dieser Sprengstoff war unberechenbar, und die Arbeiter, die die Erprobung durchführten, feuerten die Waffen nur über lange Schnüre ab. Wenn er aber funktionierte, tat er das durchaus zufriedenstellend – eine 11-mm-Patrone Mauser M/71 mit 5 g normalem Schwarzpulver und einem Projektil aus 25 g Weichblei erreichte eine Mündungsgeschwindigkeit von 430 m/s – die gleiche Patrone mit 3,5 g „Rottweiler Zellulose-Pulver" erreichte 525 m/s bei niedrigerem Gasdruck im Ladungsraum und einem geringeren Rückstoß. Eine 15,5 g schwere 9-mm-Testpatrone mit 3 g von dem neuen Pulver, aus einem Gewehr mit einem speziellen Lauf abgefeuert, erreichte sogar 607 m/s. Die Ergebnisse waren allerdings von einem Schuss zum nächsten so unterschiedlich, dass irgend etwas mit dem Verfahren nicht stimmen konnte. Schließlich kam heraus, dass der Zellulose-Anteil im Wegedornholz stark schwankte. Die Baumwolle von Vieille hatte einen viel höheren Zellulose-Anteil und war viel homogener aufgebaut. So lieferte sie berechenbare Ergebnisse, und Vieilles Pulver war brauchbar, das von Duttenhofer hingegen nicht.

Duttenhofer hielt den Preußischen Ausschuss für die Gewehrerprobung in Spandau auf dem Laufenden, und die Mitglieder waren zunächst sehr angetan. Als sich aber die Versager häuften und öfter die Läufe platzten, zogen sie ihre Unterstützung zurück, und Duttenhofer gab auf. Das war aber nicht das Ende, denn als das gestohlene Lebel-Gewehr mit ein paar der neuen Patronen 1887 in Deutschland auftauchte, unterzogen die Chemiker das neue Treibmittel sofort einer chemischen Analyse, um der Zusammensetzung des Treibmittels auf die Spur zu kommen. Sie scheiterten aber, weil die zur Verfügung stehende Menge zu klein war, und Max Duttenhofers Bruder Carl (wie Wilhelm Mauser war er der Geschäftsmann unter den Brüdern) wurde schließlich gefragt, ob er mehr davon beschaffen könnte. Dies gelang ihm auf verschlungenen Wegen (über Russland zu einem Preis von 500 Mark pro Kilo), und er hoffte, durch seine Mitarbeit einen Auftrag für die Herstellung zu erhalten. Den erhielt er tatsächlich – und was für einen Vertrag: Duttenhofer sollte über die folgenden 15 Jahre 2500 Tonnen seines unzuverlässigen Sprengstoffs liefern, bei einem Preis von 2500 Mark pro Tonne.

Es gab allerdings eine entscheidende Klausel: Das deutsche Kriegsministerium hatte das Recht, aus dem Vertrag auszusteigen, sollte sich das Pulver irgendwie als unbefriedigend erweisen. Das war es natürlich, als die Chemiker das Geheimnis von Vieille offengelegt hatten. Ein schlechtes Geschäft war es trotzdem nicht: Duttenhofer hatte eineinhalb Millionen Mark für sein Verfahren erhalten und weitere zwei Millionen als Vorauszahlung für die Produktion. Nun erhielt er einen neuen Auftrag zur Herstellung des neuen Pulvers, das offiziell im April 1889 eingeführt wurde. Das Gewehrblattpulver 88, wie es nun genannt wurde (eines der Geheimnisse von Vieille lag nämlich darin, den Sprengstoff in Flocken von 2 mm Durchmesser und 0,5 mm Dicke zu schneiden) erfüllte alle Erwartungen. Ein 14,7 g schweres 8-mm-Geschoss erreichte mit einer Treibladung von 2,75 g eine Mündungsgeschwindigkeit von 620 m/s und produzierte somit bedeutend mehr Energie als die alte Mauser M/71. Das Ergebnis war eine flachere Flugbahn und praktisch kein Rauch noch Ablagerungen im Lauf.

Nun musste eine Waffe mit kleinerem Kaliber entwickelt werden, um die Vorteile des neuen Treibmittels zu nutzen. Die Deutschen hatten zunächst gehofft, ihr Problem auf die Schnelle zu lösen, indem sie auf die Lösung der Franzosen zurückgriffen, d. h. entweder die vorhandenen Gewehre mit neuen Läufen auszurüsten oder Reduzierrohre einzulegen, wie es die Amerikaner beim Trapdoor-Springfield vorgemacht hatten. Es stellte sich aber schnell heraus, dass der Verriegelungsmechanismus des M/71, der ja nicht viel besser als der des alten Dreyse-Zündnadelgewehrs war, dem stärkeren Druck nicht gewachsen war. Die Lösung konnte nur darin bestehen, ein völlig neues Gewehr zu entwickeln.

DAS EXPLODIERENDE GEWEHR

Was sich nun in den folgenden zwei Jahren ereignete, war schwer zu glauben. Unter anderen Umständen hätte man es als Verirrung abgetan, aber man muss den Zusammenhang sehen: Es ging um die Beschaffung der wichtigsten Kriegswaffe durch eine Nation mit enormen Ambitionen, Arroganz und übertriebenem Stolz. Dazu kam, dass die Armee den Staat klar dominierte und plötzlich feststellen musste, dass sie ihrem Nachbarn und schlimmsten Feind klar unterlegen war, den sie noch fünfzehn Jahre zuvor so erniedrigt und fast in den Ruin getrieben hatte. Es gab einen enormen Druck durch das Kriegsministerium, das neue Gewehr

Lebel-Gewehr Modèle 1886

Kaliber: 8 mm x 50R
Gewicht: 4,2 kg
Länge: 1285 mm
Lauflänge: 800 mm
Effektive Schussentfernung: 800 m
Ausführung: Röhrenmagazin mit 8 Schuss, Zylinderverschluss
Mündungsgeschwindigkeit: 700 m/s
Herstellerland: Frankreich

so schnell wie möglich zu bauen und an die Truppen auszuliefern. Dahinter steckte Bismarck, der die wahre Macht im Land hatte. Bei dieser übertriebenen Eile musste es natürlich im wahrsten Sinne des Wortes zu einer Fehlzündung kommen.

MAUSER WIRD ÜBERGANGEN

Oberndorf wäre wohl der richtige Ort gewesen, um das neue Gewehr herzustellen, aber die Mitglieder der Spandauer Gewehrprüfungskommission standen unter so großem Druck, dass sie die

OBEN: Eine französische Ehrenwache präsentiert ihre langläufigen 8-mm-Lebel-Gewehre vor den inspizierenden Alliierten Würdenträgern, darunter der britische Feldmarschall Haig (Mitte).

OBEN: **Das deutsche Infanteriegewehr 88 war eine Fehlkonstruktion. Der Schaft musste mit einem neuen Lauf versehen werden (das „S" auf dem Verschlussgehäuse steht für Spitzgeschoss)**

Sache selbst in die Hand nahmen. Im November 1887 wurde eine begrenzte Ausschreibung angekündigt. Die Kommission entschied sich in typischer Weise dafür, verschiedene Merkmale der angebotenen Waffen miteinander zu kombinieren. Was aber vorher schon wegen der Verschiedenartigkeit der einzelnen Teile nicht geklappt hatte (und seitdem wohl auch kaum), führte dieses Mal zu besonderen Problemen. Sogar die einzelnen Komponenten waren unausgereift (obwohl auch brauchbare Teile dabei waren), bevor sie zu einer Waffe zusammengefügt wurden.

Beim Verschluss entschied sich der Ausschuss für eine Konstruktion des Büchsenmachers Schlegelmilch aus dem Spandauer Arsenal. Es handelte sich im Prinzip um das Mauser-System, aber ohne die Führungsrippe und die Schraube. Statt dessen installierte er eine federbelastete Sperre, die im Gehäuse saß, und zwei symmetrische Verriegelungswarzen hinter dem Verschlusskopf. Dazu kam ein Lauf mit steileren Zügen – eine Windung auf 240 mm, ein Profil, das hinterher weite Verbreitung fand – bei einem Nennkaliber von 7,92 mm zwischen den Feldern. Die Züge waren 0,1 mm tief. Als Magazin wählte man ein frühes Mannlicher-Kastenmagazin mit Laderahmen und offenem Boden.

Im letzten Moment gab es eine weitere Modifikation: Man entschied sich für eine randlose Patrone, wie Rubin sie in der Schweiz im August zuvor vorgeschlagen hatte, mit einem Hartbleigeschoss (d. h. das Blei wurde in diesem Fall mit 5 % Antimon gehärtet, auch Zinn oder Zink wurden zu diesem Zweck benutzt) mit kupfervernickeltem Stahlmantel im Kaliber 8 mm (genau gesagt, 8,1 mm). Zu diesem Zweck mussten der Auszieher und der Auswerfer im Verschlusskopf überarbeitet werden.

Obwohl Zweifel an dieser Patrone laut wurden, sollte ihr unter der Bezeichnung M88 ein langes Leben beschieden sein, wenn auch mit bestimmten Änderungen in den Jahren 1903 und 1934 (besonders in Bezug auf die Form des Geschosses). Dabei wurde sie (wenn auch fälschlich) als 7,92-mm-Mauser bekannt. Im Vergleich wog die M88 nur 27,3 g gegenüber den 43,4 g der 11-mm-Patrone M71/84.

Die Forderung Gewicht einzusparen, hat sie also ganz bestimmt erfüllt.

VERZÖGERUNGEN UND BETRUG

Die Lieferung der für die neuen Gewehre benötigten Werkzeugmaschinen, die von Ludwig Loewe & Co. kommen sollten, war für Ende 1888 geplant. Die staatlichen Arsenale in Spandau, Danzig und Erfurt sollten der Reihe nach bis zum Frühjahr des folgenden Jahres damit ausgestattet werden; Amberg sollte im Sommer folgen. Die Produktion sollte dann bei 2200 Stück pro Tag liegen. Aber das genügte den Beamten im Kriegsministerium schon vor dem Beginn der Produktion nicht. Sie wandten sich zusätzlich an Privatfirmen. Da Mauser mit dem Auftrag für die Türkei ausgelastet war, erhielt Ludwig Loewe & Co. (in dessen Besitz Mauser inzwischen ohnehin schon war) einen Auftrag über 300 000 Gewehre sowie einen Folgeauftrag über weitere 125 000 Stück. Das sollte zu einem Fiasko führen. Statt sich auf den Bau der Werkzeugmaschinen für die Arsenale zu konzentrieren, wurde das Loewe-Werk in Berlin schon auf den Bau der Gewehre vorbereitet. Die Lieferung der Werkzeugmaschinen kam dagegen fast zum Erliegen. Zum Ausgleich erhielt Werndl in Steyr Anfang 1889 ebenfalls einen Auftrag über 300 000 Gewehre. Die Produktion hatte kaum begonnen, da wurde sie durch einen österreichischen Richter schon wieder gestoppt, als sich herausstellte, dass aus Versehen ein Patent verletzt worden war.

Es handelte sich um den Laufmantel, ein nicht besonders wichtiges, aber damals gerade modernes Teil, das auf Vorschlag der scheinbar unschuldigen Ludwig Loewe & Co. in die technischen Beschreibungen aufgenommen wurde, denn Loewe war Teil eines Konsortiums, dem das Patent gehörte. Der Laufmantel sollte den Lauf selbst gegen den hölzernen Vorderschaft isolieren, da eventuelle Verwerfungen Einfluss auf die Ausrichtung des Laufs haben konnten. Tatsächlich war es nur ein besseres Rostnest. In Deutschland kam das Problem nicht zum Tragen, da die staatlichen Arsenale ohnehin ausgenommen waren und Loewe natürlich keine Lizenzgebühren zahlen musste. Werndl, der schon viele Hunderttausend Mark in die Maschinen investiert hatte und bei Nichterfüllung des Vertrags mit einer saftigen Konventionalstrafe rechnete, musste klein beigeben. Die Lizenzgebühren in Höhe von 175 000 Mark musste er wohl oder übel zahlen.

EINE EXPLOSIVE LAGE

Bis Ende 1889 hatten die alten preußischen Gewehrfabriken 270 000 Stück vom Infanteriegewehr 88 ausgeliefert und bauten im folgenden Jahr weitere 660 000 Stück. Die staatliche bayerische Fabrik in Amberg sowie Loewe und Werndl lieferten weitere 970 000 Exemplare. Bei einer Gesamtzahl von 1 900 000 kamen auf jeden deutschen Soldaten etwa zwei Gewehre. Bis Ende Juli 1890 waren alle aktiven Infanterieeinheiten mit dem neuen Gewehr ausgestattet. Am 6. August wurde zum ersten Mal offiziell zugegeben, dass es sich um eine Fehlkonstruktion handelte.

In den folgenden sechs Jahren explodierten Tausende der Gewehre beim Abfeuern und führten zu zahlreichen Verwundeten. Das Gewehr hatte drei schwerwiegende und viele kleinere Mängel.

Zunächst war es möglich, eine zweite Patrone zu laden, wenn der Verschluss nach dem Laden des ersten Schusses nicht ganz zurückgezogen wurde, sodass der Auszieher nicht in der Bodenrille der Patrone einrastete. So wurde die Spitze der zweiten Patrone in das Zündhütchen der ersten gerammt und zündete es bei offenem Verschluss. Das Resultat kann man sich gut vorstellen. Es gab verschiedene Vorschläge zur Beseitigung dieses Mangels, aber sie funktionierten alle nicht. So war man zur Verhütung von Unfällen auf die Disziplin der Soldaten angewiesen.

Der zweite Fehler betraf die neue Patrone 88: Sie neigte zu Materialfehlern, die zu Rissen in der Hülse führten. Solange die Risse am Hülsenkörper waren, gab es keine ernsthaften Probleme (allenfalls beim Ausziehen), aber sie traten auch am Hülsenmund auf, und dann fanden die Gase, über 1000 °C heiß und unter erheblichem Druck, ihren Weg durch die vordere Nut der linken Verriegelungswarze direkt in das Gesicht des Schützen. Dieser Fehler ließ sich beheben. Der Verschluss wurde überarbeitet und mit einem Gasschutz an der Schlagbolzennuss versehen, allerdings erst im Jahr 1894.

Der dritte und schwerwiegendste Mangel betraf den Lauf des Gewehrs 88. Er brach oder platzte oft mit katastrophalen Folgen. Zunächst ging man davon aus, dass der Lauf selbst zu dünn war, besonders auf der Verschlussseite, und verstärkte ihn entsprechend. Erst fünf Jahre später stellte sich heraus, dass der Durchmesser des Laufs und des Geschosses nicht sauber aufeinander abgestimmt waren, da man das Verhalten der neuen Mantelmunition falsch eingeschätzt hatte. Die Konstrukteure waren davon ausgegangen, dass die neuen Geschosse sich nicht wie die Weichbleikugeln ausdehnten, wenn sie in die Züge griffen, und hatten sie daher mit etwas Übergröße konzipiert (bei den früheren Gewehren entsprach der Durchmesser des Laufs stets genau dem des Geschosses). So kam es, dass die Geschosse zu eng saßen und der Nickel des Mantels sich am Lauf absetzte, wodurch die Lage noch schlechter wurde.

Schließlich neigte das Mannlicher-Kastenmagazin dank seines offenen Bodens dazu, Staub und Dreck anzusammeln, der die Patronen verschmutzte und zu Versagern führte. Kaum zu glauben, aber der Mangel wurde nicht beseitigt, nachdem er sich bei den ersten Übungen zeigte. Im Gegenteil, erst vier Monate nach dem Beginn des Ersten Weltkriegs, im Dezember 1914, wurde eine einfache

Belgisches Mauser M/89

Kaliber: 7,65 mm x 53
Gewicht: 4,0 kg
Länge: 1275 mm
Lauflänge: 780 mm
Effektive Schussentfernung: Über 1000 m
Ausführung: Zylinderverschluss, festes Kastenmagazin mit 5 Schuss
Mündungsgeschwindigkeit: 620 m/s
Herstellerland: Belgien

Platte zum Verschließen der Öffnung entwickelt und an die Waffenmeister ausgegeben. Nun konnte der leere Laderahmen aber nicht mehr aus dem Magazin fallen. Dafür wurde eine federbelastete Platte entwickelt, die den Laderahmen hochschob und aus dem Magazin drückte, sobald der Verschluss sich öffnete und keine Patronen mehr vorhanden waren.

Ein zusätzlicher Vorteil war, dass die Einrichtung zum Aufhalten des Verschlusses diente und anzeigte, dass die Waffe wieder geladen werden musste.

MAUSER KOMMT WIEDER

Der schwerwiegendste Mangel wurde schließlich beseitigt, indem 1896 die Tiefe der Züge von 0,1 mm auf 0,15 mm angehoben wurde. Die so umgerüsteten Gewehre erhielten ein „Z" vorn am Verschlussgehäuse. 1893 waren alle Gewehre 88 in Deutschland der Reihe nach in die Artilleriedepots (wo die Waffenmeister arbeiteten) gebracht und gegen fabrikneue Exemplare ausgetauscht worden. Die Hälfte der eingezogenen Gewehre musste mit neuen Läufen ausgestattet werden, bevor sie wieder ausgegeben werden konnten. Im Jahr 1897 wurde die gleiche Aktion noch einmal durchgeführt und führte zum selben Ergebnis. In diesem Jahr gab es erstmals Öltücher zum Reinigen; bislang hatte man ausschließlich kochendes Wasser benutzt.

Das Gewehr 88 wurde zweimal modifiziert, und zwar nachdem es an der Front schon abgelöst war. Dies geschah weniger, um die Waffe zu verbessern (das war eher ein willkommener Nebeneffekt), sondern um es an seinen Nachfolger, das von Paul Mauser gebaute Infanteriegewehr 98, anzupassen, Im Jahr 1903 wurde zunächst der Durchmesser des Geschosses 88 geringfügig von 8,1 auf 8,22 mm erhöht, und gleichzeitig wurde das Profil auf die berühmte Vollmantel-Spitzgeschoss-Form umgestellt sowie eine stärkere Ladung eingeführt (die neue Patrone wird im folgenden noch detaillierter beschrieben). Die Gewehre für diese neue Patrone 88 S mussten (schon wieder!) neue Läufe erhalten, mit tieferen Zügen und größerem Patronenlager.

Noch brauchbare Läufe wurden aufgearbeitet und weiterbenutzt. Die Kimme wurde an die Eigenschaften der neuen Patrone angepasst. Derart umgerüstete Gewehre erhielten ein „S" auf der Vorderseite des Verschlussgehäuses. Im Jahr 1905 wurde der Mannlicher-Laderahmen

UNTEN: **Ein original norwegisches Krag-Jorgensen mit dem vorn angelenkten Magazindeckel. Erstaunlicherweise wurde dieses Gewehr mit geringfügigen Modifikationen 1892 von der US Army übernommen.**

OBEN: **Das 1891 in Italien eingeführte Mannlicher-Carcano-Gewehr im Kaliber 6,5 mm hatte einen Verschluss, der dem des Mauser M/89 nachempfunden war, allerdings mit einer zusätzlichen Sicherung.**

ausgemustert und durch eine einfachere Variante von Mauser ersetzt. Dazu mussten ein Paar Nuten in die Gehäusebrücke und eine Kerbe in die Vorderseite des Verschlussgehäuses geschnitten werden, um Platz für die längeren Patronen zu schaffen. In die linke Gehäuseseite wurde ein Daumenschlitz gefräst, um die Patronen einfacher aus dem Laderahmen drücken zu können. Dazu erhielt das Magazin eine zweite, hohle Rückwand dort, wo vorher der Laderahmen gesessen hatte und eine Vorrichtung links hinten am Magazinschacht, um die Patronen gegen den Druck des federbelasteten Zubringers zu halten, wenn der Verschluss ganz zurückgezogen war. Die so modifizierten Gewehre erhielten die Bezeichnung 88/05. 1906 und 1907 wurden etwa 200 000 Gewehre zu einem Stückpreis von acht Mark umgerüstet. Später, 1915 und 1916, als mehr Kriegsmaterial verlorenging als erwartet, wurden die noch vorhandenen Gewehre vom Typ 88 – viele waren bereits für zwei Mark das Stück verkauft worden; die überholten M/71-84 hatten immerhin die doppelte Summe eingebracht – aus den Depots geholt und eilig, oft sehr schlampig, auf die gleiche Weise nachgerüstet. Sie wurden als 88/14 bezeichnet. Erst 1917, als es endlich genügend Gewehre 98 gab, wurden sie wieder eingezogen. Im folgenden Jahr wurden die übrig gebliebenen Gewehre an die bedrängte Türkei geliefert.

DAS ERSTE BRITISCHE REPETIERGEWEHR

Die Briten befassten sich erstmals im Jahr 1879 offiziell mit einem Magazingewehr als Nachfolger für das einschüssige Martini-Henry. Der Maschinenwaffenausschuss des Kriegsministeriums wurde gebeten, die auf dem Markt verfügbaren Waffen mit dem Martini-Henry zu vergleichen und zu prüfen, welche Waffe für den Dienst in Frage kam. Ein Feldwebel und drei Soldaten der Royal Welch Fusiliers begannen im März 1880 mit den Erprobungen in Woolwich. Zu den Waffen, die sich in der Erprobung befanden, gehörte das Kropatschek mit Röhrenmagazin aus Österreich, das amerikanische Hotchkiss, das Winchester '76, das Vetterli mit Röhrenmagazin und ein Drehkammerverschlussgewehr von Lee mit Kastenmagazin. Alle waren im Kaliber 11,4 mm und verfeuerten die nahtlos gezogene „Gardner-Gatling"-Patrone.

Zu jener Zeit gab das britische Heer noch vorgefertigte, gewickelte Patronen an die Infanterie aus, hatte aber die nahtlos gezogene Munition bereits für die handbetriebenen MGs von Gardner und Gatling eingeführt. Diese hatten eine Ladung von 5,5 g Schwarzpulver und in der Regel ein Geschoss von 31 g. Die Gewehre mit Röhrenmagazin fielen gleich zu Anfang aus der Wertung, nachdem eine Patrone im Magazin des Winchester explodierte und einen der Prüfer verletzte. So war das Feld arg zusammengeschrumpft. Zu Vergleichszwecken wurde das deutsche Mauser M/71 herangezogen, obwohl niemals ernsthaft die Absicht bestand, dieses Gewehr zu beschaffen. Das Lee wurde schließlich Testsieger, aber der Ausschuss war nicht sehr überzeugt. Er meldete 1881, dass es keinen Grund gäbe, ein neues Gewehr einzuführen.

Die Royal Navy, die damals noch mit Nahkampfgefechten auf hoher See rechnete und deren Männer an Land oft als Artillerie wie auch als Infanterie herhalten mussten, konnte dem nicht zustimmen.

Sie wollte ein Schnellfeuergewehr und entschied sich für das Lee (die Prüfer hatten nach kurzer Eingewöhnungszeit 20 Schuss in 53 Sekunden abgefeuert, eine Leistung, die mit dem Henry-Martini nur absolute Experten schafften. Diese wiederum waren mit dem neuen Gewehr noch wesentlich besser). So wurde im folgenden Jahr ein Unterausschuss eingerichtet, der sich als Ausschuss für Handwaffen auch mit Pistolen und anderen persönlichen Waffen befasste. Er überprüfte das Lee erneut und verglich es mit neuen Waffen von Mannlicher, Schulhof und Chafee-Rice. Dazu kam ein neues Gewehr mit nach unten öffnendem Fallblockverschluss und einem Hopper-Magazin, das amerikanische Owen-Jones. Die erprobten Lee-Gewehre waren im Kaliber .45 Springfield, eine Patrone mit ganz anderen ballistischen Eigenschaften als die Munition der Briten. Also wurden sie zu Enfield geschickt und dort mit Henry-Läufen für die Gatling-Patrone ausgerüstet. Ein Gewehr erhielt ein britisches Hopper-Magazin von Bethel-Burton und wurde danach als Lee-Burton bezeichnet.

WEITERE ERPROBUNGEN

Die Lee-Gewehre, eines mit dem ursprünglichen Kastenmagazin und das andere mit dem Hopper-Magazin, erzielten zusammen mit dem Owen Jones die besten Ergebnisse. Das letztere wurde von der Royal Navy nochmals geprüft und abgelehnt. So kam es wieder nicht zu einer Entscheidung und während die Diskussionen weitergingen, erschienen neue Gewehre, und auch die bereits erprobten Waffen waren längst modifiziert. Insgesamt wurden 42 Gewehre erprobt, und zu einer Entscheidung war es immer noch nicht gekommen. Im Jahr 1886 gab es dann die ersten Gerüchte über das rauchlose Pulver und die bevorstehende Umstellung auf 8 mm in Frankreich.

Erst ein paar Monate zuvor war der Ausschuss – der sich in den vergangenen fünf Jahren eher sporadisch getroffen hatte – aufgefordert worden, schneller zu arbeiten. So wurden viele zweifelhafte Kandidaten gar nicht erst erprobt.

Die Entscheidung musste immer noch zwischen dem Lee mit Kastenmagazin und dem Lee-Burton mit Hopper-Magazin fallen, die im Prinzip identisch waren (beide mit Zylinderverschluss von Lee und Zügen und Zuführung von William Ellis Metford; ein anerkannter Konstrukteur und mit mehreren Mitgliedern des Ausschusses befreundet), jetzt aber im Kaliber .402 (10,2 mm).

Im Dezember 1886 sollten zwei Ereignisse für weitere Verzögerungen sorgen: Zunächst erhielt der Ausschuss einen Prototypen des Schmidt-Rubin im Nennkaliber 7,5 mm, der rauchlose Mantelgeschosse verfeuerte, die sich in Bezug auf Genauigkeit, Reichweite, Eindringkraft und Wirkung als ausgezeichnet erwiesen (der Geradzugverschluss kam nicht an, aber es war ja nicht das Gewehr, was den Ausschuss interessierte). Lee selbst hatte eine Verbesserung an seinem abnehmbaren Magazin vorgenommen, wodurch das Lee-Burton ins Hintertreffen geriet. Bislang musste das Magazin zum Laden abgenommen werden, nun konnte es am Gewehr verbleiben. Als Sperre diente eine einfache Platte, die sich um einen senkrechten Stift drehte und die Patronen im Magazin herunterdrückte. Damit war der angeblich „wirtschaftlichere“ Ein-Schuss-Betrieb möglich.

DAS LEE

Am 22. Dezember 1888 wurde das Gewehr Mark I mit Magazin im Kaliber .303 (7,7 mm) offiziell als Dienstwaffe beim britischen Heer eingeführt. Dazu kam eine neue Patrone, die Mark I .303, geladen mit 4,85 g komprimiertem Schwarzpulver und einem 13,93 g schweren Rundgeschoss. Sie erzielte eine Mündungsgeschwindigkeit von 670 m/s, allerdings bei einem heftigen Rückstoß. Erst nach drei Jahren stand die Patrone Mark VI zur Verfügung, die erstmals mit Kordit gefüllt war.

So nannten die Briten ihr „neues“ Treibmittel (es war ein Fortschritt gegenüber dem Flockenpulver von Vieille, bestehend aus einer Mischung aus Nitrozellulose und Nitroglyzerin mit einem Verzögerungsmittel aus Mineralbrei. Es wurde zu Strängen geformt und in kleine

Stücke geschnitten; daher auch der Name). Die Leistung war etwas schlechter – die Mündungsgeschwindigkeit lag nun bei 630 m/s – dafür war die Belastung der Schulter längst nicht mehr so hoch. Das war im Gefecht besonders wichtig, denn es stand fest, dass selbst der robusteste Infanteriesoldat nach etwa 30 Schuss anfing zu zittern. Nach 50 Schuss konnte er nicht mehr vernünftig zielen. Der Patrone Mark VI folgte im November 1910 die Mark VII – mit einem spitzen, 11,34 g schweren Geschoss und einer Treibladung von 2,4 g verbessertem Kordit, die eine Mündungsgeschwindigkeit von 740 m/s ermöglichte. Die Patrone blieb unverändert im Dienst, bis sie dem Rand der Patrone liegen, die ihr folgte) und dass randlose Patronen insbesondere bei den neuen MGs mit Gurtzuführung wesentlich weniger Probleme verursachten. (Hiram Maxim hatte im März 1887 dem britischen Heer sein erstes MG zur Erprobung übergeben, und die Auslieferung begann bereits im folgenden Jahr).

Es war der Einspruch des Betriebsleiters der Royal Small Arms Factory in Enfield, John Rigby (übrigens der erste Betriebsleiter, der gelernter Büchsenmacher und kein Soldat war; sein Familienbetrieb hatte bereits einen guten Namen und war auch ein Jahrhundert später noch im Geschäft), der dafür sorgte, dass die in der offiziellen Bezeichnung. Danach wurde sein Zugsystem mit sieben Zügen durch ein System von Enfield ersetzt, das mit nur fünf Zügen auskam.

Metfords Züge hatten keine scharfen Kanten an den Feldern, sondern weiche Übergänge, damit sich möglichst wenig Schwarzpulver festsetzen konnte. Sobald die Umstellung auf Kordit abgeschlossen war, spielte dieser Vorteil keine Rolle mehr. Die kantigeren Züge waren wirkungsvoller und billiger herzustellen. Der Mechanismus selbst mit der hinteren Verriegelungswarze und der symmetrisch gegenüberliegenden Rippe, deren Rückseite als zweite Verriegelungswarze diente, erwies sich als stark genug, um auch

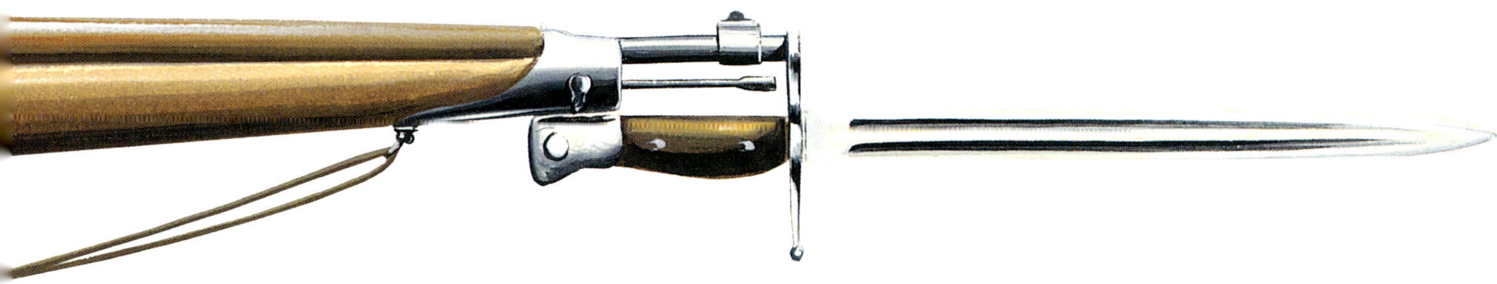

Fucile Modello 91, 6,5 mm (Mannlicher-Carcano)

Kaliber: 6,5 mm x 52
Gewicht: 3,8 kg
Länge: 1290 mm
Lauflänge: 780 mm
Effektive Schussentfernung: Über 1000 m
Ausführung: Zylinderverschluss, festes Kastenmagazin mit 6 Schuss
Mündungsgeschwindigkeit: 730 m/s
Herstellerland: Italien

von der 7,62-mm-NATO-Munition abgelöst wurde. Die vorhandenen Gewehre wurden umgerüstet, dabei genügten kleine Änderungen am Visier und am Magazin.

Die Patrone für den Schmidt-Rubin-Prototyp war natürlich randlos, und der Ausschuss tat alles in seiner Macht stehende, diese Form auch bei der neuen britischen Patrone durchzusetzen. Er war der Meinung, dass sie sinnvoller und robuster sei, weniger Platz im Magazin beanspruche als Patronen mit Rand (zudem mussten Magazine mit Patronen mit Rand sorgfältiger beladen werden; jede Patrone musste mit ihrem Rand vor neue Patrone einen Rand erhielt. Diese Entscheidung sollte später zu zahlreichen Problemen führen, weniger mit dem Gewehr als mit anderen Waffen. Die Qualität der von Rubin gelieferten Munition konnte dem Ausschuss keine Gegenargumente liefern, denn es gab häufig Gasrückschläge aufgrund von Materialfehlern.

METFORDS BEITRAG

Das Lee erwies sich als sehr gute Wahl. Britische Experten zählen es zu den besten Militärwaffen mit Zylinderverschluss, die je gebaut wurden. Metfords Name erschien etwas später, von 1891 bis 1895 mit beträchtlich stärkeren Treibladungen fertig zu werden als zunächst vorgesehen. Aus diesem Grund wurde später immer wieder entschieden, die Konstruktion beizubehalten, obwohl Systeme, bei denen die Verriegelungswarzen unmittelbar hinter dem Verschlusskopf saßen, im Allgemeinen als besser galten. Perfektionisten behaupteten später, dass das Mauser-System mit drei Verriegelungswarzen sicherer sei, dafür war das von Lee auf dem Gefechtsfeld in den Händen ungeübter Wehrpflichtiger und Freiwilliger vielleicht wirksamer. Seine Gegner versuchten immer wieder, das Lee-Enfield schlechtzumachen, besonders als die kürzere Variante erschien (unter den Kritikern waren aber auch Leute, die einen Gewehrverschluss nicht von einem Scheunentor unterscheiden konnten), konnten sich aber letztendlich nicht durchsetzen.

In den nun folgenden 50 Jahren musste das Lee-Enfield sich mancher Änderung unterziehen – einige sollten der Verbesserung dienen, wie der 1894 durchgeführte Wechsel von einem achtschüssigen Magazin, in dem die Patronen in einer Linie saßen, zu einer breiteren, kürzeren Ausführung mit zehn Schuss in versetzter Anordnung oder die Modifikationen des folgenden Jahres zur Anpassung an die Kordit-Munition, andere dienten eher der Vereinfachung in der Produktion. Dazu kamen zwei größere Änderungen mit erheblichem Einfluss auf die äußere Erscheinung, weniger auf die Funktion. Zunächst wurde 1903 der Lauf um 125 mm gekürzt und der Wischstock entfernt. Das Vorderteil wurde ebenfalls umkonstruiert, um einen Schutz für das Korn zu montieren. Der Abzugsmechanismus, zunächst einstufig, erhielt eine zweite Stufe. Zwei Führungsschienen für das Einführen des Laderahmens, die linke am Gehäuse und die rechte auf dem Verschlusskopf, kamen ebenfalls dazu, veränderten aber das Aussehen des Gewehrs nicht. Zu diesem Zeitpunkt wurde es umbenannt zum Kurzgewehr, Magazin, Lee-Enfield Mark 1 oder kurz SMLE.

1941 wurden Verschluss und Gehäuse gründlich modifiziert, um das Zerlegen im Feld zu vereinfachen. Auch die Mündung und der Vorderschaft wurden erneut geändert, um ein Bajonett ohne Griff aufzunehmen. Es wurde hineingeschoben und festgedreht (daher die Bezeichnung „Bajonettverschluss“) und löste das ursprüngliche Messerbajonett mit Heft ab, das an einem Ring an der Mündung und einem Schwalbenschwanz unter dem Vorderschaft fixiert wurde, der in eine Nut am Heft einrastete.

DAS LEE-ENFIELD

Inzwischen besser unter der Bezeichnung Gewehr Nummer 4 bekannt (es hatte unterdessen die verschiedensten Namen gehabt – mindestens zwei Dutzend – die jeweils für eine, manchmal recht geringfügige, Änderung standen), wurde es erst in den 50er Jahren beim britischen Heer von einer modifizierten Version des FN FAL (Fusil Automatique Léger – leichtes automatisches Gewehr) als Dienstwaffe abgelöst. Dieses lief unter der Bezeichnung L1A1 SLR (Self-Loading Rifle – Selbstladegewehr), konnte nicht auf Dauerfeuer gestellt werden und verschoss die NATO-Munition 7,62 mm x 51. In kleiner Zahl blieb das Lee-Enfield (umgestellt auf die randlose NATO-Munition) als Scharfschützengewehr L42A1 (mit Zielfernrohr) und als Sportgewehr L39A1 (mit Lochvisier) bis in die Mitte der 80er Jahre in der Produktion. Als L42 stellte das Lee einen Rekord auf, der wohl nicht mehr überboten wird – über 100 Jahre ununterbrochener Einsatz als Dienstwaffe. Erst im April 1992, fast 105 Jahre nachdem die ersten Lee-Gewehre beim britischen Heer eingeführt wurden, wurde es ausgemustert. Während das 20. Jahrhundert dem Ende zugeht, kommt es in Großbritannien und in anderen Ländern als Enfield Enforcer immer noch bei der Polizei zum Einsatz, ausgerüstet mit einem variablen Pecar-Zielfernrohr mit 4- bis 10-facher Vergrößerung und einem modifizierten Kolben mit Schaftbacke, Pistolengriff und Schaftkappe. Seine robuste Konstruktion macht das Fehlen moderner Merkmale mehr als wett.

Während das britische Heer noch sein neues Gewehr suchte und die deutschen Fabriken sich auf die Produktion des Modells 88 einstellten, waren die Büchsenmacher in ganz Europa damit beschäftigt, Prototypen mit kleineren Kalibern zu bauen, um die Vorteile des neuen Treibmittels zu nutzen. Viele Gewehre blieben in diesem Stadium stecken, eines jedoch kam darüber hinaus und erschloss sich einen überraschend großen Markt. Es handelte sich um eine Entwicklung von Hauptmann Ole Krag von der Königlich Norwegischen Artillerie und Erik Jorgensen vom norwegischen Staatsarsenal.

DAS KRAG-JORGENSEN

Das Gewehr hatte einen recht konventionellen Drehkammerverschluss mit einer einzigen Verriegelungswarze vorn am Verschluss, und der Kammerstengel diente als zusätzliche Verriegelung. Er saß in einer Vertiefung am Gehäuse, ähnlich wie beim längst überholten Dreyse-Zündnadelgewehr. Zu seiner Zeit als zu schwach kritisiert, war dieses System tatsächlich aber sehr robust und sicher genug für seine Patrone 8 mm x 58 R m/89. Patrone und Gewehr wurden parallel entwickelt – ein übliches Verfahren und mit einer der Gründe dafür, dass es so eine reiche Auswahl im Grunde sehr ähnlicher Munition gibt. Konservativ wie die Konstrukteure nun einmal sind, entwickeln sie lieber eine neue Patrone, als eine zu benutzen, die sie nicht richtig kennen.

Die Mündungsgeschwindigkeit lag bei etwas über 600 m/s, und einem vergleichsweise schweren Geschoss von 15,4 g stand eine kleine Treibladung von 2,2 g gegenüber. Das auffälligste Merk-

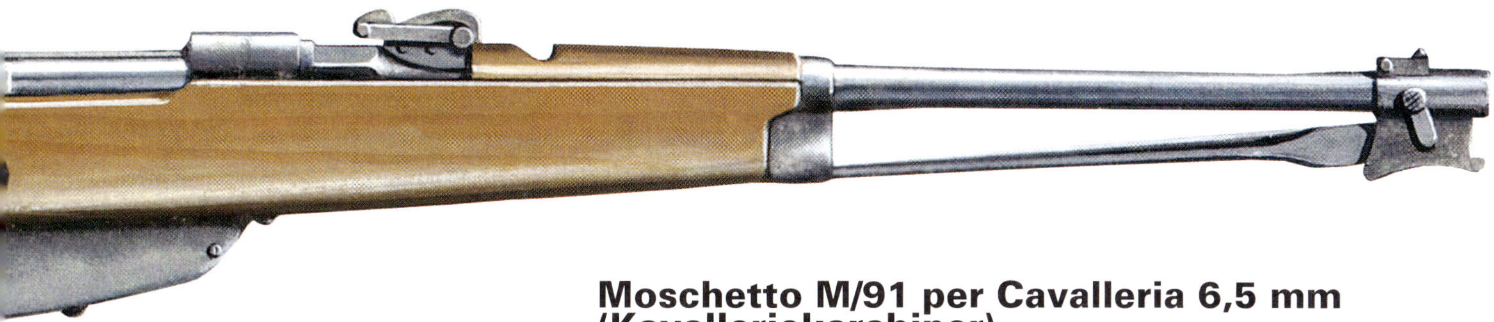

Moschetto M/91 per Cavalleria 6,5 mm (Kavalleriekarabiner)

Kaliber: 6,5 mm x 52
Gewicht: 3,0 kg
Länge: 920 mm
Lauflänge: 610 mm
Effektive Schussentfernung: ca. 600 m
Ausführung: Zylinderverschluss, festes Kastenmagazin mit 6 Schuss
Mündungsgeschwindigkeit: 700 m/s
Herstellerland: Italien

mal des Krag-Jorgensen war das Magazin. Dabei handelte es sich um einen innen liegenden Träger unter dem Verschluss, der drei Patronen waagerecht und zwei weitere in dem Teil aufnahm, der um 180 Grad gedreht wurde, um sie in die Zuführung links am Gehäuse zu bringen. Die Patronen wurden über eine vorn angelenkte Klappe auf der rechten Seite eingeführt, d. h. einfach eingeworfen. Diese Klappe saß vorn über dem Abzugsbügel, innen war daran eine Blattfeder mit einem Zubringer montiert, der auf die Patronen im Magazin wirkte, wenn es geschlossen war.

EINE MERKWÜRDIGE ENTSCHEIDUNG

Der Verschluss galt gemeinhin als nicht ausreichend sicher, das Magazin und die Zuführung waren absolut ungewöhnlich (und überholt, da die Patronen von Hand eingelegt werden mussten) – und trotzdem wurde das Krag-Jorgensen 1889 in Dänemark als Dienstgewehr eingeführt. Drei Jahre später folgten die Vereinigten Staaten. Sie produzierten das Gewehr selbst (im Kaliber .30) und ersetzten damit das ehrwürdige Trapdoor-Springfield.

UNTEN: **Das Mosin-Nagant wurde 1891 beim russischen Heer eingeführt und blieb bis in die 30er Jahre im Dienst. Hier die 1910 eingeführte neuere Version mit verstärkten Magazinrippen.**

Norwegen entschied sich 1894 für das Kaliber 6,5 mm. Die beiden letzteren hatten nicht nur das Kaliber geändert, sondern auch geringe Modifikationen am Gewehr selbst vorgenommen – die amerikanischen Krags hatten Klappen als Magazinabdeckungen, die unten angelenkt und bequemer zu bedienen waren. Die im norwegischen Staatsarsenal (wo Krag inzwischen Betriebsleiter war) für die eigene Nutzung gebauten Waffen hatten Kolben mit kurzen Pistolengriffen. Die Norweger bauten außerdem Karabiner mit halbem Kolben und ohne Handschutz vor der Kimme; diese saß weit vor dem Verschlussstück. Demzufolge sahen die Waffen eher wie moderne Sportgewehre aus. Das norwegische Heer benutzte das Krag-Gewehr bis in die 30er Jahre, bevor es von einer Waffe nach Mauser-Art abgelöst wurde.

Im Nachhinein betrachtet mutet die Entscheidung der US Army für das Krag-Gewehr schon merkwürdig an. Es stimmt zwar, dass der Mechanismus sehr sauber lief und dass die Waffe geschlossen geladen werden konnte, sofern sich eine Patrone im Patronenlager befand (somit konnte sie innerhalb einer Sekunde abgefeuert werden, aber das konnte das Lee-Enfield auch, wenn man ein neues Magazin wählte und die Waffe nicht einzeln von Hand lud), aber das konnte nicht die Tatsache wettmachen, dass die Patronen einzeln, Stück für Stück, geladen werden mussten, und das zu einer Zeit, in der die meisten Mitbewerber über Laderahmen verfügten. Da das Krag nur über eine Verriegelungswarze verfügte, konnte es höchstens ein 14,25 g schweres Geschoss mit einer Mündungsgeschwindigkeit von 610 m/s verschießen.

Fast jedes amerikanische Gewehr aus jener Zeit, vom Henry und Winchester '66 bis zu deren Nachfolgern, ist inzwischen als Replik erhältlich, aber es sagt schon sehr viel aus, dass niemand sich bereitgefunden hat, die Waffe zu reproduzieren, mit der die Vereinigten Staaten in den ersten nicht auf US Territorium stattfindenden Krieg gezogen sind!

Die aktiven Einheiten der US Army, die 1898 im Spanisch-Amerikanischen Krieg und dem darauf folgenden „Aufstand“ auf den Philippinen kämpften, waren mit dem Krag-Jorgensen ausgerüstet. Sie mussten feststellen, dass die spanischen Truppen und die Moro-Krieger über 7-mm-Gewehre nach Art des Mauser 1893 verfügten, das in der Reichweite weit überlegen war. Die amerikanischen Milizen, die noch über das alte .45-70-Springfield verfügten, hatten überhaupt keine Chance. Die US-Feldzeugbehörde musste handeln. Da das Krag keine stärkere Treibladung verkraften konnte, war klar, dass es bereits nach einem Jahrzehnt ersetzt werden musste. Diese Entscheidung war absolut notwendig, aber sicher nicht leicht durchzusetzen angesichts der riesigen Summen, die in die Werkzeugmaschinen und Produktionsanlagen einer Waffe investiert wurden, die sich nun als nutzlos erwies. Die Waffe, für die die US Army sich entschied – offiziell als US-Gewehr, Kaliber .30, M1903 und im allgemeinen Sprachgebrauch als Springfield '03 bezeichnet – zeigt deutlich den Einfluss von Paul Mauser (sodass die US-Regierung ihm sogar Lizenzgebühren zahlte). Daher wollen wir nach Europa zurückkehren und sehen, welche Fortschritte seit der Mitte der 1880er Jahre in Oberndorf am Neckar gemacht wurden.

GEWEHRE FÜR DEN EXPORT

Die Türkei hatte zwar am Balkan beträchtliche Einbußen hinnehmen müssen, hatte aber über das heutige südliche Bulgarien, Mazedonien und Albanien immer noch einen Zugang zur Adria und reichte im Süden über den Persischen Golf und das Rote Meer bis nach Ägypten. Sie war also immer noch eine Weltmacht, und damit ein wichtiger Markt für Waffen aller Art.

1886 nahm Paul Mauser an einer internationalen Ausschreibung teil, in der die Türkei ein neues Repetiergewehr suchte. Was er vorschlug, war nichts anderes als das bewährte M/71-84, allerdings für eine 9,5-mm-Patrone mit wesentlich stärkerer Schwarzpulverladung, die er selbst entwickelt hatte. Das Gewehr war um 40 mm verkürzt und verfügte über das von Mauser selbst entwickelte System der „doppelten Zuhaltung“ mit dem er den Verschluss eilig modifiziert hatte, um zu verhindern, dass die Waffe zu stark nach rechts zog. Ansonsten wurde der Wisch-/Entladestock, den das deutsche Kriegsministerium nicht mehr wollte, wieder eingeführt. Er saß auf der rechten Seite zwischen dem Lauf und dem Röhrenmagazin. Zu jener Zeit war das Werk in Oberndorf noch damit beschäftigt, 19 000 Gewehre M/71-84 im Auftrag der Regierung Württembergs zu bauen.

Es war also bereit, den Auftrag über die modifizierten Gewehre sofort auszu-

führen, wenn da nicht ein kleines Problem gewesen wäre – der große Auftragsumfang. Die Türkei wollte eine halbe Million Gewehre und weitere 50 000 kürzere Versionen für die Artillerie. Diese Menge konnte das Werk in Oberndorf in der verfügbaren Zeit nicht schaffen.

Mauser wandte sich an Ludwig Loewe & Co. Die Firma hatte nach dem Tod des Gründers wenige Monate zuvor einen Richtungswechsel vollzogen und wurde nun von seinem Bruder Isidor geleitet. Dieser war darauf aus, die Firma aus dem Bereich der allgemeinen Werkzeugmaschinen (die Nähmaschinen waren längst aufgegeben worden) zu holen und selbst Waffen herzustellen; deshalb ging er bereitwillig auf Mausers Vorschlag ein.

Loewe war immer schon eine Macht gewesen, aber dieser Vertrag mit Mauser führte die Firma zu neuer Blüte, und von nun an war ihr Wachstum unaufhaltbar.

OBEN: **Die japanischen Arisaka-Gewehre basierten auf Mauser-Konstruktionen. Hier das im Jahre 30 der Meijizeitrechnung für die Patrone 6,5 mm x 50, erhältlich als Gewehr und Karabiner.**

Mausers Angebot wurde von der türkischen Regierung akzeptiert, und so wurde am 9. Februar 1887 ein Vertrag über die Lieferung von 550 000 Gewehren und Karabinern unterzeichnet. Die Produktion lief noch im gleichen Monat in Oberndorf an und lag schon bald bei 500 Gewehren pro Tag. Bis zum Ende des Jahres hatte die türkische Abnahmekommission, die in einem eigens errichteten Haus auf dem Werksgelände wohnte, schon 70 000 Gewehre abgenommen. Weitere 60 000 Stück wurden bei Loewe in Berlin fertiggestellt.

Drei Tage vor Jahresende gelang es Ludwig Loewe & Co. unter nicht ganz geklärten Umständen alle Anteile an der Waffenfabrik Mauser zu erwerben, einschließlich der persönlichen Anteile von Paul Mauser. Mauser – damals erst 49 Jahre alt, wurde Generaldirektor und die Württemberger Unionsbank, die seit Wilhelms Tod den geschäftlichen Kurs entscheidend beeinflusst hatte, zog sich zurück. Das Unternehmen Loewe hatte gerade den Auftrag übernommen, alle Werkzeuge für das Gewehr 88 zu liefern,

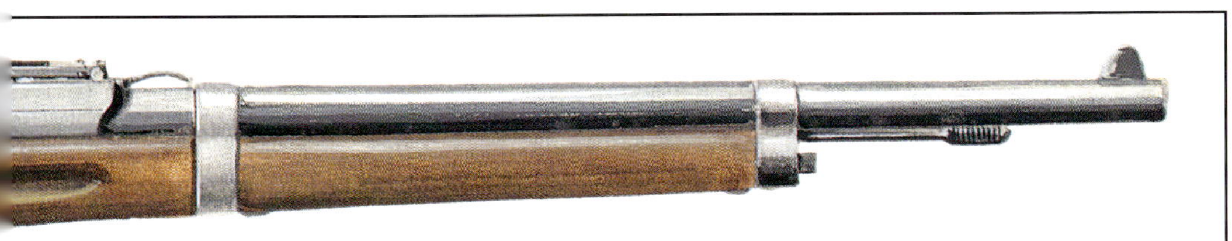

Mousqueton, d'Artillerie, Modèle 1892 (Berthier Artilleriekarabiner)

Kaliber: 8 mm x 50R
Gewicht: 3,1 kg
Länge: 940 mm
Lauflänge: 445 mm
Effektive Schussentfernung: 500 m
Ausführung: Zylinderverschluss, integriertes Kastenmagazin mit 3 Schuss
Mündungsgeschwindigkeit: ca. 600 m/s
Herstellerland: Frankreich

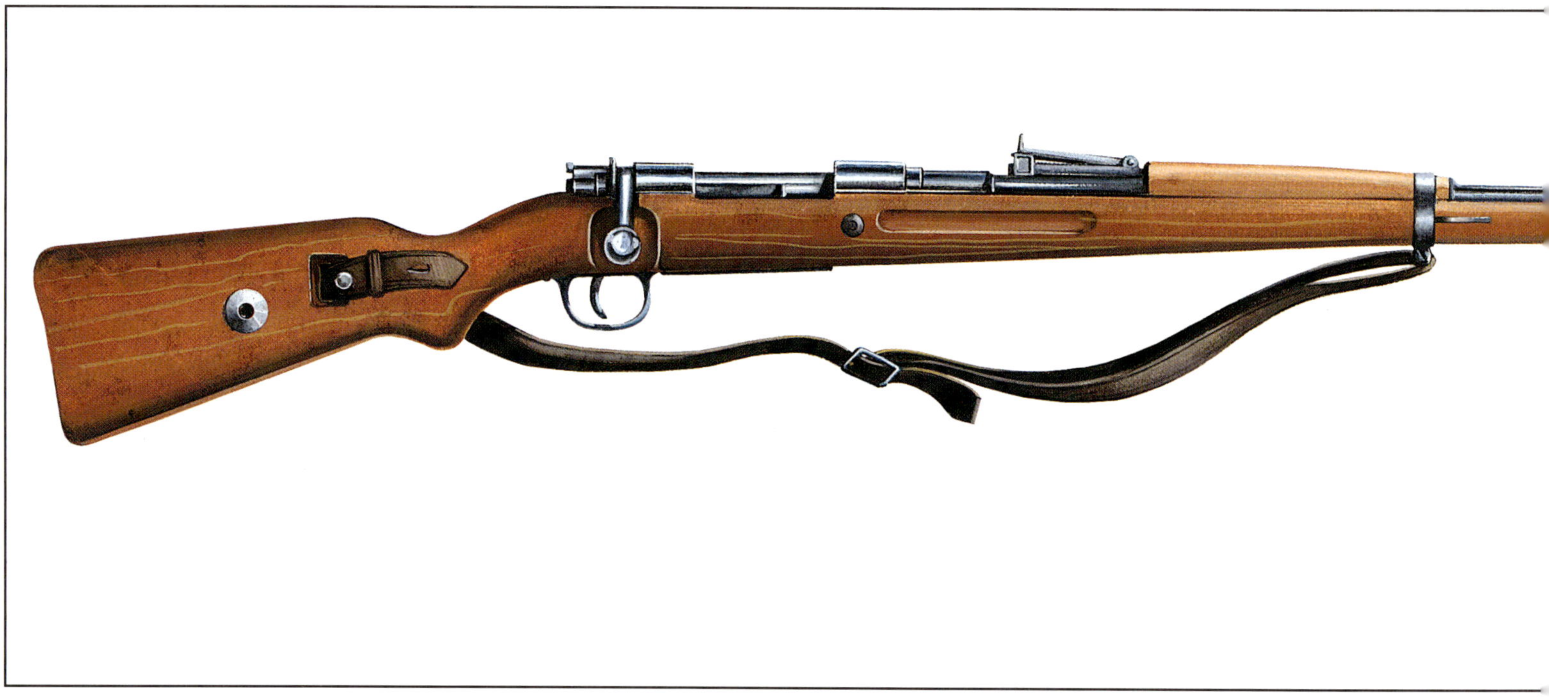

und um dafür Platz zu schaffen, wurde die gesamte Produktion für die Türkei nach Oberndorf ausgelagert. Bis 1890 waren 220 000 M/87 ausgeliefert worden, inzwischen hatte Paul Mauser sich aber schon an die Arbeit gemacht und ein völlig neues Gewehr entwickelt. Er reagierte damit auf eine Ausschreibung der belgischen Regierung und baute seine erste Waffe mit kleinerem Kaliber und Nitrozellulose als Treibmittel. Eine Klausel im Vertrag mit der Türkei sah vor, dass Mauser verpflichtet war, jede Neuentwicklung oder Verbesserung an Stelle der noch nicht ausgelieferten M/87 der Türkei anzubieten. Als die Türken das Gewehr sahen, bestanden sie prompt auf der Einhaltung dieser Klausel.

DAS BELGISCHE MAUSER M/89

Das Gewehr, das Mauser für Belgien baute, war um eine neue Patrone, die 7,65 mm x 53, konstruiert worden. Diese war mit 2,72 g „Poudre de Wetteren" (fast ein Imitat von Vieilles „Pulver B") geladen und enthielt ein 13,95 g schweres vernickeltes Stahlmantelgeschoss mit zylindrischem Schaft und abgerundeter

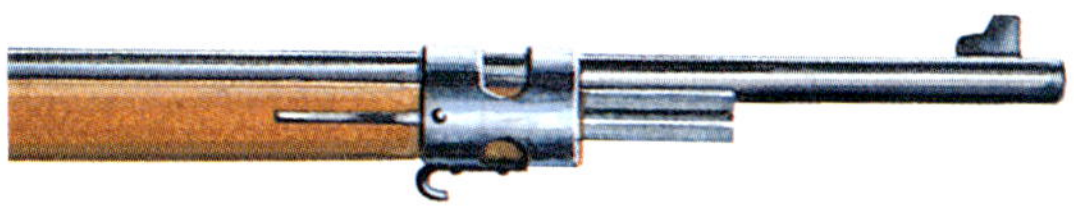

Mauser-Infanteriegewehr 98

Kaliber: 7,92 mm x 57
Gewicht: 4,2 kg
Länge: 1255 mm
Lauflänge: 740 mm
Effektive Schussentfernung: über 1000 m
Ausführung: Zylinderverschluss, integriertes Kastenmagazin mit 5 Schuss

OBEN: **Solche Buren-Kommandos, bewaffnet mit Mauser-Gewehren (hier belgische M/89 im Kaliber 7,65 mm), handelten nach der Taktik „Schießen und Abtauchen" und machten den Briten damit das Leben sehr schwer.**

Spitze (sog. Ogivalogeschoss). Diese zeittypischen Merkmale verhalfen der Patrone zu einer Mündungsgeschwindigkeit von knapp über 610 m/s. Wie bei ihrem Vorbild, der Rubin, handelte es sich um eine randlose Patrone.

Die Kastenmagazine der ersten Modelle wurden noch einzeln, Schuss für Schuss, über den Verschluss beladen.

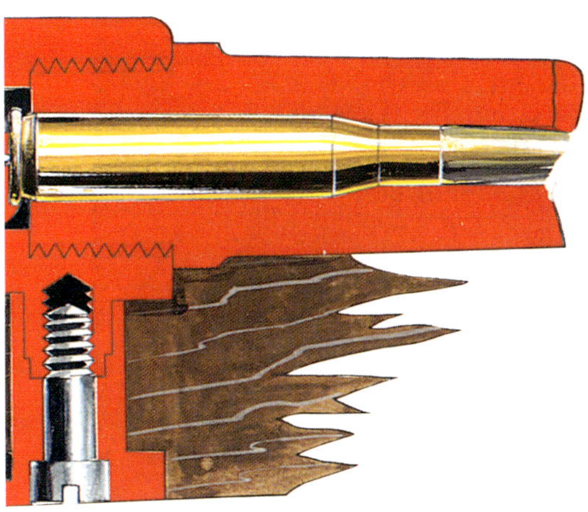

Mauser-Infanteriegewehr 98

Kurz vor dem Ende der Ausschreibung im Jahr 1888 reagierte Mauser auf den Mannlicher-Laderahmen und entwickelte ein ähnliches System für fünf Schuss. Dieser Rahmen wurde senkrecht in zwei Auskerbungen vor der Gehäusebrücke gestellt, sodass die Munition mit einer Daumenbewegung in das Magazin geschoben werden konnte. Die rechte Seite der Verschlusshülse vor der Brücke wurde ausgeschnitten, um den Vorgang zu vereinfachen und zu beschleunigen (der leere Laderahmen wurde daraufhin beim Schließen des Verschlusses nach oben und vorn ausgestoßen). Im Vergleich zum Mannlicher-Laderahmen, der beim Gewehr 88 zum Einsatz kam, hatte die Mauser-Methode einen wichtigen Vorteil, obwohl das Beladen länger dauerte: Das Magazin konnte jederzeit mit einzelnen Patronen nachgeladen werden (eine ähnliche Änderung hatte ja bereits zwei Jahrzehnte zuvor Nelson King am Henry-Winchester vorgenommen). Dies war das erste Mal, dass ein Kastenmagazin mit einem derartigen Laderahmen kombiniert wurde, und Mauser blieb dem System bei allen weiteren Gewehren treu.

Büchsenmacher in aller Welt versuchten ebenfalls, das System mehr oder weniger perfekt nachzubauen. Mauser sicherte sich insgesamt neun Auslandpatente auf den wichtigsten Exportmärkten, nur in Deutschland gelang es ihm nicht. Natürlich hatte er es probiert, aber die deutschen Streitkräfte konnten es verhindern, weil sie befürchteten, Lizenzgebühren an Paul Mauser zahlen zu müssen.

Die wichtigste äußerliche Änderung an dem neuen Gewehr war die Verlegung des Kammerstengels hinter die Verschlussbrücke. Das war möglich, weil Paul Mauser sich rechtzeitig von der überholten, in schlechtem Ruf stehenden Methode verabschiedet hatte, den Verschluss mit Hilfe einer Nockenbahn am Fuß des Hebels zu verriegeln und statt dessen ein Paar Verriegelungswarzen mit Nockenbahnen auf dem Verschlusszylinder unmittelbar hinter dem Verschlusskopf eingeführt hatte. Diese rasteten in Nuten im Gehäuse der Verschlusshülse unmittelbar hinter dem Ladungsraum ein, eine oben und eine unten, während der Verschluss um 90 Grad gedreht wurde. Diese Einrichtung funktionierte ähnlich wie die von Schlegelmilch, die beim Gewehr 88 eingeführt wurde und heute merkwürdigerweise als Mauser-System bekannt ist. Anders als das M/71 war beim M/89 der Verschlusskopf ein integraler Teil des Verschlusszylinders, und er war nicht abnehmbar. Der Stoßboden war so ausgebildet, dass der Patronenboden hineinpasste. Dort saß ein kleiner federbelasteter Auszieher, der beim Beginn der Vorwärtsbewegung in die Auszieherrille (die Ringnut) der Patrone griff, um sicherzustellen, dass anders als beim Gewehr 88 das M/89 nicht zwei Patronen auf einmal lud, indem er zuließ,

(aber nicht unbedingt besser) als die der Schweizer. Hier kamen keine Zapfen, sondern ein Verriegelungskamm im Verschlusskopf zum Einsatz (die Methode war aber mit Sicherheit effektiver als der erste Versuch von 1885, wo die Verriegelung über einen drehbar aufgehängten Block erfolgte, der von der Rückseite des Verschlusses heruntergeklappt wurde und in einer Sperre in der Verschlussführung einrastete). Dieses System wurde von niemandem übernommen – obwohl konventionelle Zylinderverschlussgewehre von Mannlicher ihre Kunden fanden: 1892 in Rumänien und 1895 in den Niederlanden (beide im Kaliber 6,5 mm und mit einer schweren Treibladung, die eine Mündungsgeschwindigkeit von ca. 730

LINKS: **US-Truppen im Häuserkampf in den Argonnen an der Westfront im Jahr 1918. Sie haben das Enfield M1917. Die nächste Generation hätte hier Maschinenpistolen bevorzugt.**

OBEN: **Das von Springfield entwickelte M1903 war das einzige im Land entwickelte Zylinderverschlussgewehr, das an amerikanische Truppen ausgegeben wurde, und das auch nur in geringer Zahl.**

m/s ermöglichte). Ungarn baute nach seiner Unabhängigkeit ein Gewehr mit ähnlichem Mechanismus, und der Name von Mannlicher wird auch oft mit den Gewehren in Verbindung gebracht, die Italien zu jener Zeit und auch danach einführte. Das einzige Merkmal, das tatsächlich auf ihn zurückzuführen war, war aber das Magazin.

Kurz vor dem Ausbruch des Ersten Weltkriegs übernahm Österreich den Mauser-Zylinderverschluss von seinem wichtigsten Alliierten.

Auf der anderen Seite des Atlantiks versuchten sich ebenfalls zwei Konstrukteure am Geradzugverschluss, anfangs sogar mit Erfolg – der eine war James Lee, der andere der Kanadier Charles Ross. Ross ließ sich seinen Geradzugverschluss 1897 patentieren. Er hatte starke Anklänge an Mannlicher – ein Zapfen auf dem Verschluss lief in einer spiralförmigen Führung am Gehäuse und übertrug die Längsbewegung in eine Drehung. Damit wurde der Verriegelungskamm gelöst, der den Verschluss verriegelte. Ross wechselte 1900 zu Verriegelungswarzen, und ein solches Gewehr im Kaliber .303 Enfield wurde 1902 vom kanadischen Miliz- und Verteidigungsministerium (und von der berittenen Polizei im Nordwesten) als Dienstwaffe übernommen. Ross arbeitete hart daran, die Konstruktion zu perfektionieren und kehrte 1910 zum Verriegelungskamm zurück. Das Gewehr wurde zwischen 1900 und 1912 mehrfach in Großbritannien erprobt und jedes Mal abgelehnt, weil es zu zerbrechlich „für den Einsatz mit normal gebauten Männern" erschien. Das kanadische Heer zog 1914 mit dem Ross-Gewehr in den Krieg, stellte aber schon nach einem Jahr fest, dass die Truppe kein Vertrauen in die Waffe hatte (denn viele Soldaten benutzten „organisierte" Lee-Enfield). Eine offizielle Untersuchung ergab, dass es ernsthafte Schwierigkeiten mit dem Ausziehen der oft miserablen Hülsen aus der Massenfertigung gab.

Schlimmer noch, die Sperre im Verschluss verbog die hinterste Verriegelungsschraube, sodass der Mechanismus kaum noch zu schließen war. Das Ross-Gewehr wurde prompt aufgegeben und durch das Lee-Enfield mit kurzem Magazin ersetzt. Viele Gewehre wurden aber nicht eingeschmolzen, sondern verkauft (die kanadische Regierung verkaufte immerhin 20 000 Stück zu Ausbildungszwecken an die US Army), und nicht wenige wurden 1940 an England übergeben, wo sie in der schwierigsten Zeit beim Heimatschutz eingesetzt wurden.

Die wechselhafte Karriere des Ross-Gewehrs war damit längst noch nicht am Ende. Ein Jahr, nachdem es ausgemustert wurde, begann eine Gruppe von Ingenieuren bei der Dominion Rifle Factory in Quebec, wo es hergestellt wurde, zu versuchen, es zu möglichst geringen Kosten in ein leichtes MG umzuwandeln. Sie hatten erkannt, dass der Geradzugmechanismus genauso gut – wenn nicht sogar besser – durch einen simplen Kolben bewegt werden konnte. Der Lauf wurde gekürzt und durchbohrt, um einen Gasregler aufzunehmen. Dazu kamen parallel dazu ein Zylinder und ein Kolben, und dieser gesamte Mechanismus saß in einem Schutzrohr, das nach hinten bis an das Verschlussstück reichte. Die Kolbenstange war über einen simplen Stellring unmittelbar mit dem Kammerstengel verbunden, zum Abbau der überschüssigen Energie diente ein Puffer. Ein Trommelmagazin mit 25 Schuss, ähnlich wie bei John Tagliaferro Thompsons berühmter Maschinenpistole, rundete das Bild ab. Die Waffe wirkte etwas ungeschickt,

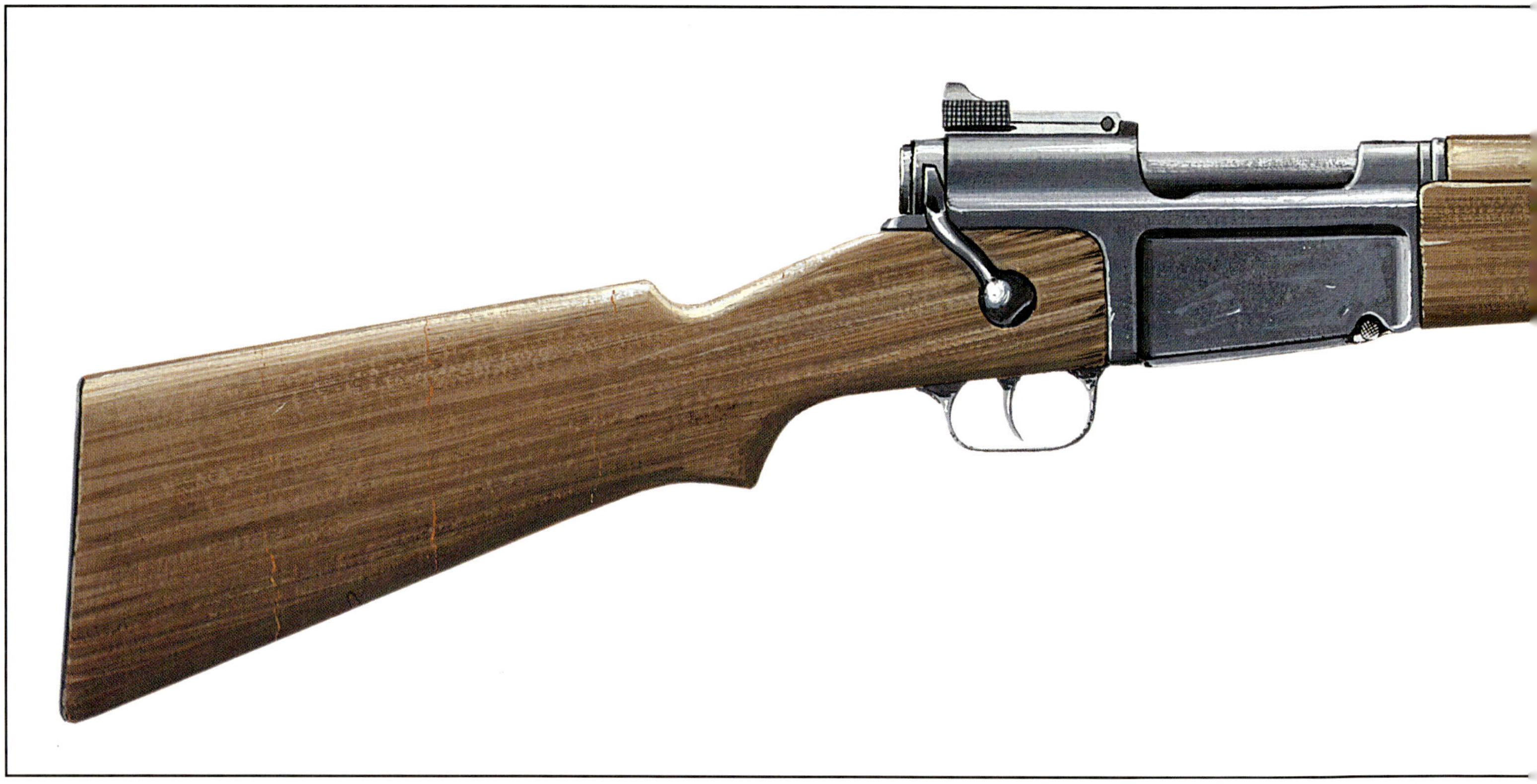

holte 8-mm-Munition ersetzen wollten, deren Form die Verwendung in einer Automatikwaffe nicht zuließ. Zunächst wurde für die neue Munition, die auf der 7,92-mm-Patrone basierte, ein leichtes MG entwickelt, und danach kam das Gewehr. Der Zylinderverschluss des MAS 36 schien das Mauser-System zu kopieren, wenn nicht ein entscheidender Unterschied gewesen wäre: Die zwei Verriegelungswarzen waren hinten am Verschluss angebracht und rasteten in Vertiefungen an der Verschlussbrücke ein, und nicht am Verschlussmund.

So war der Hub des Verschlusses kürzer, wenngleich die Stärke darunter litt. Da die Konstrukteure nicht bereit waren, den Kammerstengel vor die Verriegelungswarzen zu setzen, mussten sie ihn an das äußere Ende des Zylinders anbringen und nach vorn schwenken, um ihn in eine etwas günstigere Position über dem Abzug zu bringen. Das Ergebnis war schwerfällig und unbeliebt.

Wie seine Vorgänger hatte auch das MAS 36 keinen Sicherungsriegel. Sein einziges herausragendes Merkmal ist chronologischer Natur: Es war das letzte neue militärische Zylinderverschlussgewehr, das überhaupt von einem größeren Staat eingeführt wurde. Daneben gab es eine Version mit kürzerem Lauf und klappbarer, hohler Schulterstütze aus Aluminium für Fallschirmspringer. Als im Jahr 1939 der Zweite Weltkrieg in Europa ausbrach, waren alle französischen Infanteriebataillone mit dem MAS 36 ausgerüstet.

DAS MAUSER 88/97

Ganz egal, was auch in den Waffenkammern in aller Welt vor sich ging, die Aufmerksamkeit aller Beobachter gehörte immer noch Oberndorf am Neckar. Auch die Spandauer Gewehrprüfungskommission zählte dazu und erteilte schließlich 1894 Mauser den Auftrag, Verbesserungen am Gewehr 88 vorzunehmen, das völlig in Misskredit geraten war. Mauser überarbeitete einen Verschluss aus dem verbesserten M/93, fügte hinten eine dritte Verriegelungswarze „für alle Fälle“ hinzu, die auch verhinderte, dass Treibgas aus einer aufgerissenen Patrone oder einem durchstoßenen Zündhütchen über die Nut im Verschluss für den Sicherungsabzugsstollen entweichen konnte. Dieser Fall kam leider häufig vor und hatte bereits zu einer Überarbeitung der Patrone 88 und 1895 zur Einführung der 88n/A (neue Art) geführt. Durch eine kleine Modifikation an der Spitze des Schlagbolzens und am Verschluss wurde der Mechanismus bereits bei der ersten Bewegung des Kammerstengels gespannt. Er überarbeitete auch das Magazin und führte seine eigene Version des Laderahmens ein. Auf die persönliche Intervention von Kaiser Wilhelm II. wurde außerdem eine neue Kimme, entwickelt von Oberstleutnant Lange, Direktor der preußischen staatlichen Munitionsfabrik in Spandau, eingeführt. Die Visiere waren im vorangegangenen Jahrzehnt immer wichtiger geworden, weil die Reichweite der Gewehre enorm gesteigert wurde.

Mauser erhielt den Auftrag, 2000 Exemplare der überarbeiteten Waffe zu bauen (in zwei leicht unterschiedlichen Formen, wobei die Art der Befestigung des Mechanismus am Schaft etwas variierte). Im Frühsommer 1895 begannen die Erprobungen mit vier Infanteriebataillonen. Sie wurden zum Erfolg erklärt, und das modifizierte Gewehr wurde als 88/97, allerdings nur in Erfurt und in einer Tagesmenge von 130 Stück, produziert.

Das Gewehr 88/97 diente auch als Versuchsträger für kleinere Patronen als die übliche 7,92-mm-Munition vom Typ 88. Als die neuen „Nitro-Treibmittel“ besser (sie waren ja gerade erst eingeführt worden) und die Mündungsgeschwindigkeiten immer höher wurden, gelangten die Träume der Ballistiker von einer flachen Flugbahn über 1000 m und der damit verbundenen Präzision immer mehr in den Bereich des Wahrscheinlichen, allerdings auf Kosten des Gewichts und des Kalibers. Hier kam es zu Auseinandersetzungen mit den Militärs, die fest davon überzeugt waren, dass nur ein großes Geschoss ernsthafte Verletzungen hervorrufen konnte. Dabei war seit mehr als zwei Jahrhunderten das physikalische Gesetz bekannt, wonach sich die Energie aus

Fusil MAS 36

Kaliber: 7,5 mm x 54
Gewicht: 3,8 kg
Länge: 1020 mm
Lauflänge: 575 mm
Effektive Schussentfernung: über 1000 m
Ausführung: Zylinderverschluss, integriertes Kastenmagazin mit 5 Schuss
Mündungsgeschwindigkeit: 825 m/s
Herstellerland: Frankreich

Masse und Geschwindigkeit ergibt. Trotz aller Widerstände wurden 2000 Gewehre 88/97 im Kaliber 6 mm x 59 gebaut. Die neue Patrone enthielt 2,25 g von Duttenhofers bislang bestem Pulver, den Rottweiler Flocken M91/93 und ein vorne abgerundetes (ogival) 8,7 g schweres Mantelgeschoss, das etwa 32 mm lang war (das 14,7 g schwere Geschoss 88 war gerade einmal einen Millimeter länger) und für eine Mündungsgeschwindigkeit von 800 m/s sorgte – fast 200 m/s mehr als bei der 88n/A. Es wird davon ausgegangen, dass diese Erprobungen der Grund dafür waren, das 7,92-mm-Gewehr 88/97 nicht in großem Stil zu produzieren.

Angesichts der Entscheidung, das größere Kaliber bei der folgenden Generation der deutschen Dienstgewehre einzuführen, ist das eher unwahrscheinlich. Vermutlich lag es ganz einfach an der konservativen Haltung und an der Tatsache, dass noch riesige Mengen der 88er Munition vorhanden waren.

OBEN: **Britische Truppen mit SMLE-Gewehren warten darauf, einen Berg zu nehmen. Ihr Gerät lässt darauf schließen, dass das Bild kurz vor dem Ende des Ersten Weltkriegs aufgenommen wurde.**

MAUSERS TRIUMPH – DAS 98er

Nach dem Reinfall mit dem Gewehr 88 war das preußische Kriegsministerium bei der Auswahl der Nachfolgerwaffe natürlich besonders vorsichtig, obwohl klar war, dass sie eigentlich nur aus Oberndorf kommen konnte. Dabei ist zu berücksichtigen, dass Deutschland zwar 1871 vereinigt wurde, die einzelnen Staaten aber eine gewisse Selbstständigkeit wahren konnten. So hatten sie beispielsweise das Recht, die Waffen für ihre Streitkräfte selbst auszuwählen. Das hätte schnell zum Chaos führen können, was aber zum Glück nicht geschah.

Am 5. April 1898 befahl Kaiser Wilhelm II. die Erprobung eines neuen Gewehrs, nämlich des Modells 98. Wie bereits erwähnt, war es auf die erprobte und bewährte (wenn auch nicht ganz zufriedenstellende Patrone 88n/A im Kaliber 7,92 mm x 57 ausgelegt. Mechanismus und Lauf stammten vom 88/97, d. h. der Verschluss mit drei Verriege-

Lee-Enfield Rifle Number 4, Mark 1

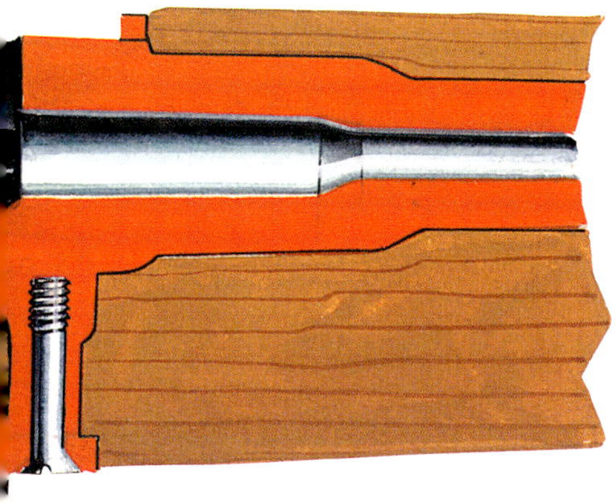

Lee-Enfield Rifle Number 4, Mark 1

Kaliber: .303in (7,7 mm)
Gewicht: 4,2 kg
Länge: 1130 mm
Lauflänge: 640 mm
Effektive Schussentfernung: über 1000 m
Ausführung: Zylinderverschluss, abnehmbares Kastenmagazin mit 10 Schuss
Mündungsgeschwindigkeit: 730 m/s
Herstellerland: Großbritannien

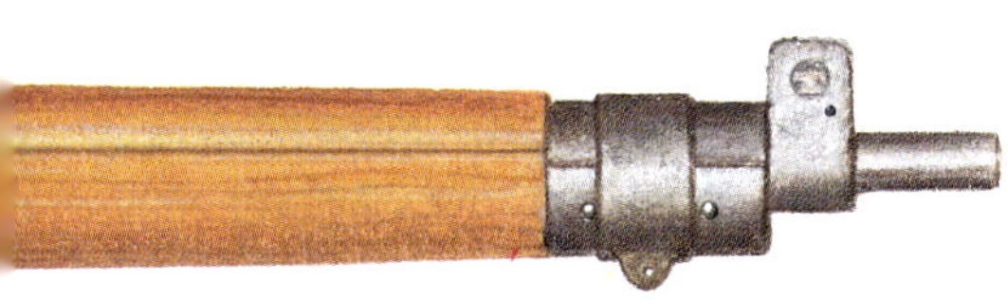

Kaliber: .303in (7,7 mm)
Gewicht: 4,2 kg
Länge: 1130 mm
Lauflänge: 640 mm
Effektive Schussentfernung: über 1000 m
Ausführung: Zylinderverschluss, abnehmbares Kastenmagazin mit 10 Schuss
Mündungsgeschwindigkeit: 730 m/s
Herstellerland: Großbritannien

nierten M/69 nicht wiederholen konnte. Auch die Visiere waren anzupassen. Da die Flugbahn der neuen Patrone so flach war, wurde die kürzeste Entfernung auf 400 m festgelegt und die neuen Visiere entsprechend eingestellt. Das sollte sich als Fehler erweisen, denn bei den vielen Nahkampfgefechten im Krieg musste man Behelfslösungen für die präzise Bekämpfung kleiner Ziele finden. Üblicherweise wurde ein Behelfskorn mit längerem Balken montiert.

ANDERE PATRONEN

Während des Ersten Weltkriegs wurden in Deutschland weitere Versuche mit Munition unternommen, die meisten von Polte in Magdeburg. Er konzentrierte sich auf Spezialmunition für verschiedene Zwecke. Bislang war die Gewehrmunition stets ein massives Geschoss gewesen, zunächst aus Weichblei, später dann aus legiertem, gehärtetem Blei und schließlich sogar als Mantelgeschoss.

Als aber die ersten Panzerungen auf dem Gefechtsfeld erschienen, zunächst als Schilder, später dann auch bei Fahrzeugen, brachte die Durchschlagskraft der neuen Patrone die Forscher um Polte darauf, ein panzerbrechendes Geschoss zu entwickeln. Es wurde eine panzerbrechende 7,92-mm-Patrone für die Gewehre 98 und 88 entwickelt, die als „S mit Kern" bekannt wurde. Dieser Kern bestand aus gehärtetem Wolframstahl mit einem „Bleikleid" und saß in einem vernickelten Stahlmantel (das Blei wurde benötigt, damit die Patrone in die Züge griff). Mit 11,5 g war die Patrone um 20% schwerer als die normale S-Patrone. Da das Projektil neun Millimeter länger war, musste die Treibladung auf 2,9 g reduziert werden. Als Ergebnis kam es zu einer deutlichen Reduzierung der Mündungsgeschwindigkeit auf 815 m/s. Dafür war die Flugbahn der schwereren Patrone auf große Entfernung flacher als die der normalen Munition.

Das war auf einen weiteren Unterschied zwischen den beiden Patronen zurückzuführen: Das neue K-Geschoss war nicht zylindrisch wie das S-Geschoss, sondern zum Ende hin abgeschrägt, ähnlich einem Bootsheck. Auf diese Form war man gekommen, nachdem man Aufnahmen mit Hilfe der Hochgeschwindigkeitsfotografie unter Nutzung der neuesten Technik gemacht hatte. Dabei zeigte sich ein interessantes Phänomen: Bei Überschallgeschwindigkeit war das Spitzgeschoss mit der scharfen Spitze und dem zylindrischen Körper mit eckigem Ende sehr wirksam, denn hier waren die Form der Spitze und die von ihr erzeugten Druckwellen ausschlaggebend. Bei Unterschallgeschwindigkeit hingegen war die Form des Endes wichtiger, da die Druckwellen verschwanden, und die Kugel durch die Wirbel in ihrem Sog beeinflusst wurde, die sie bremsten und sie von ihrem Kurs abbrachten. Das Bootsheck konnte hier Abhilfe schaffen, weil es den Luftwiderstand reduzierte, indem es den Luftstrom hinter dem Geschoss wieder zusammenführte. Ideal wäre die Form eines Regentropfens gewesen, aber so weit ging dann doch kein Forscher. Die Einführung der neuen Form bei dem K-Geschoss sorgte für verblüffende Ergebnisse – bei Entfernungen unter 400 m war das schwerere Geschoss tatsächlich schneller als das leichtere. Daher wurde eine schwerere Version des normalen Stahlmantelgeschosses für mittlere MGs entwickelt und im August 1918, kurz vor Kriegsende, an die deutschen Truppen ausgegeben. Trotzdem sollte es noch bis 1920 dauern, bis diese Art von Munition mehr Verbreitung fand. Die panzerbrechende Munition war höchst effektiv – sie durchbrach viereinhalb Millimeter Chromnickelstahl auf eine Entfernung von 1400 m und war jedenfalls in der Lage, die acht Millimeter dicke Panzerung der ersten britischen Panzer auf kurze und mittlere Entfernung zu durchschlagen.

Daneben wurden andere Arten von Gewehrmunition entwickelt: Brandgeschosse mit Phosphor und Leuchtspurgeschosse für MGs mit einer kleinen Menge Phosphor in einem Hohlraum am hinteren Ende. Bereits 1916 (und nicht nur in Deutschland) wurde das Material der Hülsen vom relativ wertvollen Messing auf Stahl umgestellt. Eine aufgalvanisierte Kupferschicht sollte die Korrosion verhindern. Da es keine Unterschiede in Bezug auf die Leistung gab, konnte sich die Stahlhülse schnell durchsetzen.

ZURÜCK ZUM SPRINGFIELD

Während des Spanisch-Amerikanischen Krieges im Jahr 1898 wurde allen Soldaten der US Army schnell klar, dass ihre .30-40-Krag-Jorgensen-Gewehre hoffnungslos unterlegen waren. Es musste dringend etwas geschehen. Experimente bewiesen, dass die Probleme mit dem unpraktischen Magazin lösbar waren, und dass eine Art Mauser-Kastenmagazin mit einem Laderahmen ohne größere Probleme einführbar wäre. Dann blieb immer noch das Problem mit dem Verriegelungsmechanismus. Es war klar, dass der zum Erreichen einer Mündungsgeschwindigkeit von über 700 m/s erforderliche Druck – man ging von etwa 2700 kg/m^2 aus; die vorhandene Munition erreichte knapp über 600 m/s und baute im Patronenlager einen Druck von 2175 kg/m^2 auf – eine zu hohe Belastung für die einzelne Verriegelungswarze des Krag wäre, sodass die einzige Möglichkeit blieb, ein neues Gewehr einzuführen.

Zunächst musste man sich über die technischen Daten der neuen Patrone einigen und entschied sich dabei für eine .30-Patrone (7,62 mm) mit Rand und einem Weichbleirundgeschoss mit einem kupfervernickelten Stahlmantel.

Sie erreichte eine relativ bescheidene Mündungsgeschwindigkeit von 700 m/s bei einem Gewehr mit einem 762 mm langen Lauf. Das war etwas mehr als bei der vorhandenen Krag-Patrone; sie war auch etwas länger und hatte ein kleines bisschen mehr Pulver. Das zusammen damit entwickelte experimentelle Gewehr war eine Kombination aus dem Krag und dem Mauser M93, mit den „zwei plus eins" Verriegelungswarzen (aber mit der offenen Gehäusebrücke wie beim alten Mauser M/71) und einem nicht abnehmbaren, einreihigen Magazin mit Laderahmen (das unten aus dem Schaft herausragte) sowie der Abzugsgruppe aus dem norwegischen Gewehr.

DAS AMERIKANISCHE M1903

Das Erprobungsmuster war im August 1900 fertig, und die Erprobungen sollten Anfang Oktober beginnen. Sie erstreckten sich über zwei Monate „soweit das Wetter und andere Arbeiten es zuließen", und die daraus resultierenden Empfehlungen bezogen sich auf Verbesserungen an der Patrone und am Magazin: Eine randlose Patrone (gleicher Leistung) wurde gefordert, denn man stellte fest, dass die Munition mit Rand zu Versagern neigte, wenn der Rand der oberen Patrone hinter dem der unteren lag. Die Patronen sollten im Magazin versetzt angeordnet sein, denn so konnte es voll in den Schaft integriert werden, wo es nicht so schnell beschädigt wurde. Die Magazinsperre – beim Original der vom Lee-Enfield nachempfunden: eine flache Platte auf einem senkrechten Stift, die umgeklappt wurde, um das Magazin zu überbrücken und die Patronen herunterzudrücken – wurde ebenfalls kritisiert, hauptsächlich weil das Magazin nicht mit einzelnen Patronen nachgeladen werden konnte, wenn es montiert war. Es wurde angeregt, das System des Schweizer Schmidt-Rubin zu übernehmen, wobei das gesamte Magazin leicht abgesenkt wurde, wenn das Gewehr als einschüssige Waffe benutzt werden sollte.

Die ersten beiden Vorschläge wurden realisiert, der letzte nicht. Allerdings wurde die Sperre völlig umkonstruiert. Wenn sie betätigt wurde, konnte der Verschluss nicht so weit zurückgezogen werden, dass er eine neue Patrone aus dem Magazin hätte ziehen können, eine insgesamt befriedigendere und preisgünstigere Lösung. Gleichzeitig konnte sie auch als Sperre für den Verschluss dienen. Danach wurde auch der Schlitz oben auf der Gehäusebrücke weggelassen, und die Geometrie der „Sicherungswarzen" wurde geändert.

Auf der Grundlage dieser Vorgaben wurden Patronen und insgesamt 100 Gewehre in unterschiedlichen Lauflängen, von 559 bis 762 mm, gebaut. Bei allen beschrieben die Züge auf jeweils 203 mm (und nicht wie früher, auf 254 mm) eine volle Windung. Die Waffen wurden im Februar 1903 an einen Erprobungsausschuss übergeben, bestehend aus einem Kavallerieoffizier und zwei Infanterieoffizieren. Ein Feldzeugoffizier diente als Protokollant und sechs Unteroffiziere führten die Schießversuche durch. Insgesamt verfeuerten sie etwa 10 000 Schuss auf dem Schießplatz Sandy Hook und führten die Gewehre an zehn Standorten der US Army vor. Sie kamen zu dem Schluss, dass der 610-mm-Lauf übernommen werden sollte, zusammen mit einer beim Frankford Arsenal entwickelten Patrone, die die erforderliche Mündungsgeschwindigkeit garantierte. Sie empfahlen auch kleinere Änderungen an den Beschlägen und eine zusätzliche, federbelastete Sicherung. Zwei Gewehre wurden nach diesen Vorgaben gefertigt und dem Infanterieausschuss in Fort Leavenworth sowie dem Kavallerieausschuss in Fort Riley vorgelegt. Beide akzeptierten die Waffe einstimmig. Der Feldzeugmeister, General William Crozier (der sich einen Namen gemacht hatte, als er das beste leichte MG des Ersten Weltkriegs, das Lewis-MG, abgelehnt hatte, und das nur wegen einer persönlichen Feindschaft mit seinem Erfinder, Isaac Newton Lewis) empfahl die Einführung und bereits am 19. Juni 1903, nach einer für damalige Verhältnisse ungewöhnlich kurzen Bearbeitungszeit, genehmigte der Kriegsminister das US-Magazingewehr, Kaliber .30, Modell 1903, zusammen mit der Kugelpatrone, Kaliber .30, Modell

M1917 Enfield (P'14)

Kaliber: .30in (7,62 mm)
Gewicht: 4,35 kg
Länge: 1175 mm
Lauflänge: 660 mm
Effektive Schussentfernung: über 1000 m
Ausführung: Zylinderverschluss, integriertes Kastenmagazin mit 5 Schuss
Mündungsgeschwindigkeit: 855 m/s
Herstellerland: Großbritannien / Vereinigte Staaten von Amerika

1903. Endlich hatte die US Army ein modernes Gewehr.

Das heißt, zumindest sobald die Produktion beginnen konnte … Das neue Gewehr sollte in Springfield gebaut werden. Dort sollten in einer achtstündigen Schicht 225 Stück pro Tag entstehen; weitere 125 Stück sollten aus dem neuen Rock Island Arsenal kommen. Natürlich würde es einige Zeit dauern, bis die Masse der Infanterie- und Kavallerieregimenter mit dem neuen Gewehr ausgerüstet war. Daran änderte sich auch nichts, als im folgenden Monat neue Werkzeuge bestellt wurden, um die Produktion in Springfield auf 400 Stück pro Tag zu erhöhen. Die Massenfertigung begann im November, und bis zum 1. Juli 1904 waren gerade einmal knapp über 30 000 Gewehre gebaut worden.

Die Schießerprobungen wiesen auf einen möglichen Defekt hin. Das sehr heiß verbrennende, stark nitroglyzerinhaltige Treibmittel, das für die Steigerung der Mündungsgeschwindigkeit im kürzeren Lauf erforderlich war, sorgte bei einem Drall von 203 mm für zuviel Verschleiß, sodass weitere Erprobungen durchgeführt wurden, während die Werkzeuge schon in Arbeit waren. Schließlich kehrte man zu den ursprünglichen Werten, d. h. eine Windung auf 254 mm, zurück. Der Verschleiß aber blieb, sodass 1904 die Treibladung reduziert wurde. Die Mündungsgeschwindigkeit fiel dadurch auf 670 m/s. Trotzdem waren bei einem willkürlich ausgewählten Gewehr nach 1000 Schuss die Züge der ersten 50 mm des Laufs völlig verschwunden. Wenn 40 Schuss schnell hintereinander abgefeuert wurden, war der Schaft schon verkohlt. Da waren die Probleme schon abzusehen, zumal im gleichen Jahr bekannt wurde, dass das deutsche Heer eine leichte Spitzkugel mit wesentlich besserer Leistung eingeführt hatte.

Daher wurde eine neue Patrone entwickelt, gefüllt mit 3,04 bis 3,24 g eines stärkeren Treibmittels von DuPont, das bei niedrigeren Temperaturen verbrannte. Dazu kam ein 9,7 g schweres Kupfer-Nickel-Spitzgeschoss mit flachem Boden, das eine Mündungsgeschwindigkeit von 823 m/s und die extreme Reichweite von 3200 m erreichte.

Dank einer wesentlich flacheren Flugbahn und der aufgrund des schlankeren Profils geringeren Seitenwindabweichung war es erheblich präziser als das alte 14,2-g-Rundgeschoss. Am 15. Oktober 1906 wurde die Neuentwicklung als Patrone, Kugel, Kaliber .30, Modell 1906, standardisiert, allgemein bekannt auch als .30-06. Dann fing man an, die Werkzeuge zu überarbeiten, mit denen die Züge des Gewehrs 1903 gearbeitet wurden, und auch die schon vorhandenen Gewehre wurden modifiziert. Dieser Vorgang zog sich aber bis 1909 hin, damit die Restbestände der alten Munition .30-03 verbraucht werden konnten.

Die einzige größere Änderung am Gewehr M1903 war die Einführung eines halben Pistolengriffs an Stelle des zunächst vorgesehenen „englischen“ Schafts. Dies geschah erst 1929, aber vorher gab es einen kurzlebigen Versuch, das Gewehr mit dem so genannten Pedersen-Gerät zum Halbautomaten zu machen (mit der korrekten, aber verwirrenden Bezeichnung US-Automatik-Pistole, Kaliber .30, Modell 1918; siehe unten). Dafür waren einige Änderungen am Gehäuse erforderlich: Die Magazinsperre wurde aufgegeben und in die linke Gehäuseseite wurde eine Auswurföffnung für die verbrauchten Hülsen geschnitten. Zwischen 1918 und 1920 wurden fast 102 000 Gewehre M1903 mit diesen Modifikationen gebaut, danach wurde das Programm jedoch wieder aufgegeben.

DAS PEDERSEN-GERÄT

Das Pedersen-Gerät, entwickelt von John Pedersen, der als Konstrukteur bei Remington in Ilion arbeitete, war das Ergebnis einer völlig verrückten Idee. Ursprünglich stand der Gedanke im Hintergrund, die Überlebensfähigkeit des Infanteriesoldaten zu erhöhen, wenn er im Niemandsland zum Angriff auf gut ausgebaute Verteidigungsstellungen ansetzte. Zu diesem Zweck wollte man einfach die Feuerkraft erhöhen. Hätte er ein halbautomatisches, selbstladendes Gewehr, sagte man sich, könnte er beim Sturmangriff aus der Hüfte feuern und damit, übertrieben ausgedrückt, Feuerschutz geben. Somit wäre es für die Verteidiger viel zu gefährlich, selbst auf der Bildfläche zu erscheinen... Die Theorie hatte ihren Ursprung in Frankreich. In den schweren Tagen des Jahres 1916, als die Verluste jeden Monat bei über 100 000 lagen und sich allmählich Panik ausbreitete, fand jede neue Idee schnell Aufnahme und begeisterte Befürworter.

Pedersen, der selbst keine militärische Erfahrung hatte, gelang es, die führenden Militärs in den USA (kaum zu glauben, aber vielleicht doch verständlich, denn diese hatten ja auch wenig eigene Erfahrung mit „moderner" Kriegsführung) von der Stichhaltigkeit dieser taktischen Variante zu überzeugen. Die Generale waren mit Feuer und Flamme dabei und sprachen sich für Pedersens Gerät aus, mit dem aus dem M1903 in 15 Sekunden ein halbautomatisches Gewehr gemacht werden konnte. Auf der anderen Seite war nämlich völlig klar, dass man nicht jedem Soldaten für den Sturmangriff ein neues Gewehr beschaffen konnte. Pedersens Gerät war ein Rückstoßlader, ähnlich wie die große Masse der damaligen automatischen Selbstladepistolen (und der meisten Maschinenpistolen). Es war so klein, dass es an Stelle des Verschlusses des M1903 eingesetzt werden konnte. Der Lauf ähnelte auf den ersten Blick einer .30-06-Patrone und verfeuerte speziell dafür entwickelte Munition (ähnlich der Pistolenkugel .32in ACP) mit einem 5,2 g schweren Mantelgeschoss und einer Treibladung von 0,23 g. Sie erzielte im Gewehr M1903 eine Mündungsgeschwindigkeit von 395 m/sek; die Energie betrug nur ein Achtel der .30-06-Patrone, trotzdem ging man – hoffnungslos optimistisch – davon aus, dass sie auf 500 m tödlich wirken würde. Das dazugehörige Magazin fasste 40 Schuss. Dabei ragte es um 45 Grad nach rechts aus der umgerüsteten Waffe heraus.

SINNLOSE VERSCHWENDUNG

Für das Gewehr M1903 wurden etwa 65 000 Pedersen-Geräte vom Typ Mark I gebaut. Daneben gab es auch eine Version für das Enfield M1917, das in großer Zahl gebaut wurde, um die unzureichende Zahl an Springfields auszugleichen, als die USA 1917 schließlich in den Krieg eintraten. Es soll angeblich sogar eine Version für das französische M07/15 gegeben haben – eine modifizierte Version des Berthier-Gewehrs, das zunächst an die Regimenter der Kolonialinfanterie ausgegeben wurde und schließlich zum meistbenutzen Gewehr an der Westfront wurde – und für das russische M1891, die beide in geringer Stückzahl bei Remington gebaut, aber nie im Gefecht eingesetzt wurden. Die Geräte wurden zusammen mit den umgebauten Gewehren eingelagert und bis auf wenige Ausnahmen im Jahr 1931 vernichtet (damit sie nicht in die Hände von Gangstern und Kriminellen fielen). Nach anderen Angaben fand die Vernichtung bereits 1924/1925 statt. Die Gewehre erhielten wieder die Magazinsperre (die Auswurföffnung links im Gehäuse konnte man aber nicht mehr schließen) und wurden eingelagert. Immerhin sollte der gleiche taktische Irrweg, der zur Einführung des Pedersen-Geräts führte, auch für die Einführung des Browning-MG, eines der besten leichten MGs seiner Zeit, sorgen. Es wurde bis in die 50er Jahre bei den Kampfeinheiten der US Army eingesetzt.

MAUSER WIRD ENTLOHNT

Das neue US-Dienstgewehr war bis auf den Namen eigentlich ein Mauser. Es schien aber niemandem in der US-Regierung aufgefallen zu sein, dass eventuell Mausers Patente verletzt werden könnten. Erst im März 1904 wandte sich Crozier an die Waffenfabrik Mauser und bat darum, mit deren Patentanwalt die Konstruktion des Laderahmens zu besprechen. Er bekam mehr, als er zunächst erwartet hatte. Man einigte sich nämlich im Juli 1909 darauf, dass die US Army bei der Konstruktion des Laderahmens zwei und beim Gewehr selbst fünf weite-

OBEN: Japanische Soldaten mit dem Arisaka Meiji 38 Jahre bzw. Typ 99 (die beiden sind äußerlich nicht zu unterscheiden) überqueren 1940 eine Behelfsbrücke in China.

re Mauser-Patente verletzt hatte. Im Mai des folgenden Jahres erklärte sich die US-Regierung bereit, Mauser 0,75 Dollar pro Gewehr und 0,50 Dollar pro 1000 Laderahmen zu zahlen, bis zu einem Höchstbetrag von 200 000 Dollar.

Das war längst noch nicht alles. Kaum war die letzte Zahlung erfolgt, als die Deutsche Waffen- und Munitionsfabrik (DWM), wie Ludwig Loewe & Co. inzwischen hieß, eine Klage über die Verletzung des Patents über das Vollmantelgeschoss vorlegte. Die US-Regierung weigerte sich, weil während der Entwicklung durch Mauser auch in den Vereinigten Staaten ein Offizier der US Army namens Farley wichtige Vorarbeiten geleistet hatte.

Am 18. Juli 1914 klagte DWM und forderte eine Lizenzgebühr von einem Dollar pro 1000 Stück für nicht weniger als 250 Millionen Geschosse. Bevor der Fall beim Gericht war, brach aber der Krieg aus, sodass er vertagt wurde. Als die USA 1917 gegen Deutschland in den Krieg zogen, übernahm der Treuhänder für ausländisches Eigentum das Patent, und der Justizminister lehnte die Klage prompt ab. Damit war der Fall aber noch nicht abgeschlossen, denn nach dem Krieg wurde ein Gericht zur Begleichung der Ansprüche deutscher und österreichischer Staatsbürger gegenüber der US-Regierung eingesetzt. Dieses befand, dass zwar die Patentklage grundlos gewesen war, aber die Aneignung des Patents illegal war und erkannte DWM am 2. Juli 1921 einen Schadenersatz in Höhe von 300 000 Dollar zu. Als die Summe schließlich am 31. Dezember 1928 beglichen wurde, waren weitere 112 520,55 Dollar an Zinsen zu entrichten!

DAS „AMERIKANISCHE" ENFIELD

Im Allgemeinen gilt das Springfield '03 als das Gewehr, mit dem die US Army in den Ersten Weltkrieg gezogen ist. Das hat mit der Wahrheit nicht viel zu tun. Viel mehr US-Soldaten – immerhin drei Viertel aller Männer, die nach Europa gingen – waren mit dem in Großbritannien entwickelten US-Gewehr, Kaliber .30, M1917, ausgerüstet als mit dem Springfield. Bei dem 49. US-Regiment wurden alle M1903 eingezogen und durch das Enfield ersetzt.

Dieses Enfield begann seine Karriere als Gewehr, Magazin, .303, Muster 1914, und wurde aus einem Versuchsträger für ein Hochgeschwindigkeitsgewehr im Kaliber .276 (7 mm) mit Mauser-Mechanismus (d. h. mit Verriegelungswarzen vorn am Verschluss) entwickelt, dem so genannten Muster 1913. Dieses war 1913 vom britischen Kriegsministerium zur

UNTEN: Ein japanischer Soldat mit dem Arisaka Typ 99 und langem Bajonett steht in Grundstellung, während seine Offiziere über die Behandlung von Kriegsgefangenen diskutieren.

Ausgabe als Versuchsträger genehmigt worden. Beim Ausbruch des Krieges wurden die Versuche abgebrochen, da die Probleme mit der „heißen“ Patrone sich als unlösbar herausstellten. Sie neigte zur Überhitzung und frühzeitigen Detonation (Selbstentzündung) und führte zu hohem Verschleiß am Lauf. Geplant als Nachfolger für das SMLE, war das Muster 1913 entwickelt worden, weil das Lee-Enfield von allen Seiten in die Kritik geraten war (die einzigen, die nichts daran auszusetzen hatten, waren seine Benutzer, die Soldaten – das sagt eigentlich alles). Sie hielten es für völlig überholt und der Mechanismus galt als wesentlich schlechter als der von Mauser, obwohl Vergleichsprüfungen an der School of Musketry im Jahr 1912 gezeigt hatten, dass die durchschnittliche Feuergeschwindigkeit des 98 bei gezieltem Feuer 14 bis 15 Schuss pro Minute betrug, beim SMLE hingegen 28.

Den absoluten Rekord mit dem SMLE stellte (allerdings erst 1914) ein Schießausbilder namens Snoxall auf, der es schaffte, 38 gezielte Schüsse in der Minute abzugeben. Alle gingen über eine Entfernung von 274 m in den inneren Ring einer 120 cm großen Scheibe. Das ist, ganz gleich unter welchen Bedingungen, eine großartige Leistung! Die Schießfertigkeiten waren in jener Zeit beim britischen Heer generell auf hohem Niveau, sowohl in Bezug auf Schnelligkeit als auch auf Genauigkeit. Die deutschen Truppen, die zum Anfang des Ersten Weltkriegs auf britische Soldaten trafen, dachten oft, sie hätten es mit MGs zu tun; dabei waren es nur gut ausgebildete Männer mit SMLE-Gewehren.

Trotzdem war nach Aussage der Kritiker das SMLE „immer schon schlecht gewesen, mit schlimmen Mängeln behaftet“ und so begann das Kriegsministerium natürlich (zumindest vorgeblich) nach einer Nachfolgerwaffe zu suchen. Das Ergebnis war das P13. Es hatte seine Fehler, aber eine vernünftige Entwicklung (und vielleicht bessere Munition) konnten daraus sicherlich ein brauchbares Gewehr machen. Ob es aber besser werden würde, als das Gewehr, das es ersetzen sollte, war eine ganz andere Frage. Einen Vorteil hatte es allerdings – bei der Entwicklung hatte der Gedanke der Massenproduktion von Anfang an im Vordergrund gestanden, was beim SMLE natürlich nicht der Fall war. Im Jahr 1915, als feststand, dass der Krieg auf keinen Fall „bis Weihnachten“ vorbei sein würde, stellte das Kriegsministerium allmählich fest, dass seine wichtigste Infanteriewaffe langsam knapp wurde.

So erinnerte man sich an das P13, ordnete hastig die Umstellung auf das Kaliber .303 an und suchte einen Hersteller. Man fand ihn schließlich in den Werken der Remington Arms/Union Metallic Cartridge Company in Eddystone, Pennsylvania, und Ilion, New York, sowie bei der Winchester Repeating Arms Company in New Haven, Connecticut. Es sollte aber bis zum Sommer 1916 dauern, bis genügend Gewehre gebaut und nach England verschifft wurden, um sie an die Truppe auszugeben.

Als die britischen Aufträge erfüllt waren, ungefähr zu der Zeit, als die Vereinigten Staaten in den Krieg gegen Deutschland eintraten, wurden die Werkzeuge in den drei Werken auf die Produktion des P14 umgestellt, diesmal für die randlose Patrone .30-06 (die Umstellung war einfach genug, denn man brauchte nur die ursprüngliche Konstruktion, schließlich war das P14 zunächst auf randlose Patronen eingerichtet). Die Produktion lief sofort wieder an, und gebaut wurde das M1917. Zwischen Oktober 1917 und dem 9. November 1918 bauten die drei Werke nicht weniger als 2 193 429 Gewehre M1917. Gleichzeitig wurden in den Arsenalen in Springfield und Rock Island weitere 312 878 der M1903 gebaut. Die Produktion des M1917 lief nach dem Ende des Krieges zunächst weiter. Die Gesamtzahl lag schließlich bei 2 511 834 und weitere Aufträge über 2 321 655 Exemplare wurden storniert. Gegen Ende 1919 stand immer noch nicht fest, welches der beiden Gewehre als Reservematerial in die Depots gehen sollte. Schließlich wurde ein Ausschuss von Infanterieoffizieren einberufen, um diese Frage zu klären. Sie entschieden sich für das Springfield, verlangten allerdings, kurzfristig eine verbesserte Kimme auf dem Gehäuse zu montieren (das Visier saß ursprünglich vor dem Verschlussstück, was die Visierlänge beeinträchtigte und nach der Meinung vieler Experten die Präzision beeinträchtigte). Als Nachfolger sollte dann ein halbautomatisches Gewehr entwickelt werden.

DAS MERKWÜRDIGE THORNEYCROFT

Beim Ausbruch des Ersten Weltkriegs im Sommer 1914 war das militärische Dienstgewehr gewissermaßen standardisiert: Es verschoss eine kleinkalibrige (7–8 mm) spitze Patrone mit einer Mündungsgeschwindigkeit von bis zu 800 m/s und hatte eine wirksame Reichweite von bis zu 1000 Metern. Tödlich war es auf die dreifache Entfernung. Der Mechanismus verfügte über einen Zylinderverschluss, der durch die Drehung eines Hebels um 90 Grad entriegelt wurde, dann nach hinten ging und die Munition aus einem darunter liegenden Kastenmagazin aufnahm. Dieses saß vor dem Abzugsbügel und verfügte über einen abnehmbaren Laderahmen.

Wir haben bereits die vielen erfolglosen Versuche beschrieben, den Zylinderverschluss zu modifizieren oder zu ersetzen. Es gibt aber eine Variante, auf die man näher eingehen sollte, denn sie ist

***UNTEN:* Das Lee-Enfield Nummer 5, allgemein als Dschungelkarabiner bekannt, war einfach eine kürzere Version des Nummer 4. Der kürzere Lauf sorgte für einen gewaltigen und höchst unbeliebten Rückschlag.**

der Vorläufer der kurzen, leichten Waffe, mit der viele Infanteriesoldaten in das 21. Jahrhundert gehen werden.

Der Thorneycroft-Karabiner erschien 1901, und sein Erfinder ließ sich die Idee im Juli des gleichen Jahres patentieren. Es handelte sich im Prinzip um ein konventionelles Zylinderverschlussgewehr mit der Abzugsgruppe und dem Pistolengriff weit vor dem Gehäuse, das zusammen mit dem Magazin in den Schaft integriert war. Der Verschluss lief aus dem Gehäuse in einen Kanal, der in das Holz geschnitzt war.

Dies Gewehr war der Vorläufer der heutigen Bullpups, d. h. des britischen SA-80 (L85A1), des französischen FA-MAS und des österreichischen Steyr AUG wie auch vieler anderer Experimentalwaffen. Die Entwicklung setzte sich mit dem kurzlebigen SREM (Experimentalmodell eines Scharfschützengewehrs) aus dem Jahr 1944 fort.

Bei dieser merkwürdigen Konstruktion wurde der Geradzugverschluss durch das Zurückziehen des Pistolengriffs betätigt. Dies war eine vermeintliche Lösung für ein Problem, auf das die Scharfschützen oft trafen: die Gefahr, ihre Stellung preiszugeben, wenn sie den Verschluss betätigten, um einen zweiten Schuss abzugeben. Ferner gab es die 7-mm-Gewehre EM1 und EM2 (die aber abgelehnt wurden, weil es unmöglich ist, mit einem nur 890 mm langen Gewehr zu „exerzieren") sowie die persönliche Handwaffe im Kaliber 4,85 mm.

Der wahre Vorteil des Thorneycroft lag in seiner Größe und seinem Gewicht – es wog gerade einmal 3,4 kg gegenüber den 3,7 kg des SMLE, und seine Länge betrug 993 mm, wohingegen das SMLE 1132 mm lang war. Dabei hatten beide den gleichen, 635 mm langen Lauf. So wurde das Thorneycroft irrtümlicherweise als Karabiner bekannt. Die School of Musketry führte im Jahr 1902 Erprobungen durch und beschwerte sich über den starken Rückschlag, dabei waren die Länge des Laufs wie auch die Patronen identisch mit denen des gleichzeitig erprobten SMLE. Die Gründe dafür sind schwer nachzuvollziehen; vielleicht lag es daran, dass die vier Züge rechtsdrehend und nicht linksdrehend angeordnet waren. Auch die Bedienung wurde als umständlich empfunden, und mancher Schütze verbrannte sich die Finger an den heißen Patronenhülsen. Diese Fehler blieben auch bei einer verbesserten Version, und so wurde die Erprobung 1903 abgebrochen. Es lässt sich natürlich sagen, dass eine konservative Grundeinstellung dem Gewehr keine Chance gab, aber die Wahrheit liegt wohl darin, dass es nicht viel besser oder überhaupt nicht besser war als das Lee-Enfield. Die Tage des kurzen Bullpup-Gewehrs mit der Abzugsgruppe vor dem Mechanismus waren noch nicht gekommen – was sich aber später ändern sollte.

***OBEN:* Indische Soldaten während des Zweiten Weltkriegs mit dem Lee-Enfield auf Dschungelpatrouille in Südostasien. Viele dieser Gewehre sind auch heute noch in aller Welt im Dienst.**

Kapitel 4

Selbstlader und Sturmgewehre

Seit dem 18. Jahrhundert haben sich die Taktiker darum bemüht, Feuerwaffen massiert einzusetzen und mit dem Feuer eine bewegliche Sperre zu errichten, die den Vormarsch des Feindes aufhalten und seine Soldaten außer Gefecht setzen soll.

Die Messingpatrone ermöglichte die Entwicklung von Repetierwaffen. Diese dienten wiederum als Ausgangspunkt für die Mechanisierung des Verfahrens. Dabei wurden der Rückstoß oder die Treibgase genutzt, um den Mechanismus zu betätigen – das Verschlussstück zu entriegeln und einen Verschluss oder ein Verriegelungsstück rückwärts gegen den Druck einer Feder zu schieben, die abgeschossene Hülse auszuziehen, eine neue Patrone aus dem Magazin zu holen und in das Patronenlager zu bringen, während das Verschlussstück verriegelt und der Mechanismus neu gespannt wird.

Dieses Prinzip wurde erstmals von Hiram Maxim, dem Erfinder des MG, vorgeführt und in einem Patent vom 26. Juni 1883 beschrieben. In seinem Vorwort dazu sagt Maxim: „Meine Erfindung bezieht sich auf Mechanismen, die für Feuerwaffen der Klasse angewandt werden, die gemeinhin als Repetiergewehre oder Magazingewehre bezeichnet werden, zu denen beispielsweise die bekannte Winchester gezählt werden kann. Die besagte Erfindung soll den Rückstoß des Gewehrs oder jeder anderen Waffe mit Hinterladermechanismus ausnutzen, und sie ist so konstruiert, dass beim Abfeuern der Waffe der Rückstoß genügend Energie auf eine oder mehrere Federn überträgt, um den Mechanismus zum Ausziehen der detonierten Hülsen, zum Spannen der Waffe, zum Transportieren der Patronen vom Magazin zum hinteren Ende des Laufs, zum Einschieben in das Patronenlager und zum Schließen des Verschlussstücks zu betätigen."

Es wird oft angenommen, dass Maxim mit seinem ständigen Hinweis auf Gewehre mögliche Konkurrenten um die Entwicklung des MG auf eine falsche Spur bringen wollte. Trotz alledem zeigen die Zeichnungen, die er seiner Patentanmeldung beifügte, eindeutig ein modifiziertes Winchester-Gewehr, und als er im folgenden Jahr einen Gasdrucklader patentieren lassen wollte, handelte es sich wiederum um einen modifizierten Unterhebelrepetierer (diesmal zeigten Maxims Zeichnungen ein modifiziertes Colt-Gewehr, das nie produziert werden sollte, sowie eine Winchester).

VERSCHIEDENE MECHANISMEN

Es lohnt sich, einen kurzen Blick auf die Möglichkeiten zu werfen, mit denen eine halbautomatische oder automatische Waffe (der Unterschied ist nicht sehr groß, normalerweise nur die Konstruktion des Abzugsstücks) erreicht werden kann. Es gibt zwei leicht unterschiedliche Rückstoßsysteme mit verriegeltem Verschluss, normalerweise als kurzer oder langer Rücklauf bezeichnet, die bei der ersten Generation der mittleren und schweren MGs zum Einsatz kamen und die heute in vielen Selbstladepistolen wie auch leichten MGs und Maschinenpistolen und einigen wenigen Sturmgewehren mit Feuerwahl zu finden sind. Das simplere Rückstoßsystem mit zuschießendem Verschluss findet sich in den meisten Maschinenpistolen und den kleinkalibrigen halbautomatischen Pistolen und in einem Sturmgewehr.

LINKS: **Wenn eine kleine Gruppe entschlossener Männer mit leichten MGs oder Selbstladegewehren bewaffnet ist und über eine gute Verteidigungsstellung verfügt, ist ihr ohne den Einsatz von Unterstützungswaffen kaum beizukommen.**

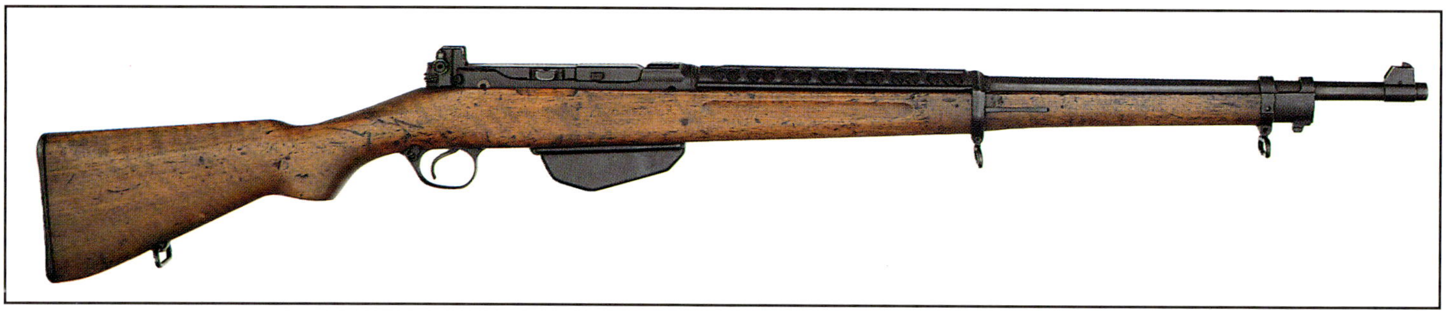

OBEN: **Das halbautomatische Gewehr von John Pedersen arbeitete mit einem verzögerten Masseverschluss, der der Munition des Gewehrs nicht gewachsen war.**

Daneben gibt es Gasdrucklader, zu denen heute die meisten Mehrzweck-MGs und halbautomatischen Gewehre zählen. Einige dieser Systeme haben eine gewisse Bedeutung erlangt, andere sind nur von theoretischem Interesse, weil sie in Gewehren ausprobiert wurden und die in sie gesetzten Erwartungen nicht erfüllten.

DER KURZE RÜCKLAUF

Beim kurzen Rücklauf werden Lauf und Verschlussblock der Waffe miteinander verriegelt und zusammen ein Stück (normalerweise weniger als einen Zentimeter) nach hinten geschoben. Durch die Verzögerung sinkt der Druck auf ein Maß ab, das es ermöglicht, den Verschlussblock zu öffnen, ohne dass die Hülse platzt. Der Lauf bleibt nun stehen und der Verschlussblock läuft weiter. Eine Ausziehvorrichtung nimmt dabei die abgefeuerte Patronenhülse mit und wirft sie durch die Auswurföffnung aus. Gleichzeitig spannt der Verschlussblock eine Feder, die seine Bewegung anhält und umkehrt, sobald das Gleichgewicht der Kräfte – an dem die gespeicherte oder potenzielle Energie größer ist als die kinetische Energie der Bewegung – erreicht ist. Dabei wird der Mechanismus wieder gespannt und eine neue Patrone in das Patronenlager geführt bevor der Verschlussblock wieder verriegelt wird.

UNTEN: **Zwei Kämpfer der US Army – die Gefreiten Edward Gromowski (links) und Chester Gustafson – mit den Waffen, die ihnen so viel Kampfkraft verliehen: das M1 Garand und das ältere BAR.**

DER LANGE RÜCKLAUF

Der lange Rücklauf unterscheidet sich nur unwesentlich. Lauf und Verschlussblock werden zusammen in verriegeltem Zustand um mehr als eine Patronenlänge nach hinten geschoben. Die zwei werden dann entriegelt, eine Rückholfeder schiebt den Lauf nach vorn in die Ausgangslage, während ein Auszieher am Stoßboden des Verschlussblocks die leere Hülse entfernt und der Auswerfer sie auswirft. Mit der nun folgenden Vorwärtsbewegung des Verschlussblocks wird der Mechanismus wieder gespannt und eine neue Patrone in das Patronenlager geführt, bevor der Verschlussblock wieder verriegelt wird.

DER MASSEVERSCHLUSS

Das einfachste aller Systeme wird als Masseverschluss bezeichnet. Hier wird der Verschlussblock allein durch den Druck einer Feder mit dem Lauf verbunden, ohne auf Verriegelungswarzen oder andere Einrichtungen zurückzugreifen. Wenn die Patrone abgefeuert wird, bleibt der Verschlussblock solange geschlossen, bis der Gasdruck stärker ist als der der Feder. Dann geht er nach hinten und setzt den Mechanismus auf die gleiche Art in Gang wie bei einer unverriegelten, zu schließenden Waffe. Diese Lösung ist natürlich technisch weniger aufwendig und daher preisgünstiger und einfacher herzustellen und zu warten. Massever-

schlüsse werden manchmal durch künstlich erzeugte Reibung oder einen mechanischen Widerstand verzögert, der überwunden werden muss, ehe der Mechanismus wieder gespannt wird.

GASDRUCKLADER

Bei den einfachen Gasdruckladern wird das Treibgas an einem Punkt in der Nähe der Mündung aus dem Lauf abgezapft (der genaue Abstand zwischen der Gasbohrung und der Mündung bestimmt, wieviel Gas für den Mechanismus gebraucht wird; es gibt aber auch andere Möglichkeiten dafür; außerdem hat er Einfluss auf viele Faktoren hinsichtlich der Konstruktion des Gasabnahmesystems) und wirkt normalerweise auf einen Kolben in einem Zylinder über, unter oder neben dem Lauf.

Dieser wird nach hinten geschoben und spannt dabei den Mechanismus (in neueren Waffen wirkt er direkt auf den Verschlussträger). Dabei kann die Bewegung mit den Mitteln eines Rückstoßladers, d. h. mit einem Verriegelungsmechanismus, der vor dem Beginn des Zyklus zu entriegeln ist, verzögert werden, oder aber man greift auf eine künstlich erzeugte Reibung oder einen mechanischen Widerstand zurück.

DIE ERSTEN SELBSTLADEGEWEHRE

Wenn man sich die unterschiedlichen Größen von Gewehren und Pistolen vor Augen führt, ist es verwunderlich, dass die erste Selbstladewaffe eine Pistole war. Borchardts Selbstladepistole von 1893 war bereits drei Jahre auf dem Markt, als das erste Selbstladegewehr erschien. Als es so weit war, kam es zur Überraschung aller aus Dänemark, kurz darauf gefolgt von einer Waffe aus Mexiko.

Søren H. Bang war mehr Erfinder als Büchsenmacher, und er baute auf der Arbeit eines anderen Erfinders auf: er benutzte nämlich eine Variante des Gasdruckladers, den Hiram Maxim sich 1884 hatte patentieren lassen. (Maxim wollte damit nur Konkurrenten abschrecken; er baute selbst nie einen Gasdrucklader. Als Browning 11 Jahre später eine solche Waffe baute, gab er sich alle Mühe zu verdecken, dass sein Mechanismus auf dem Maxim-Patent basierte. Die Täuschung gelang.) Bang benutzte eine durchbohrte umgekehrte Mündungskappe, durch die das Geschoss flog und auf die ein Teil des Treibgases wirkte. Die Kappe und eine damit verbundene Führungsstange wurden nach vorn geschoben. Über einen zweiten Hebel, bedient über einen Kipphebel, wurde die Bewegung umgekehrt, entriegelte den Verschlussblock und schob ihn zurück. Durch eine Rückholfeder wurde der Mechanismus vervollständigt. Bangs System funktionierte, wenn auch nicht perfekt. Das Problem bestand darin, dass der Mechanismus möglichst leicht funktionieren, aber trotzdem robust genug sein musste. Bang und andere blieben bis nach dem Ersten Weltkrieg bei diesem System. Das Grundprinzip, wenn auch beträchtlich modifiziert, sollte 1941 noch einmal auftauchen. Mauser und Walther versuchten, es auf Selbstladegewehre anzuwenden, allerdings ohne großen Erfolg, wie noch zu sehen sein wird. Selbstladegewehre nach dem Bang-System wurden 1896 als erste Dienstwaffe dieser Art überhaupt bei der dänischen Marineinfanterie eingeführt.

DAS MONDRAGON M1908

Etwas eher hatte der mexikanische Artillerieoffizier Manuel Mondragon Experimente mit einem Selbstladegewehr durchgeführt, wobei er das Treibgas mit Hilfe einer 1 mm starken Bohrung etwa 165 mm vor der Mündung aus dem Lauf abzapfte. In der kurzen Zeit, in der die Kugel von dieser Bohrung zur Mündung fliegt, fließen Gase mit extrem hohem Druck (normalerweise über 3000 atm, je nach Treibladung) durch die Bohrung in einen Zylinder unter dem Lauf, wobei sie auf einen Kolben wirken. Dieser wird zurückgeschoben und drückt eine Feder zusammen, die um seinen Schaft gewickelt ist, entriegelt den Verschluss und schiebt ihn zurück. Diese Längsbewegung wird über eine Reihe spiralförmiger Nuten am Verschluss, die auf ovale Zapfen am Kammerstengel rechts am Gehäuse wirken, in eine Drehbewegung umgesetzt. Durch die Rückwärtsbewegung des Verschlusses wird die Hülse ausgezogen und der Mechanismus gespannt. Sobald er nach vorn läuft, nimmt er eine neue Patrone mit und führt sie in den Ladungsraum. Um den Kolben so wirksam wie möglich arbeiten zu lassen, hatte er drei kupferne Dichtringe am Kopf. Als Sicherung sah Mondragon nicht weniger als sieben Verriegelungswarzen vor, drei vorn am Verschlussblock und vier hinten.

Da es in ganz Mexiko keinen Hersteller gab, der ein so aufwendiges Produkt in den geforderten Toleranzen bauen konnte, wandte sich Mondragon – mit der begeisterten Zustimmung von Präsident Porfirio Diaz, der beweisen wollte, dass Mexiko zumindest gute Konstrukteure hatte – an einen Schweizer Hersteller, die Schweizerische Industrie-Gesellschaft in

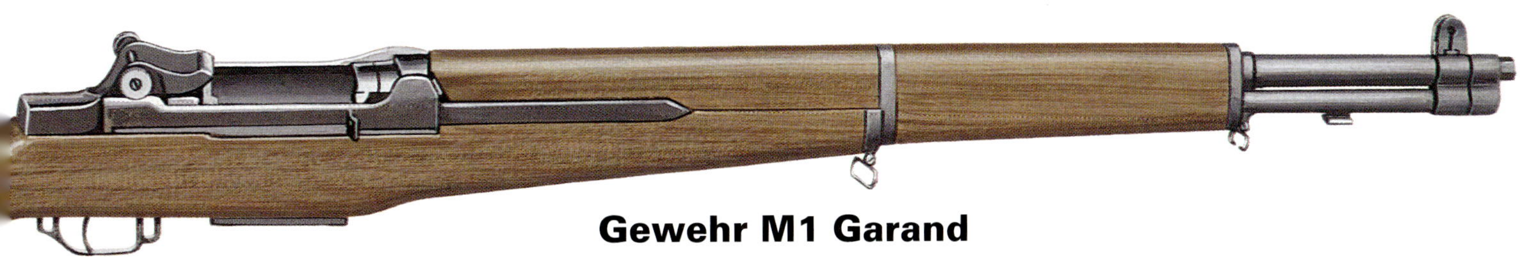

Gewehr M1 Garand

Kaliber: .30 (7,62 mm)
Gewicht: 4,35 kg
Länge: 1105 mm
Lauflänge: 610 mm
Effektive Schussentfernung: über 500 m
Ausführung: Gasdrucklader, integriertes Kastenmagazin mit 8 Schuss
Mündungsgeschwindigkeit: 855 m/s
Herstellerland: Vereinigte Staaten von Amerika

OBEN: **Die US-Soldaten und -Marines wie dieser Mann trugen im Zweiten Weltkrieg ausschließlich Selbstlader. Dabei setzten sie auf die schiere Feuerkraft über kurze und mittlere Entfernungen.**

Neuhausen am Rheinfall, besser bekannt als SIG, und bestellte 1893 50 Gewehre im Kaliber 6,5 mm sowie weitere 200 Stück im folgenden Jahr.

Die zweite Bestellung bezog sich auf Gewehre mit einer absolut seltenen Patrone: Rubin hatte sie im Kaliber 5,2 mm x 68 entwickelt und mit einem Kragen oder Treibspiegel versehen. Diese Idee tauchte zunächst bei der Artillerie auf und blieb dort immer wieder ein Thema. Bei Handwaffen wurde sie erst in den letzten Jahren unseres Jahrhunderts wieder aktuell. Da Mondragon mit der Schweizer Patrone nicht zufrieden war, versuchte er es mit anderen Kalibern, von .30-30 WCF über 7 mm x 57 bis hin zu 7,5 mm x 54 Schweizer Ordenanz, bis er sich schließlich auf 7 mm festlegte (allerdings in einer anderen Form als die Mauser Patrone für das M/93 und mit dieser nicht austauschbar).

In einem Anflug von Patriotismus (mehr steckte wohl nicht dahinter) führte das mexikanische Heer das Gewehr unter der wohlklingenden Bezeichnung Fusil Porfirio Diaz Systema Mondragon, Modelo 1908 ein und bestellte 4000 Stück in Neuhausen. Bis 1911 waren 400 Stück zu einem Preis von 160 Franken ausgeliefert (ungefähr der dreifache Preis eines konventionellen Repetiergewehrs), als die Mexikaner ihren Irrtum erkannten und keine weiteren Waffen abnahmen. SIG hatte nun noch 1000 fertige Gewehre auf Lager, die wohl niemand haben wollte. Die Firma baute zusätzliche Möglichkeiten ein, so die Möglichkeit, den Selbstlademechanismus völlig abzuschalten und die Waffe so als normales Repetiergewehr mit Geradzugverschluss zu betreiben, und – das genaue Gegenteil davon – eine Vollautomatik, wobei es mit einem dürftigen Zweibein und einem 20-Schuss-Magazin ausgestattet werden konnte (serienmäßig war ein Magazin mit acht Schuss). SIG schrieb unter anderem die Kriegsministerien in Berlin, London und Washington an, hatte aber keinen Erfolg.

Im Jahr 1915 stellte das deutsche Heer dann fest, dass es eine flexiblere Waffe brauchte – zwischen dem Gewehr 98 einerseits und dem schweren MG08 andererseits – um die noch junge Luftwaffe auszurüsten (zu dieser Zeit existierte der von Anton Fokker entwickelte Unterbrechermechanismus noch nicht, der es ermöglichte, ein fest installiertes MG durch den Propellerkreis schießen zu lassen). Da erinnerte sich jemand an die von SIG angebotenen Mondragons, und

die gesamten Bestände wurden aufgekauft (zur Freude und Überraschung der Schweizer). Dazu wurde eine Variante des viel zu komplizierten Schneckenmagazins von Tatarek und von Benkö entwickelt, wie sie auch bei der „Artillerieversion" der Luger-Pistole P08 (und später bei der Bergmann-Maschinenpistole MP18/I, der ersten Waffe dieser Art) zum Einsatz kam. Die Kapazität lag nun bei 30 Schuss der Mauser-Patrone 7 mm x 57. Die so modifizierte Waffe wurde als Flieger-Selbstladekarabiner Modell 1915 (obwohl sie eigentlich erst 1917 fertig war) an die Flugzeugbesatzungen ausgegeben mit der Auflage, dass jede Waffe vor und nach jedem Einsatz durch einen erfahrenen Waffenmeister zu prüfen sei (selbst dann kam es noch häufig zu Versagern). Der Mondragon-Selbstlader war kein Erfolg, aber das Grundprinzip war vernünftig, und das System, das Treibgas in der Nähe der Mündung abzuzapfen und damit einen Kolben zu betreiben, der wiederum den Mechanismus in Gang setzte, wurde oft kopiert.

DAS CEI-RIGOTTI

Ein italienischer Infanterieoffizier namens Cei-Rigotti war der erste (obwohl es durchaus möglich ist, dass er von selbst auf die Idee kam) und baute ebenfalls einen Gasdrucklader mit Feuerwahl, diesmal im Kaliber 6,5 mm x 52 M95, das auch beim Dienstgewehr Carcano-Mannlicher benutzt wurde.

RECHTS: **Einer der Nachteile der Gasdrucklader, wie hier das Garand, liegt darin, dass sie ständig gepflegt werden müssen, wie die Elitetruppe der Merrill's Marauders hier vorführt.**

Karabiner M1

Kaliber: .30 (7,62 mm)
Gewicht: 2,5 kg
Länge: 905 mm
Lauflänge: 455 mm
Effektive Schussentfernung: ca. 300 m
Ausführung: Gasdrucklader, abnehmbares Kastenmagazin mit 5, 10, 15 oder 30 Schuss
Mündungsgeschwindigkeit: 595 m/s
Herstellerland: Vereinigte Staaten von Amerika

Das Gas wurde über eine Öffnung in der Mitte des Laufs abgezapft, wirkte auf einen Kolben in einem kurzen Zylinder, der als Mitnehmer über eine lange Stange rechts am Lauf auf den Verschluss wirkte. Bei der Rückwärtsbewegung wurde eine Feder zusammengedrückt und der Verschluss über einen Zapfen, der in einem spiralförmigen Schlitz lief, entriegelt. Er spannte den Mechanismus, ging wieder nach vorn, lud eine neue Patrone und verriegelte den Mechanismus wieder. Die Munition befand sich in abnehmbaren Kastenmagazinen mit 10, 20 oder 50 Schuss, die ganz konventionell unter dem Mechanismus und vor dem Abzugsbügel saßen. Mit einem einfachen Schalter konnte man zwischen Halb- und Vollautomatik wählen.

Bei all seinen Fehlern (die hauptsächlich auf die unzuverlässige Munition zurückzuführen waren; kleinere Fehler hätte man durch Weiterentwicklung beseitigen können) handelte es sich beim Fucile Mitragliatrice Cei-Rigotti schließlich um das erste Beispiel einer Gattung, die wir heute als Sturmgewehr mit Feuerwahl bezeichnen. Obwohl der Hauptersteller Officine Glisente sich der Entwicklung annahm, wurde nichts daraus. Einzelne Elemente tauchten aber später bei anderen Waffen auf.

SCHON WIEDER MAUSER

Paul Mauser brachte seine erste halbautomatische Waffe im Jahr 1894 (um genau zu sein, wurde sie von einer Gruppe Angestellter unter der Führung der drei Brüder Feederle entwickelt). Es handelte sich um eine Pistole, die als Mauser-Selbstladepistole Model C 96 bekannt wurde und sich einen Ruf als eine der besten Handfeuerwaffen überhaupt erwarb.

Die Pistole C96 wurde erstmals am 15. März 1896 abgefeuert. Paul Mauser selbst führte die neue Waffe Kaiser Wilhelm II. am 20. August in Charlottenburg vor. Der Kaiser fragte sofort, wie lange er bräuchte, um ein Gewehr dieser Art zu bauen, und Mauser antwortete: „Vielleicht fünf Jahre". Es sollte dann aber dreimal so lange dauern, bis der Selbstladekarabiner Mauser erschien, und selbst dann war das Ergebnis alles andere als vollkommen, hauptsächlich deshalb, weil Mauser sich auf altbekannte und bewährte Methoden stützte und nichts neu entwickelte.

Trotz seiner großen Erfolge war Mauser sicherlich kein Genie. Selbst seine eifrigsten Befürworter geben zu, dass sein Fortschritt eher auf seine Hartnäckigkeit denn auf geniale Eingebungen zurückzuführen war. Die Entwicklung seines Selbstladegewehrs war hier keine Ausnahme, nur dummerweise ging er von einem unbrauchbaren Ausgangspunkt aus und fand keinen Ausweg.

***RECHTS:* Die Carl Walther Waffenfabrik entwickelte das Gewehr 43, das in der Regel als Scharfschützengewehr eingesetzt wurde. Dazu erhielt es eine Schwalbenschwanzhalterung für das Zielfernrohr ZF 4.**

WAFFE 1: Das Gewehr 41(M) von Mauser – davon wurden nur 20 000 Stück gebaut.

WAFFE 2: Das Gewehr 41(W) von Walther – erfolgreicher, aber auch mit Mängeln behaftet.

WAFFE 3: Das Gewehr 43 von Walther. Gesamtproduktion: 500 000 Stück.

WAFFE 4: Das 98/40 aus Ungarn.

WAFFE 5: Der tschechische vz/24 Karabiner – das Vorbild für die Umwandlung des Mauser-Gewehrs 98 zum K 98k.

WAFFE 6: Das tschechische vz/24 Gewehr.

WAFFE 7: Der in Brünn entwickelte, aber von den Deutschen gebaute Karabiner 33/40.

WAFFE 8: Der originale K 98k – zur Zeit des Angriffs auf Polen immer noch das meistverbreitete deutsche Gewehr.

WAFFE 9: Die MP38/40 von ERMA (fälschlicherweise als „Schmeisser" bezeichnet – sein Einfluss ist aber sichtbar).

WAFFE 10: Die MP35 von Bergmann.

WAFFE 11: Das Gewehr 44 – eine Mischung aus verschiedenen Konstruktionselementen. Darunter der alternativ einsetzbare Winkellauf.

DER SELBSTLADEKARABINER

Mausers erster Fehler – den er nie beseitigte, obwohl sein Prinzip schließlich funktionierte – war die Festlegung auf einen Rückstoßlader mit verriegeltem Verschluss.

Sein zweiter Fehler, dem er zehn Jahre treu blieb, war die Übernahme des Mechanismus aus der Pistole C96, d. h. der Lauf des Selbstladegewehrs musste sich frei im Schaft bewegen können.

RECHTS: **Dieser Soldat trägt eines der letzten Gewehre mit einem Schraubgewinde für einen Granatwerfer an der Mündung.**

OBEN: **Die Sturmtruppen der Wehrmacht waren auch mit Flammenwerfern ausgerüstet. Der Bediener war schutzlos und erhielt deshalb Feuerschutz von einem Kameraden, welcher mit einem Gewehr 44 ausgerüstet war.**

OBEN: **Das Sturmgewehr 44 hatte mit Schwierigkeiten zu kämpfen. Ranghohe Offiziere der Wehrmacht wollten seine Einführung verhindern, weil die Munition nicht zu den anderen Handfeuerwaffen passte.**

Zweifellos muss Mauser das Prinzip des Gasdruckladers gekannt haben (vielleicht sogar die Gewehre von Mondragon und Bang), aber er lehnte es von vornherein ab, weil er glaubte, dass das Bang-System nicht funktionieren konnte.

Der Idee, ein Loch in den Lauf zu bohren, um das Treibgas abzuzapfen, misstraute er völlig. Er soll gesagt haben, dass die Öffnung bei längerer Nutzung verbrennen würde, aber es ist nicht bekannt, dass er jemals längere Versuche zur Überprüfung dieser Theorie durchgeführt hätte. Die inzwischen gemachten Erfahrungen zeigen freilich, dass er Unrecht hatte. Andere glaubten, dass die Bohrung die Mündungsgeschwindigkeit reduzieren würde, was lediglich beweist, dass sie von den physikalischen Gesetzen und der Leistungsfähigkeit moderner Patronen nichts verstanden. Mausers ablehnende Haltung gegenüber der Bohrung im Lauf sollte das Denken in Deutschland noch lange beeinflussen – selbst als im Jahr 1940 die Entwicklung eines Selbstladegewehrs dringend anstand, bestimmte die Abteilung Waffenkonstruktion im Kriegsministerium, dass der Lauf der Waffe nicht durchbohrt werden durfte, um Treibgas abzuzapfen. Es gab drei gescheiterte Versuche, einen Gasdrucklader zu bauen, und alle benutzten das Bang-System, wobei das Treibgas an der Mündung abgezapft wurde. Schließlich gaben die maßgeblichen Stellen nach und ermöglichten zwei der besten Waffen aus der Zeit des Zweiten Weltkriegs: das FG42 und das Gewehr 44, die Vorgänger der modernen Sturmgewehre, obwohl die von Hitler bestimmte, erste Bezeichnung als MP 43/44 irreführend ist (es war mit Sicherheit keine Maschinenpistole).

Kehren wir zu Paul Mauser zurück: Zwischen 1898 und 1908 entwickelte er Dutzende von Selbstladegewehren mit

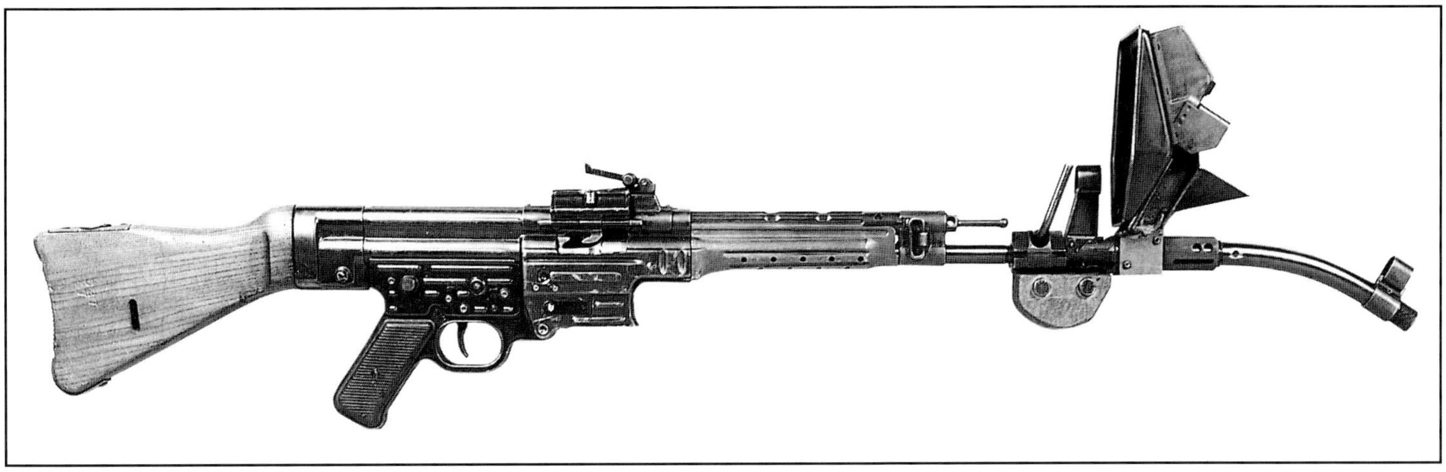

beweglichen Läufen, bevor er feststellen musste, dass das System zu groß und zu schwer für einen Soldaten im Feld werden würde.

Im Jahr 1909, inzwischen 71 Jahre alt (er wird wohl nur noch Betriebsleiter gewesen sein, und seine Angestellten, insbesondere die Brüder Feederle, kümmerten sich um die Entwicklung), baute er erstmals eine Konstruktion mit starrem Lauf. Er stützte sich auf eine Verriegelung, die der Schwede Friberg zwei Jahr zehnte zuvor entwickelt und die Rudolph Kjellmann im Jahr 1907 bei seinem erfolglosen MG eingesetzt hatte. Der Verschlussblock wurde durch zwei Hebel oder Klappen rechts und links hinten am Gehäuse in Feuerstellung verriegelt. Sie saßen so an senkrechten Stiften, dass sie, wenn die hinteren Enden nach außen in Vertiefungen am Gehäuse gedrückt wurden, mit den vorderen Enden hinter dem Verschlussblock zusammentrafen und diesen verriegelten. Durch die Rückwärtsbewegung des Schlagbolzenträgers wurden sie vorn herausgedrückt, sodass der Verschlussblock zwischen ihnen nach hinten laufen konnte, geführt durch eine lange Stange, die durch ihn hindurchlief und die Rückholfeder zurückhielt, sobald der Gasdruck auf einen sicheren Wert abgefallen war. Bei der Vorwärtsbewegung nahm der Verschlussblock eine neue Patrone auf, lud sie und wurde dann wieder in Feuerstellung verriegelt, wenn die Klappen gespreizt wurden.

Dieser Mechanismus machte seinen Weg in den Selbstladekarabiner, der in geringer Zahl für die 7,92-mm-Patrone 88S gebaut wurde. Die Aufzeichnungen sind verloren gegangen, aber es dürften nicht mehr als 2000 Stück gewesen sein, die 1916 und 1917 an die Besatzungen von Flugzeugen und Luftschiffen ausgegeben wurden. Das gleiche System findet sich auch in einer eher dürftigen Mauser-Pistole und dem mäßig erfolgreichen Walther-Gewehr 41(W). Weite Verbreitung fand es aber erst beim sowjetischen leichten MG Degtjarew, das 1928 eingeführt wurde und bis in die 50er Jahre bei den Kampftruppen der Roten Armee eingesetzt wurde. Das System war ja an sich nicht schlecht, nur eben für leichte Waffen nicht so gut geeignet. Der Karabiner wurde nie in großer Zahl an die Bodentruppen ausgegeben, weil das Laden sehr kompliziert war und es einfach nicht möglich war, den empfindlichen Mechanismus und die Patronen so sauber zu halten, dass er auch zuverlässig funktionierte. Beide mussten eingefettet werden, weil es ansonsten nicht möglich war, die verbrauchten Hülsen der zu starken S-Patrone auszuziehen, die oft verbogen oder zerrissen waren. Dieses Problem tauchte auch bei anderen Systemen auf und wurde schließlich durch die Entwicklung schwächerer Munition gelöst. Es gab aber auch eine Alternative: Rillen oder Nuten in den Wänden des Patronenlagers. Diese Methode wurde vermutlich bei einem ansonsten eher unauffälligen leichten MG eingeführt, das Giovanni Agnelli vor dem Ersten Weltkrieg in Italien baute. Die Waffenfabrik Mauser benutzte es bei ihrem späteren Selbstladegewehr, dem sogenannten „Gerät 45". Am Ende des Krieges wurde die Entwicklung von Selbstladegewehren in Deutschland eingestellt und erst ein Jahrzehnt später wieder aufgenommen. Bis dahin waren in aller Welt schon viele brauchbare Selbstladegewehre gebaut worden.

ANDERE SELBSTLADEGEWEHRE AUS DEM ERSTEN WELTKRIEG

Zwei weitere Teilnehmer am Ersten Weltkrieg, Frankreich und Russland, bauten während dieser Zeit mehr oder weniger brauchbare Selbstladegewehre. Die Vereinigten Staaten bauten eine Waffe, die sogar sehr lange im Dienst bleiben sollte, allerdings eher in der Rolle eines leichten MG als in der eines Sturmgewehrs. Die russische Waffe erschien zuerst, im Jahr 1916. Der Konstrukteur Wladimir Fjodora war eine der treibenden Kräfte der russischen Waffenentwicklung in den ersten 15 Jahren des 20. Jahrhunderts, aber es gelang auch ihm nicht, ein Selbstladegewehr für die 1891 eingeführte 7,62-mm-Patrone mit Rand zu bauen.

Schließlich gab er auf und baute eine Waffe für die leichtere Patrone 6,5 mm x 50, die die Japaner für ihr Arisaka-Gewehr entwickelt hatten. Zu jener Zeit wurden in Russland mehrere Waffen für diese Patrone entwickelt; die Gründe dafür sind nicht mehr nachvollziehbar. Sie basierte auf dem Prinzip des kurzen Rücklaufs und war daher ziemlich schwer (knapp unter 4,5 kg). Mit dem vorderen Pistolengriff und dem Magazin für 25 Schuss sah sie eher aus wie eine frühe Maschinenpistole und konnte dank ihres Umschalthebels sogar als solche benutzt werden. Diese Mehrzweckfunktion findet sich auch bei späteren sowjetischen Sturmgewehren. Das Awtomatitscheskaja Wintowka (Automatikgewehr) Sistemij Fjodorowa obr 1916 wurde bis zur Revolution im Oktober 1917 bei der staatlichen Waffenfabrik in Sestroresk gebaut. Die Produktion wurde 1919 wieder aufgenommen und lief 1924 aus.

MODÈLE 1917 – SAINT ETIENNE

Die Franzosen hatten das gleiche Problem wie Fjodora mit ihrer Patrone M86 8 mm x 50R, ebenfalls mit Rand, die für das Lebel-Gewehr entwickelt worden

OBEN: **Der Winkellauf mit seinem Spiegelvisier diente Panzergrenadieren zum Schießen aus der Deckung und wurde im Häuserkampf eingesetzt.**

Maschinenpistole MP43/ Sturmgewehr StG44

Kaliber: 7,92 mm x 33
Gewicht: 5,1 kg
Länge: 940 mm
Lauflänge: 420 mm
Effektive Schussentfernung: ca. 500 m
Ausführung: Gasdrucklader mit abnehmbarem Kastenmagazin mit 30 Schuss, wahlweise Feuerstoß
Mündungsgeschwindigkeit: 550 m/s
Herstellerland: Deutschland

war. Die militärische Führung verweigerte aber eine ähnliche Lösung. Als dann die unausgegorene Doktrin einer eigenständigen Infanterietruppe mit Selbstladewaffen sich 1916 durchsetzte, hatten die Franzosen kaum Waffen, um sie in die Praxis umzusetzen. Eigentlich kam nur eine Waffe in Frage – das Fusil Mitrailleur RSC.

Das Kürzel bezog sich auf die drei Mitglieder des genehmigenden Ausschusses: Ribeyrolle, Suterre und Chauchat. Die drei waren ein Jahr zuvor unter Einbeziehung eines vierten Offiziers mit dem schönen Namen Gladiator dafür verantwortlich gewesen, dass Frankreich das schlechteste leichte MG aller Zeiten erhielt. „Schlecht verarbeitet, aus minderwertigem Material und abscheulich konstruiert", so ist es in einer Geschichte des MG zu lesen. Dass die US Army 1917 mit dieser Waffe in den Krieg zog, ist der persönlichen Feindschaft zwischen US-Feldzeugmeister William Crozier und Isaac Newton Lewis zu verdanken. Crozier entschied sich für das Chauchat, wie es allgemein genannt wird, und nicht für das wesentlich bessere heimische Lewis-MG, sehr zur Freude der Hersteller, die 35 000 Stück gewinnbringend absetzen konnten, die andere Nationen nicht als Geschenk genommen hätten.

Das Selbstladegewehr Modèle 1917 – normalerweise nach seinem Produktionsort südlich von Lyon als Saint Etienne bezeichnet – war ein Gasdrucklader. Eine Öffnung im Lauf zapfte Gas ab, mit dem ein Kolben, verbunden mit dem Verschlussträger, betätigt wurde. Es war wenigstens eine kleine Verbesserung. Sicher gab es bessere Konstruktionen, aber sie kamen für Frankreich nicht in Frage, weil sie nicht auf die 8-mm-Lebel-Patrone ausgelegt waren und sich nicht so einfach umrüsten ließen. Das Gewehr sah irgendwie verkehrt aus; es war 1300 mm lang, als die meisten Infanteriewaffen bereits 200–250 mm kürzer waren; es war unhandlich weil es 5,25 kg schwer und schlecht ausbalanciert war. Ein weiterer Nachteil war das feste Magazin für fünf Schuss; es stand völlig im Widerspruch zu der Taktik, für die die Waffe entwickelt wurde. Sie wurde in geringer Zahl ausgegeben, machte sich aber keine Freunde. Eine um 225 mm verkürzte Version wurde 1918 kurz ausgegeben, war aber ebenso erfolglos.

DAS AUTOMATIKGEWEHR VON BROWNING

In den Vereinigten Staaten ging inzwischen John Moses Browning, Mormone und Büchsenmacher, in den produktivsten Abschnitt seiner bemerkenswerten Karriere. Seine erste kommerziell erfolgreiche Konstruktion war ein Unterhebelrepetierer für die .45-Schwarzpulverpatrone, den Winchester als Model 1886 baute. Es handelte sich um die erste Winchester mit einem vertikal beweglichen Verriegelungsmechanismus, der allgemeinhin als der geschmeidigste Mechanismus seiner Art gilt (sogar besser als der Unterhebelrepetierer, den Browning später unter seinem eigenen Namen baute). Das Gewehr blieb bis 1935 – in nicht weniger als 10 unterschiedlichen Kalibern – in der Produktion und erreichte eine Stückzahl von 160 000.

Browning baute als Model 1894 eine neue Version, die erste Winchester für „rauchlose" Munition (oft als Klondike Model bezeichnet, weil praktisch jeder, der vier Jahre später auf Goldsuche ging, dieses Gewehr trug). Diese Waffe war noch erfolgreicher – das einmillionste Exemplar wurde 1927 Präsident Calvin Coolidge übergeben, und sie wurde zu ihrem 100. Jubiläum immer noch gebaut.

***RECHTS:* Das simple Simonow SKS war auf die Bedürfnisse der Roten Armee zurechtgeschnitten. Als erste Waffe der Sowjetunion verschoss es die „mittlere" Patrone 7,62 mm x 39 M43.**

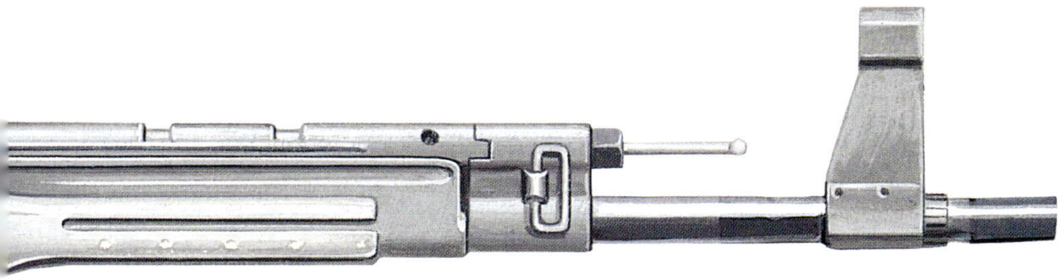

Da kostete sie in der Grundausführung knapp über 300 Dollar.

Brownings erste militärische Waffe war ein MG, das Colt als Model 1895 „Gas Hammer“ baute.

Es wurde bei der US Navy im Kaliber 6 mm eingeführt (wie das im gleichen Jahr eingeführte Lee-Geradzugverschlussgewehr). Anders als die Maxim-MGs (abgesehen von der 1884 patentierten Konstruktion, die nie verwirklicht wurde) arbeitete es, wie der Name schon sagt, mit dem Druck des Treibgases im Lauf, der auf den Verschlussmechanismus wirkte. Maxim hatte stets darauf bestanden, dass die Browning/Colt-Konstruktion seine Patente von 1884 verletzte, und er hatte zweifellos Recht, obwohl Browning alles versuchte, es zu verbergen. Mit einem komplizierten Arrangement von Hebeln wollte er den Eindruck erwecken, dass seine Waffe auf einem anderen Prinzip beruhte, was natürlich nicht stimmte.

Als Konsequenz wirkte Brownings Konstruktion eher umständlich. Teile des Mechanismus lagen außen. Ein Schwenkhebel unter dem Lauf, dessen vorderes Ende durch den Gasdruck über einen kurzen Kolben um 170 Grad herunter und nach hinten gedrückt wurde, wirkte auf eine zweite Stange, die den Verschluss öffnete, die abgeschossene Hülse auswarf und gleichzeitig die Waffe spannte. Dank dieses ungewöhnlichen Mechanismus erhielt die Waffe den Beinamen „Kartoffelgraber“. Sie sah zwar klobig aus, war aber einfach und gut zu bedienen. Die Munition wurde ähnlich wie beim Maxim über einen Textilgurt mit 250 Schuss zugeführt.

Browning zweiter Entwurf für eine automatische Waffe war eher konventionell, dafür aber wichtiger. Sie war auch beliebter und erfolgreicher. Normalerwei-

***LINKS:* Obwohl das SKS ziemlich schnell durch die AK 47 abgelöst wurde, blieb es für zeremonielle Anlässe erste Wahl für die Rote Armee, weil es sich zum Exerzieren besser eignete.**

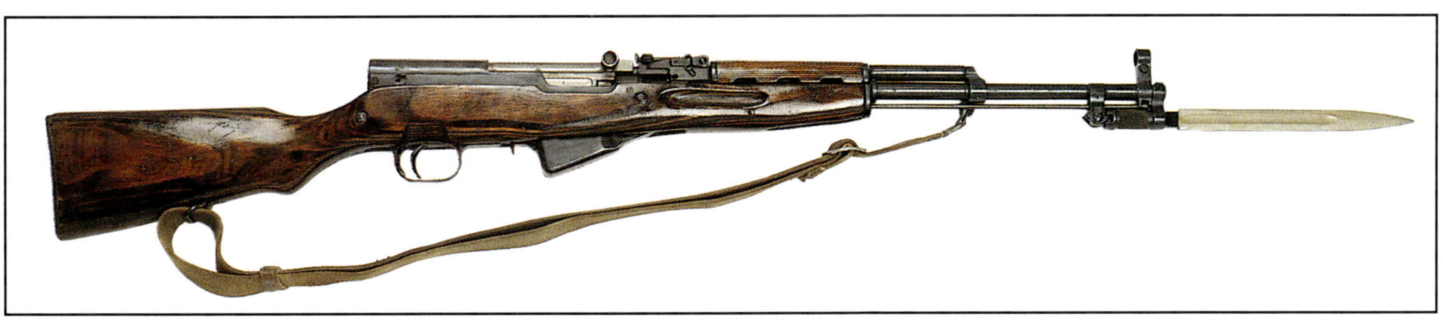

se unter dem Kürzel BAR (Browning Automatic Rifle) bekannt, handelte es sich bei der Waffe um einen Gasdrucklader.

Browning selbst war mit der Konstruktion nicht zufrieden. Für ihn war sie weder Fisch noch Fleisch, und er hatte Recht. Mit gefülltem Magazin über acht Kilogramm schwer, konnte man die Waffe kaum noch als Gewehr bezeichnen und aus der Schulter abfeuern. Dazu war sie als aufschießende Waffe auch bei Einzelfeuer nicht besonders genau, denn die beweglichen Teile wurden hinten gehalten, wenn der Mechanismus gespannt war und schossen nach vorn, sobald der Abzug gedrückt wurde. Im Automatikbetrieb war sie zu leicht und deshalb auch

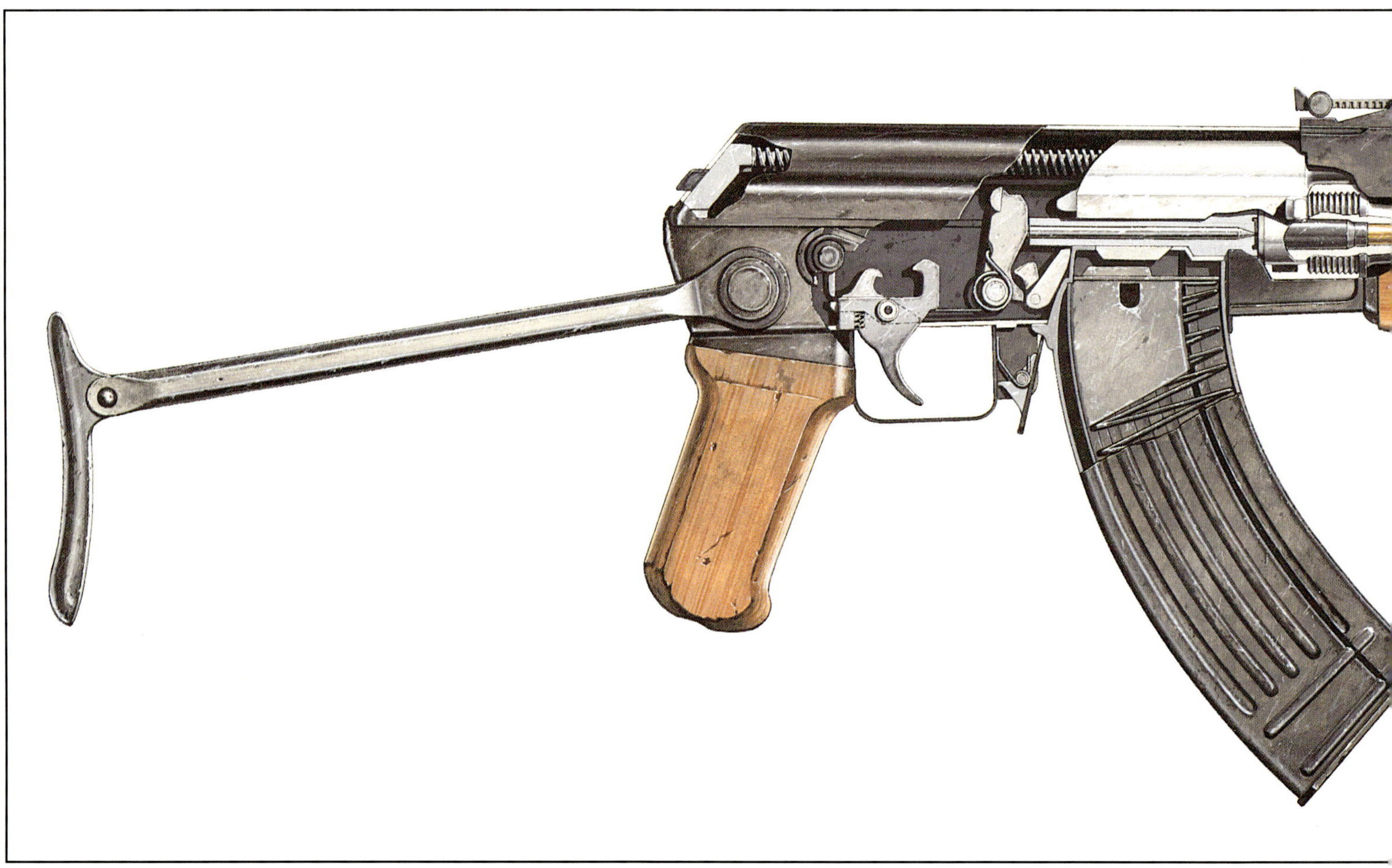

***LINKS:* Das Enfield EM2 war eine der ersten Bullpup-Waffen. Dabei liegt der Abzug weit vor dem Mechanismus selbst, sodass die Waffe erheblich kürzer ausfällt.**

zu ungenau. Das Magazin mit 20 Schuss musste ständig nachgeladen werden (daneben gab es auch die Variante M1918A2, die nicht auf Einzelfeuer gestellt werden konnte, dafür aber über zwei fest eingestellte Feuergeschwindigkeiten verfügte: 300 und 600 Schuss).

Browning war zwar mit der Waffe nicht ganz zufrieden, sie erfüllte aber alle an sie gestellten Anforderungen, denn das Konzept verlangte nach einer Waffe, mit der Schnellfeuer aus der Hüfte geschossen werden konnte, während der Infanterist im Laufschritt angriff. Einige Versionen wie das M1918A1 und -A2 erhielten Zweibeine, und alle Waffen waren zunächst auf die .30-Patrone M1906 ausgerichtet.

Das BAR wurde in vielen Ländern in aller Welt eingeführt und blieb seit der Einführung 1917 (der erste Kampfeinsatz erfolgte am 13. September 1918) bis zum Ende des Koreakriegs 1953 bei der US Army und bei den Marines im Dienst.

***LINKS:* Die Kalaschnikow AK wurde in fast allen Staaten des Warschauer Pakts eingeführt und in vielen auch hergestellt. Hier eine rumänische AKM mit vorderem Pistolengriff.**

Danach wurde es (und auch das inzwischen zur Standardwaffe avancierte M1 Garand) durch das Selbstladegewehr M14 abgelöst, das auch begrenzt Dauerfeuer schießen konnte. Die letzten bei der US Army im Dienst befindlichen BAR wurden mit der Einführung des Mehrzweck-MG M60 im Jahr 1957 ausgemustert. Es wurde bei Colt, Marlin-Rockwell und Winchester in den Vereinigten Staaten (und in kleiner Zahl auch bei anderen Herstellern wie International Business Machines – besser bekannt als IBM), bei FN in Belgien, dem staatlichen Carl-Gustav-Werk in Schweden sowie in Polen in den verschiedensten Kalibern hergestellt. Obwohl das Thompson wohl „die Waffe der 20er Jahre" war, entschieden sich nicht wenige Gangster und Polizeidienststellen für das zuverlässigere BAR – von Colt auf dem freien Markt als R75 Monitor verkauft – statt für das kurze SMG. Zu den bekannteren Opfern der Waffe zählen Clyde Barrow und Bonnie Parker („Bonnie and Clyde").

DAS ZH 29 VON HOLEK

In einem gewissen Sinn war die Entwicklung des Selbstladegewehrs an einem Scheidepunkt angekommen – schwere, klobige Waffen wie das BAR, die für die Infanterie im Gefecht kaum geeignet waren, funktionierten; Automatikwaffen mit Größe und Gewicht eines konventionellen Repetiergewehrs (etwa 4 kg) waren unzuverlässig und deshalb auch nicht gefragt. Es sollte noch einige Zeit dauern, bis die ersten Konstrukteure einen brauchbaren Kompromiss entwickelten. Einer der ersten Versuche stammt von dem Tschechen Emmanuel Holek, der bei der tschechischen Waffenfabrik in Brünn arbeitete, die nach dem Zusammenbruch der österreichisch-ungarischen Monarchie nach dem Ende des Ersten Weltkriegs eingerichtet worden war. Holek begann Mitte der 20er Jahre mit der Arbeit an seinem Gewehr, aber erst am Ende des Jahrzehnts war die Konstruktion so weit, dass sie den strengen Erprobungen unterzogen werden konnte, die erforderlich waren, um festzustellen, ob sie auch unter feldmäßigen Bedingungen zuverlässig arbeitete. Der Betrieb erfolgte über eine Bohrung im Lauf und einen Kolben (trotz des Widerstands der Deutschen schon bald die einzige anerkannte Lösung), und die Waffe verfügte über einen Kippverschluss, der in eine Vertiefung in einer Seite im Gehäuse einrastete – eine brauchbare, aber in der Herstellung extrem teure Lösung, denn es musste zwecks Hitzeableitung viel Aluminium verbaut werden. Ein ähnliches, aber wirksameres System, bei dem der Verschluss (oder genau gesagt, der Verschlussblock) über eine Nockenbahn auf einem Träger gekippt wurde, der eine Verlängerung des Kolbens darstellte, und in Vertiefungen in der Gehäusewand verriegelt wurde, wurde später bei den leichten MGs perfektioniert, die das Werk in Brünn zeitgleich entwickelte. Die Briten führten dieses Modell als Bren ein.

Das ZH 29, wie Holeks Selbstlader genannt wurde, war eine zuverlässige, saubere Konstruktion, aber bei 4,5 kg ohne Munition doch noch zu schwer. Es wurde trotzdem überall begeistert aufgenommen und in den verschiedensten Kalibern groß angelegten Erprobungen unterzogen. Das Original war für die Patrone 7,92 mm x 57 88S gebaut worden. Es gab Versionen mit und ohne Dauerfeuer, mit kurzen, mittleren und langen Läufen. Dass es im Endeffekt nirgendwo eingeführt wurde, wird wahrscheinlich an den Kosten gelegen haben.

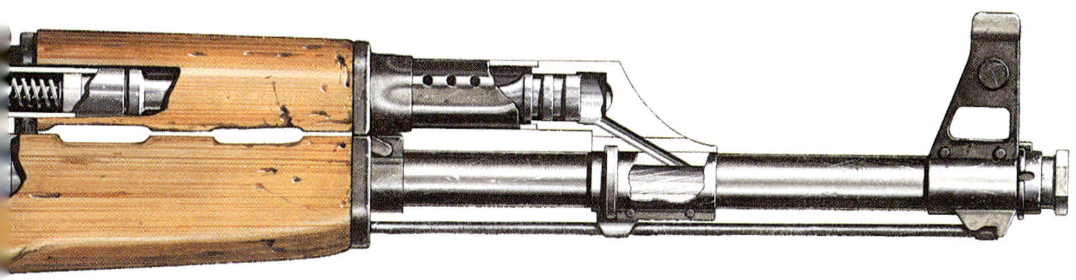

Kalaschnikow AK47

Kaliber: 7,62 mm x 33
Gewicht: 4,3 kg
Länge: 880 mm
Lauflänge: 415 mm
Effektive Schussentfernung: ca. 300 m
Ausführung: Gasdrucklader, wahlweise Automatik, abnehmbares Kastenmagazin mit 30 Schuss
Feuergeschwindigkeit: 600 Schuss/min
Mündungsgeschwindigkeit: 600 m/s
Herstellerland: Sowjetunion

DAS PEDERSEN-SELBSTLADE-GEWEHR

Im gleichen Jahr produzierte John Pedersen, der in den Staatsdienst eingetreten war und in Springfield arbeitete, eine neue Patrone im Kaliber .276 (7 mm) und ein entsprechendes Gewehr. Diese Patrone wäre 1932 beinahe zum Nachfolger der .30-06 gewählt worden.

Erst nach der persönlichen Intervention von General Douglas MacArthur wurde sie abgelehnt. Das Gewehr lief unter der Bezeichnung T2E1, war aber bekannt als Pedersen-Selbstladegewehr. Er hatte mit Unterbrechungen sieben Jahre lang an der Konstruktion gefeilt. Er benutzte einen Masseverschluss, der durch eine Version des Kniegelenks verzögert wurde, wie sie auch bei den Selbstladepistolen von Borchardt und Luger zum Einsatz kam, allerdings einen Nachteil hatte: Wie die Klappen von Mauser sorgte sie nicht für ausreichende Verzögerung des Verschlusses, sodass der Gasdruck noch nicht weit genug abgesunken war, wenn er das Verschlussstück öffnete und versuchte, die abgeschossene Hülse auszuziehen.

So wurde die Hülse durch den Gasdruck fest gegen die Wände des Patronenlagers gedrückt und ließ sich unter diesen Bedingungen kaum noch ausziehen. Bei einer Pistolenpatrone mit einer relativ schwachen Treibladung fiel das nicht weiter ins Gewicht, sodass dieser Nachteil bei der Borchardt und der Luger kaum auffiel. Pedersen kam auf eine ähnliche Lösung wie Mauser, allerdings überzog er die Hülsen bei der Herstellung mit Wachs anstatt sie und den Verschluss einzuölen. So zogen sie zwar etwas weniger Schmutz und Staub an, aber allzu groß war der Unterschied auch nicht. Die US Army unterzog das Pedersen-Selbstladegewehr im Juli 1929 mit seinen Konkurrenten einer Reihe von Erprobungen und lehnte es schließlich ab. Das gleiche Schicksal ereilte es in Großbritannien, wo Vickers sich der Waffe angenommen hatte, und später in Japan. Das Problem mit dem Ausziehen der Hülsen hätte man vielleicht in den Griff bekommen können – zum Beispiel durch Entlastungsrillen im Patronenlager, wie bei vielen modernen Waffen mit Erfolg eingesetzt – aber es standen genug andere gute Waffen zur Verfügung, sodass das Pedersen keine Chance hatte.

GARAND UND DAS M1

John Garand war ein Franko-Kanadier, der zusammen mit Pedersen in Springfield arbeitete. Er begann 1919 mit der Arbeit an einem halbautomatischen Selbstladegewehr und baute schließlich eine Waffe, die nach der einfachen Methode des Rückschlags durch das Zündhütchen arbeitete. Der Treibladungszünder saß so in der Patronenhülse, dass die Detonation der Treibladung ihn rückwärts gegen den Schlagbolzen drückte, der größer als gewöhnlich war. Durch eine Reihe von Bewegungen wurde der Verschluss entriegelt, den Rest erledigte der Rückstoß. Garand war bis 1925 schon recht weit gekommen, als die Feldzeugbehörde der US Army eine Variante der alten .30-06-Patrone mit einem etwas schwereren 11,15-g-Geschoss und einem anderen Treibmittel, dem so genannten IMR-Pulver, einführte. Die neue Ladung sorgte für einen langsameren, gleichmäßigeren Aufbau des Gasdrucks, sodass die Methode des Rückschlags durch das Zündhütchen nicht mehr richtig funktionierte, und Garand musste von vorn anfangen. Diesmal brachte er eine Bohrung in der Nähe der Mündung an, die das Treibgas in einen Zylinder leitete, wo es auf einen Kolben wirkte, ihn zurückschob und damit den Mechanismus in Gang setzte.

Bei Garands Gewehr hatte der Gaskolben acht Millimeter Spielraum. Das reichte aus, um sicherzustellen, dass das Projektil aus dem Lauf war und der Gasdruck auf ein sicheres Maß abgesunken war, bevor eine Nockenbahn in einer Vertiefung der Betätigungsstange einen Zapfen im Verschluss berührte und ihn anhob. Dabei wurde der Verschluss gedreht und entriegelte die beiden Verriegelungswarzen im Gehäuse. Die Drehung des Verschlusses sorgte für die erste Phase des Ausziehens, da die Warzen so geformt waren, dass sie die abgeschossene Hülse lösten, den Hahn vom Schlagbolzen drückten und den Schlagbolzen in den Verschlusskörper zogen.

Der Verschluss wurde daraufhin durch die Stange voll zurückgezogen, zog und warf die Hülse aus (das letztere über einen federbelasteten Kolben, der aus dem Stoßboden herauskam, eine weitere Erfindung von John Browning), spannte den Hahn und drückte die Rückholfeder unter dem Lauf zusammen. Nachdem er durch die Feder vorgeschoben wurde, betätigte er einen Mitnehmer im Magazin, der die verbliebenen Patronen nach

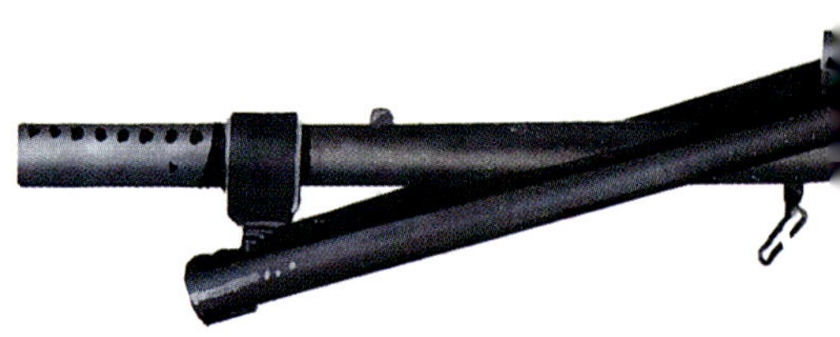

FN Fusil Automatique Léger (FAL) (mit dickem Lauf)

UNTEN: **Das tschechische vz52 war eine merkwürdige Kombination aus dem Mechanismus des deutschen Mkb42(W) und dem Abzug des M1 Garand. Der Verschluss wurde einfach durch Abkippen verriegelt.**

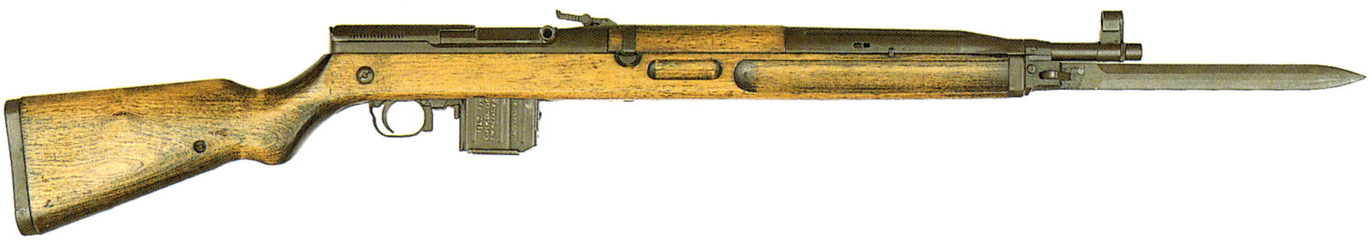

Kaliber: 7,62 mm x 51
Gewicht: 5,2 kg
Länge: 1055 mm
Lauflänge: 535 mm
Effektive Schussentfernung: 800 m
Ausführung: Gasdrucklader, abnehmbares Kastenmagazin mit 20 Schuss
Feuergeschwindigkeit: 550 Schuss/min
Mündungsgeschwindigkeit: 855 m/s
Herstellerland: Belgien

oben drückte. Die oberste wurde durch den Stoßboden aufgenommen und geladen. Wenn kein Schuss mehr übrig war, wurde die Betätigungsstange zurückgehalten und der Verschluss blieb offen, sodass der Laderahmen mit seinen acht Schuss, der stets komplett in das Magazin geladen werden musste – ähnlich wie bei Mannlicher, aber einfacher – ausgeworfen und durch einen neuen ersetzt werden konnte. Ein großer Vorteil war das nicht, denn die Laderahmen, aus Federstahl hergestellt und schon in der Fabrik mit Patronen gefüllt, waren schwer von Hand zu be- und entladen.

John Garand arbeitete aber nicht nur an der Weiterentwicklung des Verschlusses, er gab sich auch viel Mühe mit der Konstruktion eines Abzugsmechanismus mit eingebauter Sicherung, ein Merkmal, das häufig kopiert wurde.

Das Gewehr wurde ausgiebig an Garands Arbeitsplatz erprobt, denn dort befand sich das Zentrum für die Entwicklung und Herstellung von Feuerwaffen der Vereinigten Staaten. 1929 wurde Garands Gewehr zusammen mit dem Pedersen, einem weiteren Gewehr mit verzögertem Rückstoß von John Tagliaferro Thompson, einer überarbeiteten Version des BAR von Colt mit kurzem Rücklauf, dem tschechischen ZH 29 und einem Gewehr des Deutschen Heinemann mit Kniegelenkverschluss auf dem Schießplatz Aberdeen erprobt. Thompson entwickelte Gewehre bevor er sich den Maschinenpistolen zuwandte und wäre mit seiner o. a. Neuentwicklung gerne auf sein altes Gebiet zurückgekehrt. Doch sowohl er wie auch Garand blieben wegen jeweils einer nach Ihnen benannten Waffe in Erinnerung. Dem Ausschuss fiel die Wahl zwischen dem Garand und dem Pedersen nicht leicht, und so wurden jeweils 20 Stück im Kaliber .276 (7 mm) bestellt. Die Erprobungen dauerten bis 1932, und dann wurde die Einführung des Garand als Ersatz für das M1903 Springfield empfohlen, hauptsächlich weil es zu diesem Zeitpunkt MacArthur gelang, die Einführung der kleineren Versuchspatrone zu verhindern. Garand, dessen Gewehr ursprünglich auf die .30-06-Patrone ausgelegt war, hatte natürlich keine Schwierigkeiten, diese Version schneller als sein Konkurrent vorzulegen. Am 9. Januar 1936 wurde das Garand als US-Gewehr, Kaliber .30in, M1, standardisiert.

18 Monate später begann die Produktion, und bis zum August 1939 waren bereits 50 000 Stück fertiggestellt. Die ersten Modelle hatten noch Mündungskappen mit Schraubgewinde, in denen sich die Gasbohrung befand. Bei der nächsten Version war die Bohrung schon etwas weiter nach hinten gerückt. Während der relativ kurzen Dienstzeit des M1 gab es insgesamt acht Änderungen, die aber in der Regel im Prototypenstadium blieben: Die wichtigste war eine Expansionskammer im Gassystem und die Trennung von Gaskolben und Betätigungsstange. Als die Vereinigten Staaten im Dezember 1941 in den Zweiten Weltkrieg zogen, trugen die meisten Soldaten das M1 als Dienstwaffe, das bis zum Kriegsende 1945 in riesigen Stückzahlen in der Springfield Armory, bei Harrington & Richardson und bei International Harvesters gebaut wurde. Die Produktion in den Vereinigten Staaten wurde Anfang der 50er Jahre eingestellt; bis dahin waren etwa fünfeinhalb Millionen Stück gebaut worden. Das Garand wurde später bei Beretta in Italien im NATO-Kaliber 7,62 mm x 51 als BM 59 gebaut. Zu den zahlreichen Änderungen zählten die Möglichkeit des Dauerfeuers und ein größeres Magazin mit 20 Schuss. So sah das Gewehr seinem Nachfolger, dem M14, recht ähnlich. Dort wurde es erst in den 70er Jahren abgelöst.

DAS JOHNSON-SELBSTLADE-GEWEHR

Natürlich waren Garand und Pedersen nicht die einzigen, die sich in den Vereinigten Staaten mit Selbstladegewehren befassten. Es wurde ja bereits erwähnt, dass Thompson dabei war, aber es gibt kaum Informationen über die Gewehre, die er 1929 zur Erprobung vorlegte, und er wandte sich schnell wieder der Fertigung der nach ihm benannten Maschinenpistole zu, die er seit 1920 mit wenig Erfolg zu vermarkten versuchte. (Dabei vertraute er immer noch den einfachen Tugenden des Masseverschlusses, verzögert durch die so genannte Blish-Sperre, ein H-förmiger Bronzekeil, der senkrecht in Schwalbenschwänzen lief, die in das stählerne Gehäuse geschnitten waren. Er verließ sich dabei auf die Reibung, die zwei verschiedene Metalle gegeneinander erzeugten). Als der Krieg vor der Tür stand, war die Maschinenpistole auf einmal sehr gefragt. Ein wichtiger Konkurrent, der aber zu spät kam, um noch eingreifen zu können, war Melvin M. Johnson, der Verbindungen zur Cranston Arms Co. in Providence, Rhode Island, hatte.

Johnsons erstes brauchbares Dienstgewehr war das 1937 entwickelte V9 (da war das Garand natürlich schon in der Produktion), ein Rückstoßlader mit Kastenmagazin, das er bald zum Model 1941 weiterentwickelte.

Die Niederländer rüsteten einen Teil ihrer Kolonialtruppen in Indonesien mit dem V9 aus und stellten später auf das Model 1941 um. Dieses Gewehr war komplizierter, verfügte über ein eigenartiges Trommelmagazin mit zehn Schuss, dessen Zuführungslippen in das Gehäuse eingearbeitet waren. So kam es wesentlich seltener zu Versagern (oder Klemmern) aufgrund von Schäden am Magazin, und die Waffe konnte auch beim Befüllen des Magazins geladen und feuerbereit bleiben. Der von Johnson entwickelte drehende Verschlusskopf mit seiner Vielzahl an Warzen war kompliziert und aufgrund der bei der Herstellung geforderten Toleranzen sehr teuer. Außerdem gab es stets Zweifel, ob die Warzen ihre Funktion tatsächlich erfüllten. Im Prinzip funktionierte das System aber, und es muss als Vorläufer zu dem System gesehen werden, das Eugene Stoner für die Reihe AR-10/AR-15 entwickelte (siehe unten). Der 559 mm lange Lauf ließ sich schnell abbauen, sodass das Gewehr beim Transport leichter unterzubringen, dafür aber auch schlechter geschützt war. Nach anfänglicher Erprobung beim US Marine Corps beschaffte die US-Regierung die Waffe in geringer Zahl für die Sondertruppen wie die geheime OSS. Wie Sir Charles Ross vor ihm gab auch Johnson nicht so schnell nach – er entwickelte immer neue Modifikationen, letztendlich aber ohne Erfolg. Bis zum Ende des Zweiten Weltkriegs war das Johnson-Selbstladegewehr so gut wie verschwunden, und heute ist es äußerst selten.

LEICHTE GEWEHRE

Trotz aller Versprechungen am Anfang des 20. Jahrhunderts, die Last des Infanteristen endlich zu verringern, war das Gewehr seit der Einführung der ersten Repetiergewehre in den 1880er Jahren kaum leichter geworden. Allenfalls durch das Kürzen der Waffen war in dieser Hinsicht etwas erreicht worden. Das M1 Garand, mit dem die US Army 1941 in den Krieg zog, wog ungeladen immer noch 4,3 kg und das einfachere britische Gewehr Nummer 4, Mark 1, war nur unwesentlich leichter. Nur die Forderungen der Soldaten hatten sich völlig verändert. War der Erste Weltkrieg noch recht statisch, kämpften sie nun aus der Bewegung, oft unter schwierigsten Bedingungen. So war das leichte Gewehr dringender erforderlich als jemals zuvor.

OBEN: **Überraschenderweise entwickelte Großbritannien nach dem Zweiten Weltkrieg kein eigenes Gewehr, sondern führte das belgische FAL ein, hier in den Händen des kauernden Soldaten zu sehen.**

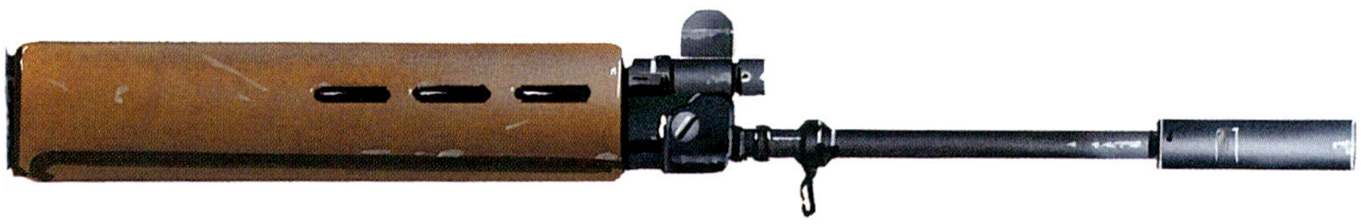

Selbstladegewehr L1A1 (FAL)

Kaliber: 7,62 mm x 51
Gewicht: 4,3 kg
Länge: 1055 mm
Lauflänge: 535 mm
Effektive Schussentfernung: über 1000 m
Ausführung: Gasdrucklader, abnehmbares Kastenmagazin mit 20 Schuss

OBEN: **Das belgische FAL war in verschiedenen Versionen erhältlich: Es gab unterschiedlich lange Läufe, Holz- oder Kunststoffschäfte und feste bzw. klappbare Schulterstützen.**

DER KARABINER M1

Deutschland hatte bereits 1904 das Gewehr 98 um fast 150 mm gekürzt und daraus den Karabiner 98a gemacht, der ungeladen knapp vier Kilogramm wog. Daraus entstand schließlich der noch kürzere K 98k, der ab 1935 hergestellt wurde und das Standardgewehr der Wehrmacht im Zweiten Weltkrieg war. In den Vereinigten Staaten tauchte 1938 die Forderung auf, ein kleineres, leichteres Gewehr als das M1 zu produzieren, das von allen Soldaten bis auf die an der Front kämpfenden Infanteristen, also auch den MG- und Mörsergruppen, benutzt werden sollte. Die Forderung wurde aber abgelehnt. Die Idee blieb natürlich und tauchte zwei Jahre später wieder auf.

Am 1. Oktober 1940 erließ die US-Feldzeugbehörde die technischen Daten für eine Selbstlade- oder Automatikwaffe (die letztere Funktion wurde dann gestrichen, später aber wieder aufgenommen), die nicht länger als 914 mm sein und weniger als zweieinhalb Kilogramm wiegen sollte. Sie sollte bei allen Truppengattungen außer der Infanterie die Pistolen und Maschinenpistolen ersetzen. Noch wichtiger, die neue Waffe sollte nicht die „starke" Patrone verschießen, sondern eine leichtere, schwächere Treibladung in einer kürzeren Patrone, aber immer noch im Kaliber .30, benutzen. Winchester sollte diese Patrone aus einer .32er-Patrone entwickeln, die es für das Selbstladegewehr Sporter von 1905 baute. Das Vollmantel-Rundkopfgeschoss von 7,13 g, im Profil ähnlich einer Pistolenkugel, sollte mit Hilfe einer Treibladung von 0,85 g auf eine Mündungsgeschwindigkeit von 570 m/s kommen. Diese Eigenschaften entsprachen in etwa denen der 7,63-mm-Patrone für die Mauser-Selbstladepistole von 1906. Diese galt zu jener Zeit, vor der Einführung der Magnum-Patronen, als sehr starke Faustfeuerwaffe.

Diese Daten wurden ungefähr 25 Firmen vorgelegt. Elf davon, darunter Auto-Ordnance (von John Thompson), Harrington & Richardson, Reising, Savage und auch Springfield legten bis zum Stichtag im September 1941 ihre Vorschläge vor. Ausgewählt wurde aber schließlich ein Karabiner von Winchester mit einem neuen, recht simplen Mechanismus von David M. Williams. Er wurde im folgenden Monat als US-Karabiner, .30 M1, standardisiert.

Bei Williams' System wurde das Gas bereits 115 mm vor dem Patronenlager abgezapft (dank der schwächeren Patrone war der Gasdruck natürlich niedriger als beim Gewehr M1). Der Lauf war 457 mm lang, und die Züge hatten eine volle Windung auf 61 cm. Das abgezapfte Gas wirkte auf einen sehr kurzen Kolben mit einem Hub von nur 2,9 mm, der seinen Schwung auf den Spannschieber übertrug. Der Schieber konnte dann über acht Millimeter nach hinten gehen, und dann rastete eine Vertiefung in einen Zapfen am Verschluss ein, schob ihn nach oben und drehte den Verschluss so, dass die Verriegelungswarzen entriegelt wurden. Gleichzeitig begann die erste Phase des Ausziehens, der Mechanismus wurde gespannt und schob den Schlagbolzen in den Verschluss.

Der Verschluss konnte nun, getrieben vom Spannschieber, gegen die Feder drücken. Dabei zog und warf er die Hülse aus (nach rechts vorn) und spannte die Waffe vollständig, wobei er eine neue Patrone aus dem 15- oder 30-Schuss-Magazin holte, sie lud und sich drehte, damit die Verriegelungswarzen wieder einrasteten. Der restliche Schwung, den er auf den Spannschieber übertrug, reichte aus, um den Gaskolben nach vorn in Feuerstellung zu bringen.

Wie John Garand vor ihm (von dem er natürlich vieles übernahm) achtete auch David Williams auf die Kombination von Abzug und Sicherung. Er entwickelte einen einfachen, aber wirksamen Mechanismus, der auch auf Dauerfeuer umge-

verloren hatte. Es wird gesagt, dass der Anstoß zur Entwicklung des FG 42 von hohen Offizieren der Fallschirmjägertruppe kam, die sich auf die Operation Merkur, den Kampf um die Mittelmeerinsel Kreta in der dritten Maiwoche 1941, vorbereiteten.

Sie hatten sich beschwert, dass die Kombination aus K 98k und Maschinenpistolen, die sie zur Verfügung hatten, ihnen nicht genug Feuerkraft gaben. Sie wollten ein starkes Gewehr, kürzer als einen Meter, aber so präzise, dass es mit einem Zielfernrohr auch über große Entfernungen einem Scharfschützen genügen würde. Gleichzeitig sollte es Dauerfeuer schießen, Granaten abfeuern können und so stark sein, dass es beim Nahkampf auch als Schlagwaffe dienen konnte. Das Gewicht sollte unter vier Kilogramm, also unter dem Gewicht des vorhandenen Gewehrs liegen. Diese Forderung erging zunächst an die Luftwaffe (die deutschen Fallschirmspringer gehörten nämlich nicht zum Heer, sondern zur Luftwaffe), wurde aber an das Heereswaffenamt weitergeleitet, das für die Entwicklung der Infanteriewaffen zuständig war. Dort wurde der Vorschlag natürlich als utopisch abgetan. Den Offizieren wurde erklärt, dass sie auf die einsatzfähige Version des Gew 41 warten müssten, das sich zu jener Zeit gerade in der Erprobung befand. So wandten sie sich erneut an das Luftwaffenministerium; dieses wandte sich schließlich direkt an ihre Lieferanten von Flugzeug-MGs und -kanonen wie die Gustloff-Werke, Krieghoff, Mauser und Rheinmetall-Borsig mit der Bitte, eine solche Waffe zu entwickeln. Mauser bot ein überarbeitetes MG 81 an. Diese Waffe, ursprünglich als Flugzeug-MG konzipiert, war eher ein leichtes MG als ein Gewehr. Die Gustloff-Werke machten keinen Vorschlag, dafür aber die beiden anderen Kandidaten. Die Wahl fiel schließlich auf die Konstruktion von Rheinmetall-Borsig.

Der Sieger des Wettbewerbs wurde von Louis Stange entwickelt, der 1904 als Lehrling bei Hugo Schmeissers Vater Louis begonnen hatte, kurz nachdem die Rheinische Metallwaren- und Maschinenfabrik den Familienbetrieb von Dreyse übernommen hatte. Bis zum Jahr 1934, Stange war inzwischen Chefkonstrukteur, hatte er den Großteil des Mechanismus des späteren MG 34 bereits fertig. Dieses war das bei weitem beste Infanterie-MG seiner Zeit. Es wurden zwar nur 7000 FG42 gebaut, sie sollten aber als Vorväter der späteren Sturmgewehre mit Feuerwahl, die ab den 50er Jahren bei den Streitkräften dominierten, wie auch der Bullpup-Waffen, die erst 20 Jahre später kamen, einen ganz entscheidenden Einfluss haben.

Wir haben bereits festgestellt, dass bei den amerikanischen Gewehren des 18. Jahrhunderts der Kolben stark nach unten wies, sodass der Rückstoß die Mündung weiter nach oben trieb und nicht von der Schulter des Schützen abgefangen wurde. Dieses Merkmal fand sich mehr oder weniger bei allen Gewehren, die danach gebaut wurden – bis das FG42 kam. Es war ein recht konventionelles Selbstladegewehr; der Kolben wurde von dem Treibgas bewegt, das ungefähr in der Mitte des 510 mm langen Laufs abgezapft wurde. Er arbeitete mit einem langen Hub und entriegelte und bewegte einen Drehverschluss, der über zwei vorn liegende Verriegelungswarzen verriegelt war. Dabei verfügte es über eine raffinierte, aber nicht komplizierte, Variante, die es ermöglichte, bei Einzelfeuer als zuschießende Waffe und bei Dauerfeuer als aufschießende Waffe zu funktionieren. So war das Problem der Präzision im Gegensatz zur Kühlung sauber und zur allgemeinen Zufriedenheit gelöst. Der Schlagbolzen saß nicht innerhalb des Verschlusses, sondern war ein Bestandteil des Gaskolbens und lag auf seiner Oberseite. Der Verschluss selbst, ein komplizierter Hohlzylinder, passte darüber. An der Unterseite des Kolbens befand sich eine Biegung nach vorn oder eine Aussparung für Dauerfeuer sowie eine Biegung nach hinten für Einzelfeuer. Sie waren entsprechend nach rechts bzw. links abgesetzt, und der Wahlhebel schob einfach den Abzugsstollen so, dass er entweder rechts oder links einrastete. Um den starken Rückschlag der Patrone 88sS auszugleichen, entwickelte Stange ein Puffersystem und benutzte eine halb-

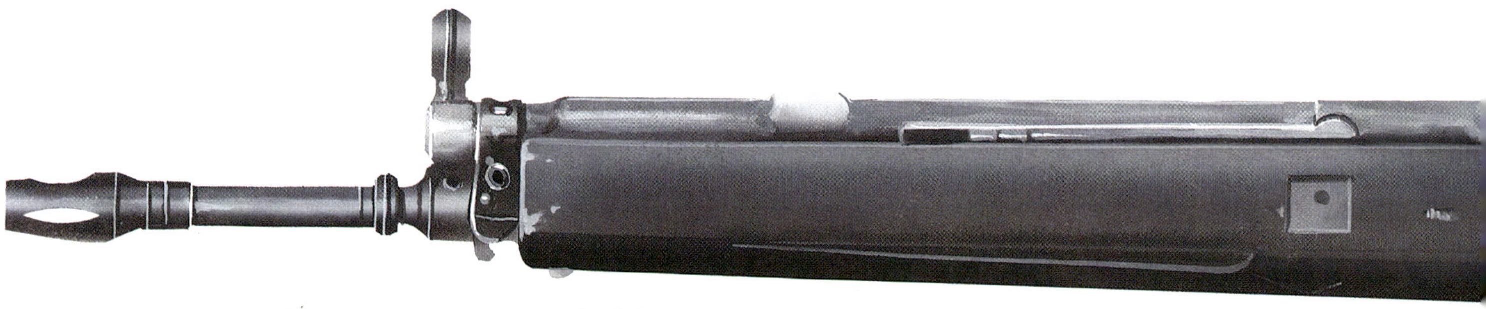

Heckler & Koch G3 A4 (mit ausziehbarer Schulterstütze)

Kaliber: 7,62 mm x 51
Gewicht: 3,85 kg
Länge (Schulterstütze ausgezogen): 980 mm
Lauflänge: 450 mm
Effektive Schussentfernung: über 1000 m
Ausführung: verzögerter Rückstoßlader, wahlweise Automatik, abnehmbares Kastenmagazin mit 20 Schuss
Feuergeschwindigkeit: 550 Schuss/min
Mündungsgeschwindigkeit: 810 m/s
Herstellerland: Deutschland

***LINKS:* Ein deutscher Panzergrenadier mit dem aktuellen Heckler & Koch G3 A4. Das Gewehr basiert auf dem spanischen CETME, das wiederum auf einer Mauser-Konstruktion zurückgeht.**

schwimmende Schulterstütze, auf die es wirkte. Außerdem sah er eine Mündungsbremse vor, die einen Teil der Treibgase zur Seite ablenkte. Weiterhin zählten ein klappbares Zweibein und ein Klappbajonett zum Zubehör.

Die ersten Versionen des FG 42 waren ganz aus Metall, spätere Varianten des Gewehrs hatten eine hölzerne Schulterstütze und einen Pistolengriff, der schon fast senkrecht lag. Das FG42 wog knapp viereinhalb Kilogramm und war das erste wirksame Allzweck-Sturmgewehr.

Stange hatte das vorausgesehen und auch Prototypen mit Gurtzuführung gebaut (es gibt allerdings keine Hinweise darauf, dass er mit austauschbaren leichten und schweren Läufen experimentiert hätte, eine unabdingbare Voraussetzung für die Umrüstung eines Gewehrs zur Dauerfeuerwaffe).

Auf den ersten Blick wirkt das FG42 sehr unbalanciert, denn das Magazin ragt horizontal nach links aus dem Gehäuse. Das war es tatsächlich, besonders mit dem Magazin für 20 Schuss (die ersten Modelle hatten Magazine entweder für 10 oder 20 Schuss, die späteren Versionen nur noch für 20 Schuss; sie waren aber untereinander nicht austauschbar). Das war allerdings unvermeidlich, denn Stange hatte bei der Entwicklung einen kühnen Schritt gewagt, dessen Bedeutung selbst heute nicht immer gebührend zur Kenntnis genommen wird. Er musste nämlich das Magazin horizontal einsetzen, weil er das gesamte Verschlussstück so weit nach hinten verlegt hatte, dass es unmittelbar über dem Abzugsmechanismus saß, und sparte so ungefähr die Länge des Magazins bei der Gesamtlänge des Gewehrs ein. Sie betrug lediglich 940 mm, genauso viel wie bei Haenels MKb42(H), aber dafür mit einem Lauf von 510 mm an Stelle von 365 mm.

Es wäre interessant zu erfahren, ob Stange auch noch weitergegangen wäre, d. h. den Mechanismus so weit hinter den Abzugsmechanismus zu verlegen, dass das Magazin wieder den üblichen Platz direkt unter dem Gehäuse hätte einnehmen können.

Das FG 42 wurde erstmals am 12. September 1943 eingesetzt, als eine Fallschirmspringereinheit unter dem legendären Otto Skorzeny in Lastenseglern auf die Hochebene des Gran Sasso in den italienischen Abruzzen gebracht wurde und den italienischen Diktator Benito Mussolini erfolgreich aus dem Hotel befreite, in dem er von der pro-Alliierten Regierung von Marschall Badoglio gefangen gehalten wurde. Überraschenderweise soll bei der ganzen Aktion kein einziger Schuss gefallen sein. Die Waffen, die Skorzenys Männer hatten, waren Vorserienmodelle, denn die Serienproduktion durch Krieghoff (insgesamt etwa 5000 Gewehre) und I.C. Wagner (weitere 2000 Gewehre) lief erst im Winter 1943/44 an.

MAUSERS STURMGEWEHR

Natürlich wird man sich jetzt fragen, was in Oberndorf vor sich gegangen ist, während das FG 42 und die MP 43/44 entwickelt wurden. Schließlich war Mauser stets einer der Vorreiter der Gewehrentwicklung in Deutschland gewesen. Und auch dort wurde die schwächere Patrone 43 für ein Sturmgewehr mit Feuerwahl benutzt (nachdem eine ähnliche Patrone im Kaliber 7 mm, die DWM selbst entwickelt hatte, sowie die vom gleichen Hersteller stammende 9 mm

Parabellum abgelehnt wurden). Mausers Antwort erschien Mitte 1942 in höchst rudimentärer Form unter dem Tarnnamen Gerät 06H. Obwohl das Gewehr längst noch nicht fertig war, hatte es schon ein neuartiges Merkmal – einen Verschlussblock, der nicht über Nocken, sondern über Rollen verriegelt wurde, sodass er einfach nach hinten gleiten konnte, ohne irgendwelche Auf-und-Ab- oder Hin-und-Her- oder etwa Drehbewegungen.

Das gleiche Prinzip war zunächst auch auf das MG 42 angewandt worden, als es aus dem MG 34 weiterentwickelt wurde. Das MG 34 verfügte über eine andere, von Mauser entwickelte Verriegelung, und die neue Verriegelung soll eine Entwicklung von Dr. Ing. Gruner von der Großfuß-Metall- und Lackierwarenfabrik sein. Diese Firma hatte bis dahin mit der Entwicklung und Herstellung von Waffen überhaupt nichts zu tun, denn sie baute Blechlaternen. Andere Quellen behaupten, dass Edward Stecke sich die Konstruktion 1937 in Polen patentieren ließ – dem gleichen Jahr, in dem Gruner sein Demonstrationsmodell vorstellte – und wieder andere sehen Louis Stange von Rheinmetall-Borsig als den Erfinder. Wie überragend diese Konstruktion war, die beim MG42 einem Dauerfeuer von über 1200 Schuss in der Minute standhielt, ist daran zu erkennen, dass das grundlegende Prinzip noch heute benutzt wird.

Zu jener Zeit war Ernst Altenberger Chefkonstrukteur bei Mauser (und hatte die Verriegelung des MG 34 entwickelt), aber ein Großteil der Arbeit an dem neuen Sturmgewehr wurde von Wilhelm Stühle geleistet. Er modifizierte den Verriegelungsmechanismus des 06H so, dass der Verschlusskopf mit den zwei Verriegelungsrollen über ein so genanntes „Steuerstück" in der Form einer flachen Pfeilspitze flexibel mit dem Verschlussträger verbunden war. Dieses drückte die Rollen nach außen in die Vertiefungen der Gehäusewand.

Der Mechanismus des Mauser-Prototyps entsprach in seiner ursprünglichen Form fast genau dem des Tokarew, und Stühle konnte ihn ohne großen Aufwand auf die Verriegelungsrollen umbauen. Er musste schon recht früh erkannt haben, dass er so auf den komplizierten und teuren Gaszylinder mit Kolben verzichten konnte und zu der Methode zurückkehren konnte, die Paul Mauser seinerzeit bevorzugt hatte – den verzögerten Masseverschluss, wobei die Rollen die Verriegelung und auch einen Großteil der Verzögerung übernahmen.

Beim Prototyp des MKb43, wie er schließlich heißen sollte, genügte der mechanische Widerstand des Steuerstücks, das auf die Verriegelungsrollen wirkte, um das Verschlussstück geschlossen zu halten, bis die Kugel den Lauf verlassen hatte. Die Rollen zogen sich dann in den Verschlusskopf zurück, der nun begann, sich nach hinten zu bewegen. Nachdem der Verschluss und sein Träger den Zyklus von Ausziehen/Auswerfen/Spannen und Laden einer neuen Patrone durchgeführt hatten, wurde die Waffe wieder verriegelt, indem das Steuerstück die Rollen wieder in die Vertiefungen drückte. Dabei wurden Abzug und Hahn entriegelt, und ein neuer Schuss konnte abgefeuert werden. Stühle hatte das Problem der im Patronenlager klemmenden Patronen dadurch gelöst, dass er Rillen oder Nuten in die Innenwände des Gehäuses fräste, sodass ein Teil der Treibgase außen an der Patronenhülse vorbeigeleitet wurde und den Druck ausglich, mit dem sie sich von innen heraus ausdehnte.

Vier Exemplare der neuen Waffe wurden Ende 1943 von Hand gefertigt und dem Heereswaffenamt übergeben, das sie auf dem Schießplatz Kummersdorf erprobte. Gleichzeitig wurden unabhängige Experten gebeten, Produktionspläne aufzustellen. Sie fanden schnell heraus, dass der neue Maschinenkarabiner nicht

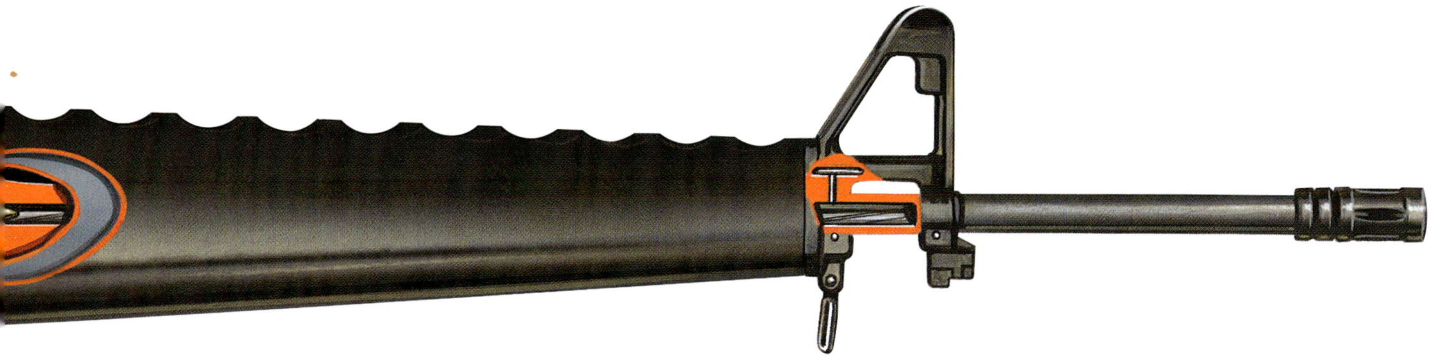

M16A1

Kaliber: 5,56 mm x 45
Gewicht: 2,85 kg
Länge: 990 mm
Lauflänge: 510 mm
Effektive Schussentfernung: über 500 m
Ausführung: Gasdrucklader, wahlweise Automatik, abnehmbares Kastenmagazin mit 20 oder 30 Schuss

***LINKS*: Seit seiner Einführung Anfang der 60er Jahre ist das M16 der Standard, an dem die anderen 5,56-mm-Sturmgewehre gemessen werden. Es wird sicherlich noch etliche Jahre im Dienst bleiben.**

nur alle Anforderungen erfüllte, sondern auch nur die Hälfte der Produktionszeit benötigte (bei halben Kosten), die für das soeben in die Serienfertigung gehende MP 44 von Haenel aufzuwenden war. Die Produktionswerkzeuge einschließlich der Formen für die Blechprägeteile sowie eine erste Serie von 30 Gewehren unter der Bezeichnung Sturmgewehr 45(M) wurden zwar noch bestellt, aber nicht mehr zusammengebaut. Der Krieg war vorüber, bevor auch nur ein einziges Stg 45 eingesetzt wurde.

DAS ZWEITE „SPANISCHE" MAUSER

Damit war die Geschichte dieser Waffe längst noch nicht vorüber, denn eine Gruppe ehemaliger Mauser-Angestellter einschließlich Ludwig Vorgrimler, der eng mit Altenburger und Stühle zusammen gearbeitet hatte, ließ sie beim Centro de Estudios Technicos de Materiales Especiales in Madrid als Fusil d'Assalto Modelo 58 wieder auferstehen.

Diese Waffe hatte die gleiche Abzugsgruppe wie das FG 42, konnte also Dauerfeuer als aufschießende Waffe und Einzelfeuer als zuschießende Waffe schießen. Das M 58 verfeuerte zunächst die kurze 7,92-mm-Patrone, wurde dann auf eine andere Kurzpatrone (mit Aluminiumgeschoss) umgestellt und schließlich auf die CSP003 standardisiert, eine schwächere Version der NATO-Patrone 7,62 mm x 51 mit einer um etwa 20 % auf 785 m/s verringerten Mündungsgeschwindigkeit.

Erstaunlicherweise verkraftete das Gewehr auch die Standardpatrone, denn von den Maßen her sind beide identisch. Die CETME-Konstruktion wurde von einer anderen Gruppe ehemaliger Mauser-Angestellter (die in Oberndorf am Neckar geblieben waren) aufgegriffen, die unter der Bezeichnung Heckler & Koch firmierten und die Waffe als G 3 bauten. Das G 3 wurde 1959 als Dienstgewehr bei der Bundeswehr eingeführt und seitdem bei fast jedem Heer außerhalb des Warschauer Pakts eingesetzt, das nicht über das FN FAL verfügte.

H&K benutzte den Rollenverschluss

später für ein breites Spektrum anderer Sturmgewehre wie auch für leichte MGs und Maschinenpistolen.

DAS SCHWEIZER SELBSTLADE-GEWEHR

SIG in der Schweiz übernahm die gleiche Verriegelung für das SG510, das den Kunden in den 7,62-mm-Kalibern der NATO und der Sowjetunion sowie als einschüssige Sportwaffe unter der Bezeichnung AMT angeboten wurde. Eine modifizierte Version mit der gleichen Verriegelung, aber als Gasdrucklader mit Kolben, wird als SG530 (siehe weiter unten) im Kaliber 5,56 mm x 45 angeboten. Wie die meisten Waffenhersteller, die sich am Markt behaupten müssen, baute SIG die Gewehre der Serien 510 und 530 (sowie später den Gasdrucklader mit Drehverschluss mit der Bezeichnung 540) in unterschiedlichen Formen, mit Läufen in unterschiedlicher Länge und unterschiedlichem Gewicht sowie mit verschiedenen Schaftformen.

Diese Waffen waren keinesfalls die ersten Selbstladegewehre aus der Schweiz, denn die Entwicklungsabteilung bei SIG in Neuhausen hatte sich mit diesem Thema seit 1915 befasst, als sie die geringfügigen „Verbesserungen" am Mondragon vorgenommen hatte. In den 20er Jahren hatten Kiraly und End, die führenden Techniker von SIG, die Rückstoßlader der KE-Serie entwickelt, die aber nie über das Stadium des Prototypen hinauskamen (einer wurde allerdings als leichtes MG gebaut und in kleiner Zahl an China verkauft). In den 30er Jahren trat Gaetzi hinzu, und zusammen entwickelten sie eine Reihe im Prinzip ähnlicher, aber genauso wenig erfolgreicher Gasdrucklader, die über sehr lange Gasrohre verfügten, die sich über den gesamten Lauf erstreckten. Es gab auch eine Version mit kurzem Gasrohr, das in einen parallel zum Verschluss verlaufenden Zylinder führte.

Im Jahr 1953 unterlief SIG dann ein gravierender Fehler mit dem Bau eines einzigartigen Maschinenkarabiners, der auf dem nach vorn öffnenden Federverschluss beruhte, mit dem einige MG-Konstrukteure um die Jahrhundertwende kurzzeitig experimentiert hatten. Sie hatten ihn aber, soweit bekannt, nie produziert. Die Idee kam nur auf, als es galt, auf praktischere Methoden zu verzichten, da sie patentiert waren. Beim AK-53, wie die unglückliche Waffe hieß, wurde der gesamte Lauf durch das Abfeuern der Patrone (unterstützt durch eine große Schraubenfeder) nach vorn geschoben, und die Hülse wurde von der Auszieherklaue in der Führungsrille gepackt und ausgeworfen. Der Lauf wurde dann durch eine zweite Feder zurück in Feuerstellung gebracht, holte eine neue Patrone aus dem Magazin, spannte die Waffe und setzte dabei die erste Feder wieder zurück. Das System ermöglichte eine nominelle Feuergeschwindigkeit von etwa 300 Schuss pro Minute, und auf Einzelfeuer wurde verzichtet, denn der Schütze konnte einen ähnlichen Effekt erzielen, indem er den Abzug schnell genug losließ. Insgesamt wurden nur 50 Exemplare der Waffe gebaut.

Im Jahr 1955 wurde schließlich der praktische Selbstladekarabiner AM55 mit dem verzögerten Rollenverschluss von Mauser gebaut und in überarbeiteter Form beim Schweizer Heer als STGw57 eingeführt. Dort löste er die Endversion des ehrwürdigen Schmidt-Rubin mit Geradzugverschluss, den K 31, ab. Dies war gleichzeitig das letzte Schweizer Dienstgewehr im Kaliber 7,5 mm. Aus dem STGw57 wurde, unabhängig von CETME und Heckler & Koch, das Selbstladegewehr SG510 entwickelt.

SIMONOW und TOKAREW

Dass die deutschen Soldaten unbedingt ein Selbstladegewehr brauchten, stellten sie spätestens 1941 fest, als sie nach der Operation Barbarossa, dem Angriff auf die Sowjetunion, mit „Menschenwellen" aus fanatischen Infanteristen konfrontiert wurden, die oft schon mit Selbstladegewehren ausgerüstet waren und gegen die nur überlegene Feuerkraft half. Im Jahr

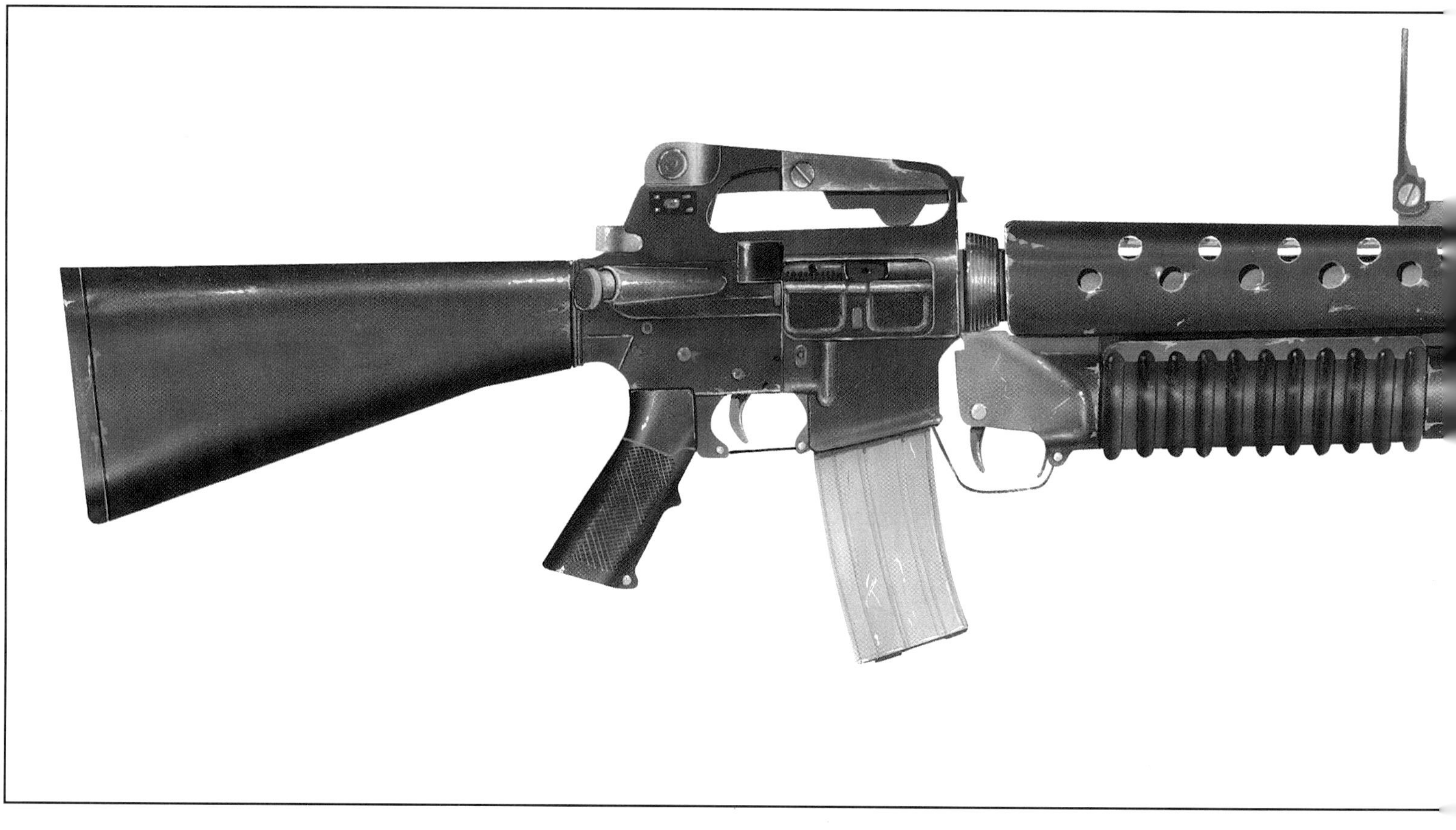

1936 hatte die Rote Armee ein Gewehr von Sergej Gawrilowitsch Simonow eingeführt, der oft als der letzte der „alten Garde“ russischer Konstrukteure gilt. Er hatte schon vor der Revolution seine Ausbildung in Sestroresk begonnen. Im Jahr 1927 arbeitete er unter Wladimir Fjodora in der Konstruktions- und Entwicklungsabteilung im Arsenal Tula, und das Awtomatitscheskaja Wintowka Somonowa obr 1936 oder AVS bzw. AVS 36 war seine erste eigene Konstruktion. Es verfügte über einen Kolben in einem Gasrohr über dem Lauf, der eine ungewöhnliche Verriegelung betätigte. Ein vertikaler Gleitblock verriegelte den Verschluss und seinen Träger im Gehäuse. Der Spannhebel ging mit dem Verschluss zurück, was nicht gerade populär war, besonders wenn die Feuerwahl auf Dauerfeuer stand (das bedeutete auch, dass Schmutz und Staub in das Gehäuse gelangen konnten). Das Gewehr litt unter starkem Rückschlag, den Simonow mit Hilfe einer Mündungsbremse mit zwei Ausgängen reduzieren wollte.

Das AVS war zwar kein Erfolg, das einfache taktische Prinzip hingegen, wofür es gebaut wurde, blieb natürlich. 1938 wurde das AVS durch ein weiteres Selbstladegewehr aus Tula, diesmal von Fejdor Wassiliwitsch Tokarew, abgelöst. Tokarew baute daneben auch leichte MGs und eine sehr beliebte halbautomatische Pistole, die TT-33. Das Samozarjadnaja Wintowka (Selbstladegewehr) Tokarewa obr 1938 (STV 38) und das (sehr ähnliche) STV 40 verfügten ebenfalls über ein obenliegendes Gasrohr, versorgt über eine Bohrung kurz vor der Mündung; die Verriegelung war aber etwas einfacher. Ein Block lief nach unten und rastete hinten in eine Vertiefung am Gehäuseboden ein, der durch die Rückwärtsbewegung des Verschlussträgers, geführt durch Schlitze in den Gehäusewänden, angehoben und entriegelt wurde. Dieses Gewehr litt ebenfalls stark unter dem Mündungsfeuer und erhielt eine Mündungsbremse mit sechs Ausgängen. Im Jahr 1940, nachdem die Sowjetunion ihre militärischen Fähigkeiten mit dem Überfall auf Polen unter Beweis gestellt hatte, wurde eine robustere Version mit einer geänderten Mündungsbremse produziert; einige dieser Waffen wurden später auf Feuerwahl umgestellt, und andere wurden zu Karabinern für die Kavallerieeinheiten der Roten Armee umgebaut. Sowohl das Simonow als auch das Tokarew waren mit weniger als 4 kg ungeladen leicht genug und mit 1220 mm gleich lang. Die Läufe hatten eine Länge zwischen 615 und 635 mm und erzielten mit der Patrone 7,62 mm x 54R M1891 eine Mündungsgeschwindigkeit von 770 m/s.

Während des Großen Vaterländischen Krieges (der Zweite Weltkrieg) hatte Simonow auf der Grundlage der Patrone 14,5 mm x 114 eine selbstladende Panzerbüchse gebaut. Es handelte sich um eine gewaltige Patrone mit einem 65-g-Geschoss und einer Treibladung von 31 g, die eine Mündungsgeschwindigkeit von etwa 1000 m/s erlaubte. Die konventionelle Konstruktion funktionierte mechanisch durchaus zufriedenstellend, obwohl das Konzept der Panzerbüchse angesichts der üblichen Panzerungen im offenen Gelände sicherlich überholt war; allenfalls im Ortskampf war es noch von begrenztem Nutzen. Der Mechanismus wurde auf ein neues Infanteriegewehr, das Samozarjadnaja Karabin Simonowa oder SKS übertragen, das erste sowjetische Gewehr mit der „mittleren“, etwas schwächeren Patrone 7,62 mm x 39, die von der deutschen Geco-Patrone abgekupfert wurde.

Die Patrone trug in der Sowjetunion die Bezeichnung M1943, obwohl sie wohl kaum in jenem Jahr entwickelt wurde. Der Zweite Weltkrieg war ohnehin vorüber, bevor das SKS erschien, und so war ihm nur ein kurzes Leben bei der Roten Armee vergönnt, obwohl es simpel, robust und zuverlässig war.

Der Grund hierfür war die unmittelbar bevorstehende Einführung einer noch

OBEN: **Wie alle Gewehre muss das M16 regelmäßig gereinigt und gepflegt werden. Die US Army achtete bei der Einführung zunächst nicht darauf, was dem Gewehr einen schlechten Ruf eintrug.**

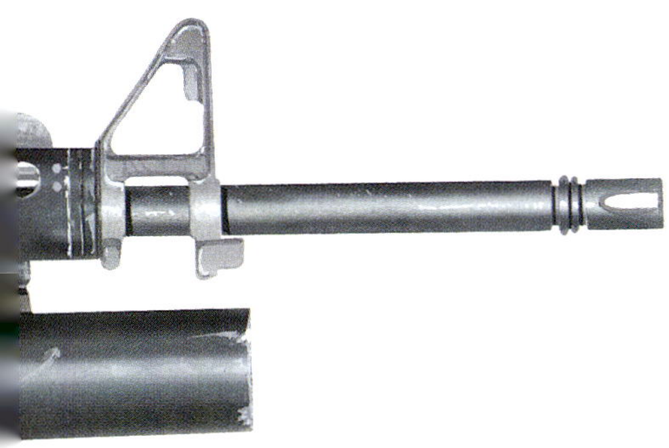

M203

Kaliber: 5,56 mm x 45
Gewicht: 2,85 kg
Länge: 990 mm
Lauflänge: 510 mm
Effektive Schussentfernung: über 500 m
Ausführung: Gasdrucklader, abnehmbares Kastenmagazin mit 20 oder 30 Schuss

LINKS: **Das aktuelle M16 – die Version A2 – verfügt normalerweise über einen leichten Granatwerfer M203. Seine 40-mm-Granaten sind ideal für den Häuserkampf.**

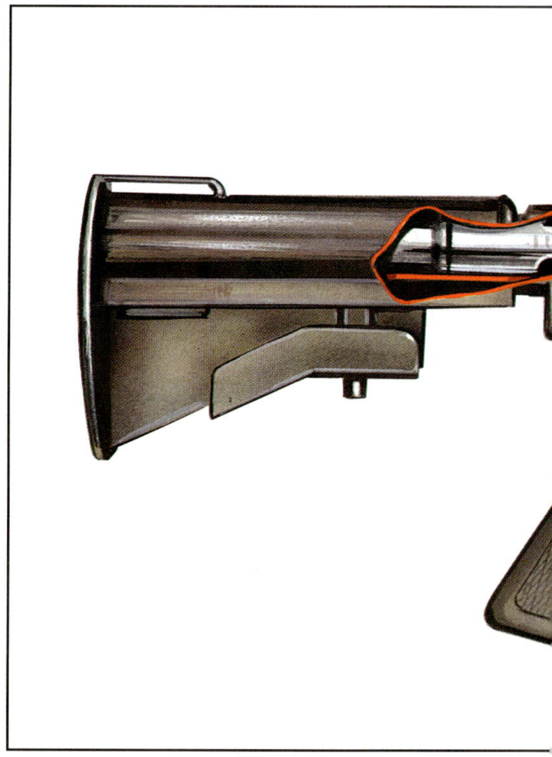

besseren Waffe, der Kalaschnikow (siehe weiter unten), die zur erfolgreichsten Waffe aller Zeiten wurde.

Der Mechanismus des SKS ähnelte dem des Tokarew. Die Treibgase hinter dem Geschoss entwichen durch die Bohrung im Lauf und wirkten auf einen Kolben in einem darüber liegenden Zylinder. Der Kolben betätigte einen Mitnehmer oberhalb des Ladungsraums, der seinen Schwung auf den Verschlussträger übertrug und eine Feder zusammendrückte, die Mitnehmer und Kolben sofort in Feuerstellung brachte. Der Verschlussträger legte einen Weg von acht Millimetern zurück, während der Gasdruck im Ladungsraum auf ein ungefährliches Maß absank, und hob dann das hintere Ende des Verschlusses aus den Verriegelungsschlitzen im Gehäuseboden. Dann liefen Verschluss und Träger zusammen weiter, spannten den Hahn, drückten die Rückholfeder zusammen und zogen die abgefeuerte Hülse aus. Sie wurde über den Auswerfer im Gehäuseboden nach rechts ausgeworfen. Sobald der Druck der Feder größer war als die Energie des Verschlusses mit Träger, kehrten diese zurück.

Wenn noch eine Patrone im Magazin war, wurde sie herausgeschoben, der Auszieher rastete in der Führungsnut ein, und die Patrone wurde geladen. Wenn nicht, wurde der Verschluss zurückgehalten und die Führungen im Stoßboden so gestellt, dass ein neuer Laderahmen mit 10 Schuss eingesetzt werden konnte. Die Munition wurde dann heruntergedrückt und in das Magazin gefüllt. Ein leichter Zug am Spannhebel genügte, um den Verschluss zu entriegeln und die erste Patrone in das Patronenlager zu führen, sobald der leere Laderahmen entfernt war. Das Magazin konnte auch mit einzelnen Patronen nachgeladen werden, dazu musste allerdings der Spannhebel von Hand zurückgehalten werden. Der Sicherungshebel saß hinter dem Abzugsbügel, und wenn er durch Drücken nach vorn oben betätigt wurde, verriegelte er den Abzug und behinderte den Abzugsfinger. Die Bodenplatte des Magazins konnte zur Reinigung und zum Entladen aufgeklappt werden.

Das SKS wurde überall im Warschauer Pakt sowie in der Volksrepublik China und in Nordkorea in Millionen Exemplaren hergestellt. Es war vielleicht etwas übergewichtig angesichts der eher schwachen Patrone, aber es wog auch nur knapp vier Kilogramm, ein halbes Kilo weniger als sein Nachfolger, das kürzere AK-Gewehr, in seiner ursprünglichen Form. Es sieht dank seines hölzernen Schafts aber schwerer aus.

Obwohl es die schwächere Patrone verschoss, mit der auch ein Gewehr einigermaßen präzises Dauerfeuer schießen kann, hat das SKS nie über Feuerwahl verfügt, außer einer nur in der Literatur bekannten chinesischen Variante.

DIE KALASCHNIKOW

Der Nachfolger des SKS sollte die meistverbreitete Waffe überhaupt werden, die Awtomat Kalaschnikowa oder AK, die in der Regel nach ihrem Konstrukteur als Kalaschnikow bezeichnet wird. Michail Kalaschnikow, 1920 in Sibirien geboren, verließ die Schule mit 17 Jahren und wurde Eisenbahner. Zwei Jahre später wurde er zum Militär eingezogen und diente in einer Fahrschule und Instandsetzungswerkstatt. Im Jahr 1941, als Deutschland die Sowjetunion angriff, war er Panzerkommandant und wurde im Herbst bei Byransk schwer verletzt. Während seiner Gesundung konstruierte er eine Maschinenpistole und einen Maschinenkarabiner, die beide nicht angenommen wurden. Im Jahr 1947 präsentierte er dann das Sturmgewehr, das seinen Namen trug. Eingeführt wurde es 1950 oder 1951. 1959 wurde es überarbeitet, um die Herstellung zu vereinfachen, und das Ergebnis hieß nun AKM (das M stand für modernisirowanij – modernisiert). Später kam dann eine Variante mit klappbarer Schulterstütze – die AKM-Skladiwajuschtschimsja.

Die AK-Gewehre waren vor allen Dingen robust und absolut soldatentauglich – eine wichtige Eigenschaft, denn viele der Schützen waren technische Analphabeten. Der Mechanismus ist recht simpel: Das Gas wird in der Nähe der Mündung in einen über dem Lauf liegenden Zylinder abgezapft. Dort schiebt es den Kolben und den Verschlussträger – die beiden bilden ein Bauteil – über einen kurzen Weg von achteinhalb Millimetern, während der Gasdruck im Ladungsraum auf ein ungefährliches Maß absinkt (überschüssiges Gas im Zylinder wird durch eine Reihe kleiner Bohrungen in seiner Wand abgeleitet; es gibt kein Gasregelventil). Ein Schlitz im Verschlussträger trifft auf einen Zapfen am Verschluss, und die Rückwärtsbewegung wird in eine 35-Grad-Drehung umgesetzt, wobei die Verriegelungswarzen entriegelt werden. Beim Drehen und Entriegeln wird die Patrone noch nicht ausgezogen, statt dessen rastet eine übergroße Auszieherklaue im Verschlusskopf ein, das Patronenlager ist innen geriffelt. Der Verschlussträger und der Kolben laufen nun weiter, ziehen die verbrauchte Hülse aus (sie wird rechts am Gehäuse ausgeworfen, wenn sie über den Auswerfer läuft, der in der Führungsschiene sitzt), spannen den Hahn und drücken die Feder zusammen.

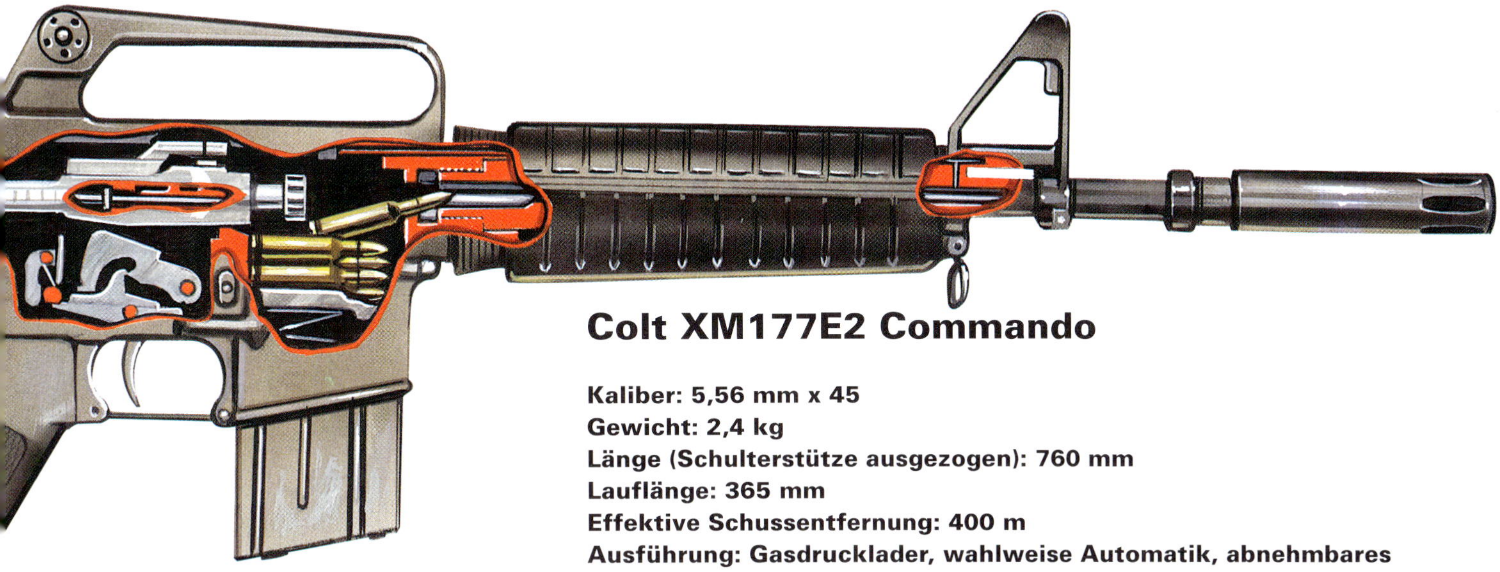

Colt XM177E2 Commando

Kaliber: 5,56 mm x 45
Gewicht: 2,4 kg
Länge (Schulterstütze ausgezogen): 760 mm
Lauflänge: 365 mm
Effektive Schussentfernung: 400 m
Ausführung: Gasdrucklader, wahlweise Automatik, abnehmbares Kastenmagazin mit 20 oder 30 Schuss
Feuergeschwindigkeit: 800 Schuss/min
Mündungsgeschwindigkeit: 830 m/s
Herstellerland: Vereinigte Staaten von Amerika

Der Verschluss kommt zum Stehen, wenn er hinten an das Ende des Gehäuses stößt. Die Verriegelung erfolgt auf den übrigen achteinhalb Millimetern, die der Verschlussträger zurücklegt, indem das Verfahren der Entriegelung einfach umgekehrt wird. Verschlussträger und Kolben laufen dann weitere fünf Millimeter, um ein mögliches Entriegeln auszuschließen, falls der Träger am Ende zurückprallt. Der Spannhebel ist Teil des Verschlussträgers und bewegt sich mit ihm. Es gibt keine Aufhaltevorrichtung, die zeigt, dass das Magazin leer ist (der größte Mangel der AK).

Das gebogene Magazin für 30 Schuss kann nicht an der Waffe nachgeladen werden, sondern muss abgenommen werden. Die AK verfügt über Feuerwahl: Einzelfeuer oder Dauerfeuer werden über einen langen Wahlhebel rechts am Gehäuse, unmittelbar hinter der Auswurföffnung und über dem Abzugsbügel, eingestellt. Dieser Hebel dient auch als Sicherungsriegel. Er sperrt den Abzug und sorgt dafür, dass der Stoßboden nicht über die Spitze der obersten Patrone im Magazin hinaus zurücklaufen kann (auch die Ausführung des Wahlhebels ist oft kritisiert worden).

Der Abzugsmechanismus basiert auf dem des Garand M1, allerdings hat der Hahn zwei Arbeitsflächen und auf dem Abzug selbst befinden sich zwei hakenförmige, gegenüber liegende Abzugsstollen. Bei der Einstellung auf Dauerfeuer entriegelt der Wahlhebel den hinteren Abzugsstollen, ansonsten trifft er auf den Hahn, sobald ein Schuss abgefeuert wurde und sperrt ihn solange, bis der Abzug freigegeben wird. Die AKM hat eine Bremse, die die Feuergeschwindigkeit reduziert. Sie ist aber sehr kompliziert und bescheiden in ihrer Wirkung, da sie auf der Massenträgheit beruht.

Da der Lauf nur 415 mm lang war und das Visier ebenfalls entsprechend kurz, sollte die AK rein theoretisch nicht besonders genau sein. In der Praxis hingegen erzielen durchschnittliche Schützen über 300 m durchaus ansprechende Ergebnisse. Bei größeren Entfernungen verschlechtert sich die Genauigkeit drastisch, was aber im modernen Gefecht kaum von großer Bedeutung ist. Dank der Eigenschaften der Patrone M43 kann man über die gleiche Entfernung wirksames Dauerfeuer schießen. Eine leichte Tendenz der Mündung, zu steigen und nach rechts abzudriften, wurde bei der modernisierten Version abgestellt. Sie verfügt über einen kleinen Ausgleicher, eigentlich mehr einen Ausschnitt, an der Mündung. Einige Versionen der AK und AKM sind ständig mit Granatwerfern ausgestattet, andere haben fest eingebaute Klappbajonette, wieder andere (insbesondere die AKM-S) haben noch kürzere Läufe und Pistolengriffe. Es gibt Modelle mit Holz- oder Kunststoffschaft, aber auch Kombinationen aus beiden.

Die Unterschiede zwischen AK und AKM sind beträchtlich, auch wenn sie nicht sofort in das Auge fallen. Erstere verfügte über ein geschmiedetes und gefrästes Gehäuse, während das der AKM aus ein Millimeter dickem Stahlblech besteht, das in U-Form gebogen wird und an das die Einlage angenietet wird. Zu dieser Einlage gehören die Vertiefungen für die Verriegelung, das Lauflager und der vordere und hintere Block. Das führte zu einer beträchtlichen Gewichtsersparnis – von über vier zu weniger als drei Kilogramm. Die Version mit klappbarer Schulterstütze ist sogar noch leichter. Der Drehverschluss, den Kalaschnikow für die AK entwickelt hatte, fand auch Verwendung bei einem leichten MG, dem Rutschnoj Pulemjot Kalaschnikowa, das praktischerweise das gleiche Magazin wie das Sturmgewehr besitzt, sowie bei dem anders aufgebauten PK mit Gurtzuführung, das die alte, lange Patrone 7,62 mm x 54R M1891 verschoss.

DIE TSCHECHISCHE ALTERNATIVE

Der einzige Staat im Warschauer Pakt, der die AK nicht als Standard-Dienstgewehr einführte, war die Tschechoslowakei. Hier wurde ein Selbstladegewehr mit Feuerwahl aus Brünn eingeführt, das unter der Bezeichnung Samopal vz58 lief. In seiner modernisierten Version ähnelt es von außen durchaus der sowjetischen Konstruktion, obwohl der Mechanismus völlig anders aufgebaut ist. Hier gibt es einen Kippverschluss und einen einfacheren, aber geschmeidigeren Abzugsmechanismus.

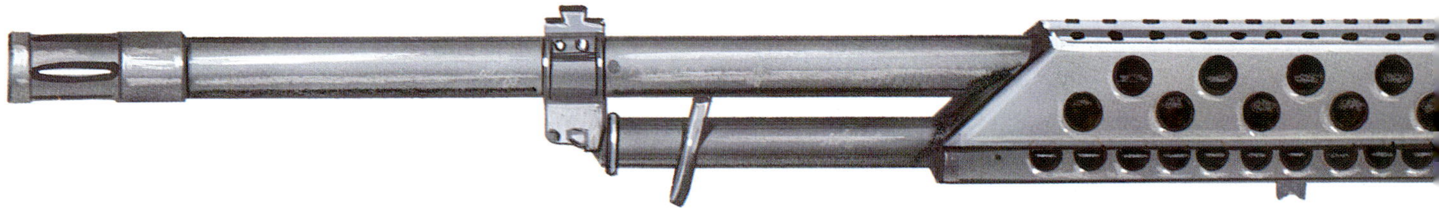

Beretta AR-70/90

Kaliber: 5,56 mm x 45
Gewicht: 4,2 kg
Länge: 1000 mm
Lauflänge: 450 mm
Effektive Schussentfernung: 500 m
Ausführung: Gasdrucklader, wahlweise Automatik, abnehmbares Kastenmagazin mit 20 oder 30 Schuss
Feuergeschwindigkeit: 650 Schuss/min
Mündungsgeschwindigkeit: 950 m/s
Herstellerland: Italien

Das tschechische Heer setzte das vz58 im Kaliber 7,62 x 45 ein; daneben gab es eine Exportversion im Kaliber 7,62 mm x 39. Es verfügte über eine klappbare Schulterstütze aus Metall und einen Schaft aus Holz (später aus Pressplatte). Diese spätere Version diente nur der Gewichtsersparnis, keineswegs der Kostenersparnis, denn das vz58 war sauber konstruiert und gefertigt.

VERBESSERUNGEN AUS FINNLAND

Finnland, das zwar nicht zum Warschauer Pakt gehörte, aber dem politischen Druck der Sowjetunion ausgesetzt war, führte die AK in den 50er Jahren ein und baute später eine verbesserte Version als Rinnakkokivaari Malli (Sturmgewehr) 62, das außerhalb seines Heimatlandes nach dem Namen des Herstellers als Valmet bekannt ist. Äußerlich sah es völlig

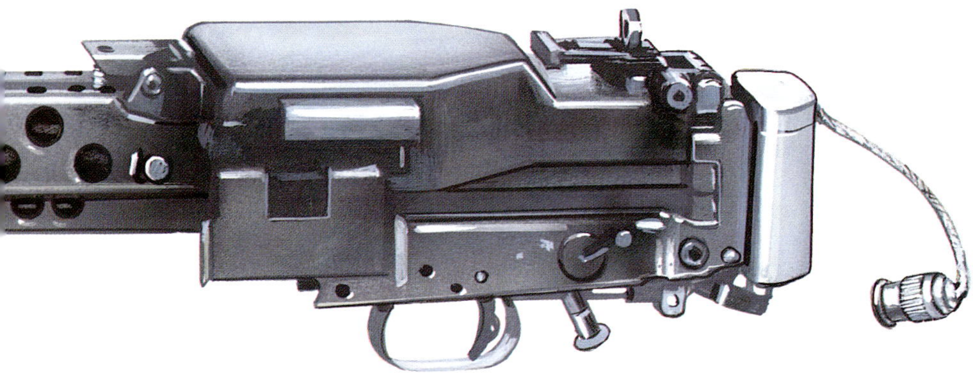

Stoner 63

Kaliber: 5,56 mm x 43
Gewicht: 5,4 kg
Länge: 1022 mm
Lauflänge: 508 mm
Effektive Schussentfernung: 800 m
Munitionszuführung: Magazin oder Gurt
Mündungsgeschwindigkeit: 1000 m/s
Herstellerland: Vereinigte Staaten von Amerika

LINKS: **Das Waffensystem Stoner M63 – es umfasst alles von der MP bis hin zum Allzweck-MG; hier die Gewehrausführung – war ein kühner Versuch, ein standardisiertes Baukastensystem für die Infanterie und die Kampfunterstützungstruppen zu schaffen.**

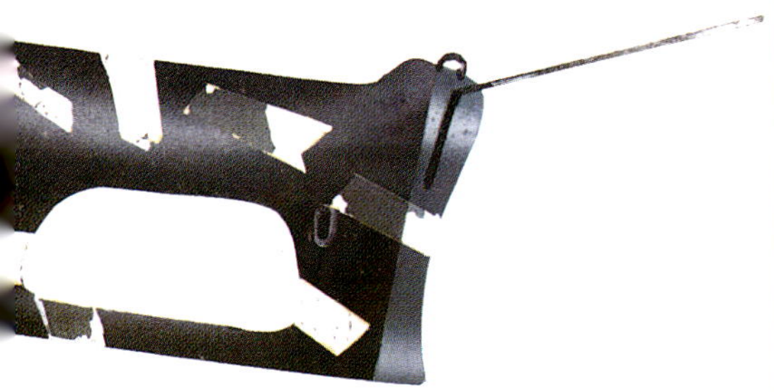

anders aus; der Schaft war umkonstruiert und die Schulterstütze war ein schlichtes Stahlrohr mit einem aufgenieteten Stahlwinkel. Der Mechanismus selbst blieb aber unverändert. In den letzten Jahren wurden die leichteren M76 und M90 eingeführt, beide sowohl im NATO-Kaliber 5,56 mm als auch im sowjetischen Kaliber 7,62 mm.

ERSATZ FÜR DAS M1

Bereits im Jahr 1944, als die US-Truppen sich auf die Landung in der Normandie vorbereiteten, wurden Zweifel an der Wirksamkeit des M1 Garand laut.

Sie bezogen sich auf das Gewicht der Waffe, das begrenzte Fassungsvermögen und das Fehlen des Feuerwahlschalters. Sobald der Krieg vorüber war, wurden verschiedene Designstudien für ein Nachfolgemodell erstellt. Die erste hieß Garand T20 und war ein Garand mit 20-Schuss-Magazin und Feuerwahl. Der nächste Versuch war das T25 mit Kippverschluss, das auf eine neue Patrone, die T65 (im Prinzip nichts weiter als eine .30-06 vom M2 mit einer 12,2 mm kürzeren Hülse) ausgelegt war. Diese Patrone, entwickelt bei Springfield, wurde auf beträchtlichen Druck aus Washington als NATO-Standard-Patrone eingeführt. Die Bezeichnung in metrischen Maßen lautete dann 7,62 mm x 51.

Das Gewehr wurde mit dem britischen EM2 und dem belgischen FN FAL verglichen, die beide auf eine 7-mm-Patrone ausgelegt waren. Nach den Erprobungen wurden alle drei Waffen abgelehnt.

Die nächste Stufe war das T47 (ein verbessertes T25) und das T44 (ein weiterentwickeltes T20 für die Patrone T65). Inzwischen hatte FN unter der Bezeichnung T48 ein paar FAL im Kaliber der T65 für die Erprobung gebaut. Harrington & Richardson bildete eine Partnerschaft mit FN zur Herstellung des T48 und übernahm auch die Weiterentwicklung vor Ort. Im Winter 1953/54 gab es Probleme bei den Schießversuchen mit dem T48, die aber vor dem folgenden Winter behoben werden konnten. Trotzdem konnte die US-Feldzeugbehörde nicht umgestimmt werden. Ein Gewehr von Eugene Stoner von Armalite im NATO-Kaliber 7,62 mm, das AR-10, wurde 1956 ebenfalls abgelehnt (von Stoner wird später noch die Rede sein, denn er blieb sehr produktiv).

Am 1. Mai 1957 verkündete der Heeresminister, dass die US-Streitkräfte das T44 in zwei Versionen einführen würden, als Gewehr M14 und M15 im Kaliber .30. Das erste hatte einen leichteren Lauf und noch keine Feuerwahl, das andere hingegen verfügte bereits darüber. Das Projekt M15 wurde im folgenden Jahr aufgegeben, und das M14 erhielt die Feuerwahl.

Im Prinzip ist das M14 nichts weiter als ein modernisiertes, abgespecktes M1, etwa ein halbes Kilo leichter, aber mit dem gleichen Drehverschluss, den John Garand 30 Jahre zuvor perfektioniert hatte. Die Soldaten wurden dazu ausgebildet, stets Einzelfeuer zu schießen. Nur in höchster Not durfte Dauerfeuer geschossen werden, denn das Gewehr war trotz Mündungsfeuerdämpfer viel zu leicht, um mit der starken Munition präzises Dauerfeuer zu schießen. Außerdem überhitzte sich der Lauf sehr schnell. Trotzdem gab es ein leichtes Zweibein, um es in eine Unterstützungswaffe zu verwandeln, und es gab (in geringen Stückzahlen) sogar eine Version mit Pistolengriffen vorn und hinten M14A1. Daneben erschien (in noch geringerer Zahl) eine Variante mit klappbarer Schulterstütze.

Ein Scharfschützengewehr wurde kostengünstig entwickelt, indem einfach die besten Läufe mit den besten Gehäusen kombiniert und mit Redwood-Ziel-

***OBEN:* Soldaten der sowjetischen Marineinfanterie auf einer Parade in den Straßen von Moskau vor dem Zusammenbruch der Sowjetunion. Sie tragen die Kalaschnikow über ihrer Brust.**

fernrohren versehen wurden. Nach der Einstellung des M14 wurde genau diese Waffe als M21 weitergebaut und bis in die 80er Jahre benutzt. Die Produktion des M14 wurde hingegen 1964 nach etwa 1 200 000 Exemplaren eingestellt.

ERSATZ FÜR DAS LEE-ENFIELD

Das britische Heer blieb dem Zylinderverschlussgewehr Lee-Enfield bis in die 50er Jahre treu. Die einzige größere Veränderung während des Zweiten Weltkriegs war die Einführung einer (um fast 900 Gramm) leichteren Version des Gewehrs Nr. 4 mit einem drastisch (um 162 mm) gekürzten Lauf, gestutztem Vorderschaft sowie Handschutz, die eher wie eine Sportwaffe denn als eine Dienstwaffe aussah. Das Gewehr erhielt eine schwere Schaftkappe aus Gummi als (gescheiterter) Versuch, den starken Rückschlag aufgrund des kurzen Laufs abzumildern. Es verlor aber auch stark an Präzision, und dafür gab es kein Gegenmittel. Das Gewehr Nr. 5 wurde 1944 für Einsätze in Südostasien und im Pazifik konzipiert und machte sich einen Namen (aber nicht offiziell) als Dschungelkarabiner. Es war nicht sehr weit verbreitet; die Produktion lag insgesamt bei etwas über 250 000 Stück und es wurde auch kaum vermisst, als es nicht mehr da war. Viele Waffen wurden in den 50er Jahren auf dem freien Markt verkauft, nachdem sie als überflüssig befunden wurden.

Sie wurden zunächst für 29,95 Dollar oder weniger verkauft. Der Preis stieg erst, als das Gewehr seltener wurde und sich ein Sammlermarkt entwickelte. Der Angebotspreis in Deutschland beträgt derzeit 600 DM. Der Angebotspreis für das viel häufigere, mechanisch identische Gewehr Nr. 4 liegt dagegen bei 300 DM.

Das Lee-Enfield wurde in Großbritannien und im Commonwealth durch eine Version des Fusil Automatique Léger oder FAL der Fabrique National abgelöst, das ja von der US Army abgelehnt worden war. Dieses Gewehr basierte auf einer Vorkriegskonstruktion, die schließlich als Fusil Automatique Modèle 1949, oft auch als SAFN (Saive Automatique, FN) oder als ABL (Arme Belge Légère) bezeichnet, debütierte. Es basiert auf einem Kippverschluss, der in eine Vertiefung am Gehäuseboden einrastet und durch Steuerwarzen in den Gehäuseseiten entriegelt wird. Das System hatte starke Ähnlichkeit mit dem des leichten MG zv26, das zum britischen Bren-MG wurde, und auf dem auch das SVT40 von Tokarew basiert. Entwickelt von Dieudonné Saive, wurde es zunächst 1946 bei Enfield (Saive war nach dem Einmarsch der Deutschen in Frankreich in Mai 1940 nach England geflohen) als SLEM (experimenteller Selbstlader) gebaut. Es wurde schließlich in einer Vielzahl unterschiedlicher Kaliber gebaut und war Anfang der 50er Jahre recht erfolgreich im Export, obwohl es aufgrund der hohen Fertigungsqualität recht teuer war.

Die ersten Prototypen des Nachfolgers für das SAFN wurden im Februar 1948 im deutschen Kaliber 7,92 mm kurz vorgeführt. Sie erschienen 1950 in leicht modifizierter Form und verschossen nun die leichte, aber auch schwächere 7-mm-Patrone, die die Briten einführen wollten und die auch bei den experimentellen EM1 und EM2 zum Einsatz kam. Diese Gewehre zählen zu den ersten modernen Bullpup-Waffen und hatten natürlich auch entsprechenden Einfluss. Darüber wird noch berichtet, denn sie zählen eher zur nächsten Generation der Dienstwaffen. Vom FN FAL wurde ebenfalls eine Bullpup-Version entwickelt, sie blieb aber ein Prototyp. Das Gewehr von 1950 hatte den simplen Saive-Mechanismus, ein abnehmbares Magazin für 20 Schuss, einen vollen Pistolengriff, einen geraden Kolben (entweder aus Holz oder klappbar aus Metall) und erinnerte irgendwie an das deutsche FG42. Ein neues Merkmal hatte es auch – einen Tragegriff, der genau im Schwerpunkt lag und der rechts neben dem Magazin abgeklappt werden konnte, wenn er nicht in Benutzung war. Wichtiger noch war das einstellbare Gasregelventil. So konnte man dem Aufbau von Ablagerungen im Gaszylinder entgegenwirken, indem man einfach mehr Gas gab.

Das FN FAL besitzt einen einfachen Mechanismus. Das Gas wird aus dem Lauf über das Gasregelventil in den Gaszylinder geführt, wo es den leichten, federbelasteten Kolben antreibt, der wiederum auf den oberen Stoßboden des Verschlussträgers trifft. Der Träger, der den Verschluss in Form eines großen umgekehrten „U" fast ganz umschließt, läuft frei über acht Millimeter – dabei sinkt der Druck im Ladungsraum ab – bevor der Entriegelungsnocken die Rückseite des Verschlusses aus der Vertiefung im Gehäuseboden hebt. Verschluss und Träger können nun frei gegen den Druck einer Rückstoßfeder nach hinten laufen, die durch die gesamte Länge des Kolbens verläuft. Der Rest läuft auf die übliche Art ab; die Verriegelung erfolgt, sobald die Nockenbahn auf dem Verschlussträger die Rückseite des Verschlusses wieder in die Vertiefung drückt und dort festhält. Mit Hilfe eines Hebels auf der linken Seite kann von Hand gespannt werden. In seiner ursprünglichen Form hatte das FAL Feuerwahl.

Der Wahl-, gleichzeitig Sicherungshebel, sitzt links unmittelbar hinter dem Abzug. Als das Gewehr beim britischen Heer als Selbstladegewehr L1A1 eingeführt wurde, ließ man die Möglichkeit des Dauerfeuers weg. Bei der starken Munition hatte sie ohnehin keinen großen Wert; das Gewehr war einfach zu leicht zum Zielen, selbst wenn es mit einem Zweibein und einem schwereren Lauf ausgerüstet war. Andere Benutzer innerhalb und außerhalb der NATO folgten diesem Beispiel; die meisten aber beließen die Feuerwahl. Bei knapp 4,5 kg ungeladen und 5 kg mit einem vollen Magazin war das Gewehr kein Leichtgewicht; erst die Einführung des Kunststoffschafts sorgte für eine leichte Verbesserung. Die 7,62-mm-NATO-Patrone galt damals schon als eigentlich zu stark für ein Gewehr dieser Art. Trotzdem fand das FAL weite Verbreitung, es wurde außer in Belgien in acht weiteren Ländern hergestellt und in etwa 30 als Dienstwaffe eingeführt. Allerdings ist es inzwischen fast überall abgelöst, nur die ärmsten Nationen sind ihm noch treu geblieben.

Im Jahr 1966 war Ernest Vervier, der mit Saive an der ursprünglichen Konstruktion gearbeitet hatte, zuständig für die Umwandlung des FAL in den Carabine Automatique Léger, der über einen Drehverschluss mit Verriegelungskamm verfügte. Beim CAL wurde mehr Kunststoff verbaut und ein 470 mm langer Lauf an Stelle der 533 mm der schwereren Waffe eingesetzt. Noch wichtiger, das CAL war auf die 5,56-mm-Patrone ausgelegt, die FN auf der Grundlage einer Remington-Patrone entwickelt hatte und die bald zum Standard werden sollte. Diese Patrone und die entsprechenden Gewehre werden hier noch eingehender betrachtet. In der ersten Version hatte das CAL noch ein weiteres interessantes Merkmal bei der Feuerwahl: Der Wahlhebel hatte eine vierte Stellung, den „Feuerstoß", wobei jedesmal drei Schuss abgefeuert wurden, wenn der Abzug gedrückt wurde. Dieses erstrebenswerte Merkmal wurde auch bei anderen Sturmgewehren kopiert und ist seitdem häufiger zu finden.

ANDERE SELBSTLADEGEWEHRE IM GROSSEN KALIBER

Die häufigsten Selbstladegewehre im großen Kaliber sind das FN FAL, das Heckler & Koch G 3 und das M14. Daneben wurden aber in den ersten zehn Jahren nach dem Zweiten Weltkrieg viele andere Waffen dieser Art entwickelt und ausgegeben. Die erste kam aus Frankreich und wurde in Saint Etienne entwickelt. Die Arbeit hatte sofort nach der Befreiung im Jahr 1944 begonnen. Sogar vor dem Krieg waren schon ein paar Prototypen von Selbstladegewehren (als MAS38-39) gebaut worden, die aber auf keine große Stückzahl kamen. Eine überarbeitete Version, das MAS44, wurde schon vor Kriegsende in die Produktion genommen, sodass die französischen Truppen, die die letzten Gefechte mit den Deutschen ausfochten, zum Teil mit dieser Waffe ausgerüstet waren. Auch in Indochina kamen sie 1945/46 bei dem sinnlosen Versuch, die Kontrolle zurückzugewinnen, noch zum Einsatz.

Das prägnanteste Merkmal des MAS44 und seines weiter verbreiteten Nachfolgers, des MAS49, war das Fehlen des Gaskolbens. Das Treibgas wurde statt dessen in eine enge, röhrenförmige Kammer oberhalb des Rohrs geblasen (sie lag bei den ersten Gewehren in der Mitte des Laufs, später näher am Verschluss) und wirkte direkt auf den Verschlussträger. Der Mechanismus mit dem Kippverschluss ähnelte ansonsten dem des Tokarew oder des englisch-belgischen SLEM. Die Methode stieß zunächst auf Skepsis; die Kritiker glaubten, dass der unvermeidliche Aufbau von festen Ablagerungen im Mechanismus zu häufigen Versagern führen würde. Es stimmt auch, dass solche Waffen besonderer Pflege bedürfen. Als aber die gleiche Methode auch bei anderen Selbstladegewehren angewandt wurde (hier besonders das AR-15/M16), verstummte die Kritik allmählich.

Etwas überraschend, angesichts der Vorliebe der Franzosen für Eigenentwicklungen, wurde die Patrone 7,5 mm x 54 M1929, die für das MAS36 entwickelt worden war, beinahe zu Gunsten der amerikanischen M2 .30-06 aufgegeben, von der ja zur Zeit ihrer Einführung Millionen kostenfrei zur Verfügung standen. Nach 1953, als die NATO-Patrone 7,62 mm x 51 zum Standard wurde, ließ man einige Gewehre darauf umrüsten.

***UNTEN:* Die russische AK103 basiert auf dem Mechanismus der AK74M, verschießt aber die „alte" Patrone 7,62 mm x 39 M1943. Es gibt auch eine Version mit kürzerem Lauf (AK104).**

Schließlich siegte aber die Tradition, und Frankreich schloss sich den Bündnispartnern nicht an. Das MAS44/49 (die Unterschiede zwischen beiden sind sehr gering) sah sehr altmodisch aus mit seinem integrierten Magazin für 10 Schuss und dem Vollholzschaft. Das wichtigste Zubehör bei den späteren Modellen umfasste Schwalbenschwanzhalterungen für Zielfernrohre und einen integrierten Granatwerfer. Normalerweise gab es keine Vorrichtung für ein Bajonett, aber einige Waffen wurden örtlich umgebaut, um das kurze Bajonett des MAS36 aufzunehmen. Trotz der Verwendung von Aluminium war das MAS49 mit über 4,5 kg ungeladen eine schwere Waffe; es gab aber auch Exemplare mit einer klappbaren Schulterstütze aus Aluminium. Mit dem MAS49 kämpften die französischen Soldaten in den beiden Kriegen in Indochina und Algerien. Mit nur geringfügigen Änderungen (hauptsächlich die Kürzung des Vorderschafts und der Einbau einer Mündungsbremse bei dem Granatwerfer, der nun auch amerikanische Granaten aufnehmen konnte) blieb das MAS49/56 bis Anfang der 80er Jahre bei der Truppe, bis es schließlich durch das FA MAS in Bullpup-Form abgelöst wurde.

Ein weiteres Selbstladegewehr aus dem Zweiten Weltkrieg, das ohne Gaskolben auskam, wurde von Eklund und Ljungmann bei der staatlichen schwedischen Waffenfabrik als Halvautomatiskt Gevär oder AG42 im Kaliber 6,5 mm x 55 gebaut.

Diese Waffe hatte einen Drehverschluss, der durch Nockenbahnen im Träger geführt wurde. Das interessanteste an diesem schwedischen Gewehr ist wohl die Tatsache, dass es schon ein Jahr nach den ersten Zeichnungen an die Truppe ausgegeben wurde – eine beachtliche Leistung, die aber zu zahlreichen Mängeln an der fertigen Waffe führen sollte. Die meisten wurden mit der Einführung des AG42B im Jahr 1953 behoben. Es wurde auch in Ägypten im Kaliber 7,92 mm Mauser unter der Bezeichnung Hakkim für die eigenen Streitkräfte hergestellt, bevor Ägypten sich der Sowjetunion annäherte.

In Dänemark modifizierte Madsen das Gasrohr so, dass es sich um den Lauf wand. So konnten sich nicht so schnell Ablagerungen im Gehäuse bilden, dafür war die Reinigung dieses Systems fast unmöglich. Das dänische Heer zeigte kein Interesse und schaffte statt dessen das Heckler & Koch G 3 an.

Kalaschnikow AKS74

Kaliber: 5,45 mm x 39
Gewicht: 3,0 kg
Länge (Schulterstütze ausgezogen): 940 mm
Lauflänge: 415 mm
Effektive Schussentfernung: 300 m
Ausführung: Gasdrucklader, wahlweise Automatik, abnehmbares Kastenmagazin mit 30 Schuss
Feuergeschwindigkeit: 600 Schuss/min
Mündungsgeschwindigkeit: 900 m/s
Herstellerland: Sowjetunion

DER WEG ZUM KLEINEREN GESCHOSS

Kaum hatte die NATO sich auf den Standard 7,62 mm x 51 für Infanterie- und leichte Unterstützungswaffen festgelegt, als die Amerikaner 1953 die technischen Forderungen für ein noch leichteres Gewehr vorlegten. Sie waren es gewesen, die ihren Bündnispartnern diese Patrone trotz ihrer Nachteile aufgezwungen hatten, weil sie eine starke emotionale Bindung zu der eng damit verwandten .30-06 hatten. Nun war klar, dass das neue Gewehr auch eine kleinere, leichtere Patrone mit sich bringen würde.

Es ist hauptsächlich einem Mann, nämlich Eugene Stoner, zu verdanken, dass die Wahl schließlich auf die 5,56 mm x 54 fiel. Remington hatte diese Patrone als .222 bereits auf dem Markt. Das Projektil wog lediglich 3,56 g und die Treibladung in der kleineren Hülse betrug 1,55 g. Verglichen mit dem 9,7-g-Geschoss und der 3-g-Treibladung der NATO-Patrone M59 (die US-Standardpatrone; andere NATO-Patronen hatten etwas abweichende Werte – die britische L2A2 war etwas leichter und hatte eine kleinere Treibladung) war das nicht einmal die Hälfte.

***RECHTS:* Die Kalaschnikow im Kaliber 5,45 mm wurde auch als AKS74U mit erheblich kürzerem Lauf gebaut. Auffällig ist der altertümliche kegelförmige Mündungsfeuerdämpfer auf dem Lauf.**

In der Form, wie sie schließlich eingeführt wurde, verfügte sie nach Ansicht eines Experten über „eine glückliche Kombination aus Masse und Stabilität; das Projektil schlingert schnell, wenn es auf das Ziel trifft und lässt seine Energie massiv wirken... und durchschlägt nicht nur das Ziel, ohne viel Energie abzugeben".

Stoner war nicht der einzige, der das Kaliber 5,56 mm für besonders geeignet für ein Sturmgewehr hielt. Die Konstrukteure Ernest Vervier und Maurice Bourlet in Herstal-lez-Liège arbeiteten an einem

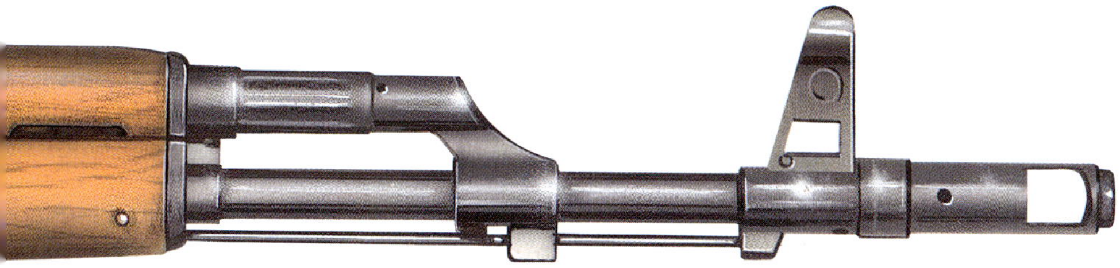

LINKS: **Der ursprünglichen AK47 sehr ähnlich, ist die AK74M nichts weiter als eine aktuelle Variante mit geändertem Lauf und Ladungsraum für die neue Munition.**

Miniaturkarabiner, einer Version des FN FAL, die als CAL (siehe oben) erscheinen sollte. Diese Waffe war kommerziell nicht sehr erfolgreich, lieferte aber wichtige Daten über das Verhalten der neuen 5,56-mm-Patrone, die die Belgier als Alternative zur Stoner-Patrone anboten.

Von außen sah die SS109, wie die belgische Version bezeichnet wurde, der amerikanischen Patrone recht ähnlich, die ballistischen Eigenschaften waren jedoch ganz anders. Die amerikanische M193 war auf eine Entfernung von 400 m optimiert – obwohl an diesem Punkt die Abweichung der Flugbahn Visierlinie mit 76 cm an der Grenze des Akzeptablen liegt – die SS109 war hingegen über größere Entfernungen erheblich besser.

Zu jener Zeit (in der Mitte der 70er Jahre) musste die NATO sich für einen Nachfolger der 7,62-mm-Patrone entscheiden. Großbritannien wollte eine 4,85-mm-Patrone, Deutschland eine von 4,6 mm (oder eine revolutionäre hülsenlose Patrone im Kaliber 4,75 mm), während Frankreich (kein volles NATO-Mitglied mehr, aber doch noch mit Einfluss) und Belgien sowie die USA das Kaliber 5,56 mm bevorzugten. Die Sache wurde schließlich 1978/79 nach langen Versuchsreihen entschieden, die belgische Patrone wurde Testsieger.

Der Entschluss, die kleine Patrone einzuführen, hatte weit reichende Konsequenzen und führte zu einem Umrüstungsprogramm, das ebenso umfassend war wie in den 1880er Jahren nach der Einführung des rauchlosen Pulvers.

Innerhalb von zehn Jahren waren alle größeren Heere der Welt (wie auch viele der kleineren) außer der Bundeswehr, die noch keine Waffen im neuen Kaliber eingeführt hatte, gezwungen, dies auch zu tun. Dabei wurden Hunderte Millionen ausgegeben. Natürlich wollte auch die damalige Sowjetunion nicht zurückstehen und führte ebenfalls eine Kurzpatrone unter 6 mm ein – im Kaliber 5,45 mm x 39 – allerdings musste sie ihre Waffen nur minimal anpassen.

STONER UND ARMALITE

Die Armalite Corporation wurde Ende der 40er Jahre gegründet und 1954 von dem Flugzeughersteller Fairchild übernommen. Chefingenieur wurde Eugene Stoner, ein ehemaliger Marineinfanterist. Im gleichen Jahr wurde die Firma gebeten, ein Überlebensgewehr (eine leichte Waffe, eher zur Jagd auf Kleinwild als für den Krieg geeignet) für die US Air Force als Nachfolger des M6 von Harrington & Richardson zu bauen. Dieses war eine klappbare Ganzstahl-Bockbüchsflinte mit einem gezogenen .22-Lauf über einem glatten .410-Lauf. Armalite entwickelte unter der Bezeichnung AR-5 oder MA1 ein Zylinderverschlussgewehr für die .22-Hornet-Patrone, gerade einmal 762 mm lang und 1,25 kg schwer.

Es war ein echter „Baukasten", der sich problemlos und ohne Werkzeug in Kolben, Gehäuse, Magazin und Lauf zerlegen ließ; die letzten drei Bauteile (größtenteils aus Aluminium) passten in den Kolben, eine hohle Form aus glasfaserverstärktem Kunststoff. Obwohl das MA1 durchaus wirksam war, wollte die US Air Force es nicht einführen, weil sie noch zu viele Gewehre in den Depots hatte. (Die Sondertruppen hatten aber eine Version für verdeckte Einsätze, die Unterschallmunition verfeuerte und über einen Schalldämpfer verfügte). Eine im Prinzip ähnliche Konstruktion, allerdings im Kaliber .22 lang (mit Rand) und als Rückstoßlader wurde unter der Bezeichnung AR-7 Explorer auf dem freien Markt angeboten, hatte aber wegen des Preises von 49,95 Dollar und restriktiver Waffengesetze nicht viel Erfolg.

Vor seiner Zeit bei Armalite hatte Stoner ein Selbstladegewehr mit konventionellem Gaszylinder und Kolben und einem Drehverschluss nach Mauser-Art gebaut. Wie die kleinen Überlebensgewehre hatte es einen Glasfaserschaft und bestand größtenteils aus Aluminium. Es blieb aber in der Prototypenphase und sollte wohl auch nur eine Stilübung sein, die Stoners Ideen darstellte. Es wurde als AR-3 bekannt und später zum AR-11 weiter entwickelt. Dieses diente als Versuchsträger für die Hochgeschwindigkeitspatrone .222 von Remington, aus der dann die 5,56 mm M109 wurde.

Ungefähr zur gleichen Zeit, als die AR-3-Prototypen gebaut wurden, nämlich 1953, begann Stoner auch mit der Arbeit an einem militärischen Selbstladegewehr, das schließlich als AR-10 bekannt wurde. Es kam ohne Gaszylinder und Kolben aus und ließ statt dessen, wie bei Saives SLEM, beim AG42 und beim MAS44/49, das Treibgas unmittelbar auf den Verschlussträger wirken. Das wichtigste Element war der vorn verriegelte Drehverschluss mit einer Vielzahl an Verriegelungswarzen, der später auch beim Gewehr AR-15 und bei halbautomatischen Schrotflinten wie auch bei der Mehrzweckwaffe Model 63 zu finden war, die Eugene Stoner nach seinem Abschied von Armalite entwickelt hatte (wie auch bei Armalites späterem AR-18 und einer Vielzahl ähnlicher Konstruktionen wie den britischen und österreichischen Bullpup-Waffen, siehe unten).

Es handelte sich mit Sicherheit um Stoners wichtigsten Beitrag zur Entwicklung der modernen Feuerwaffe, obwohl er nicht von ganz allein darauf gekommen war – er baute auf der Arbeit auf, die Melvin Johnson zwei Jahrzehnte zuvor geleistet hatte.

Das Stoner-System in seiner ursprünglichen Form zapfte das Gas über eine Bohrung und ein Edelstahlrohr ab, das etwa nach zwei Dritteln des Wegs zwischen Verschluss und Mündung montiert war. Danach floss es in einen Raum innerhalb der zylindrischen Hülle des Verschlussträgers und schob diesen zurück. Nach einem Weg von ungefähr drei Millimetern und während der Gasdruck auf ein ungefährliches Maß abfiel, rastete ein Verriegelungsschlitz in der Innenwand des Trägers in einen Stift auf dem Verschluss ein und drehte diesen im Uhrzeigersinn um 22,5 Grad um seine eigene Achse, sodass die sieben Verriegelungswarzen am Verschlusskopf in die sieben Nuten in der Verlängerung des Laufs einrasteten. Wo die achte Warze hätte sitzen müssen, befand sich ein Schlitz mit dem Auszieher. Der Träger zog dann den Verschluss nach hinten, um den Arbeitszyklus zu beginnen. Es gab keine erste Phase des Ausziehens, und die Verriegelung lief genau entgegengesetzt ab, unterstützt von einer Schraubenfeder im Kolben. Abzug, Hahn und Sicherungs-/Umschalthebel der Stoner-Waffe waren fast identisch mit denen des M14.

Stoner baute das Gewehr, aus dem später das AR-10 werden sollte, zunächst für die Patrone M2 .30-06 und ab 1955 für die NATO 7,62-mm-Patrone. Während des Entwicklungsprogramms versuchte er sich an verschiedenen Neuerungen, unter anderem mit einem avantgardistischen Lauf, bestehend aus einem Aluminiumrohr mit einer Titaneinlage. Nachdem das AR-10 1956 als Nachfolge für das M1 abgelehnt wurde, suchte Armalite andere Abnehmer und schloss im folgenden Jahr einen Vertrag mit dem niederländischen Staatsarsenal über den Bau der Waffe. Die Herstellung der Werkzeuge dauerte aber zu lange, sodass das niederländische Heer wie schon die US Army die Waffe ablehnte (die Wahl fiel auf das FN FAL). Als das AR-10 endlich gebaut werden konnte, gab es kaum noch potenzielle Kunden; ein paar Waffen wurden nach Burma, Nicaragua, Portugal und in den Sudan verkauft – alle nicht gerade Großmächte – und 1958, nach 5000 Exemplaren des AR-10, löste man den Vertrag auf. Zu diesem Zeitpunkt war schon das AR-15 im Kaliber 5,56 mm produktionsreif, und im Januar 1959 erwarb die Colt Patent Firearms Company das Recht zur Herstellung beider Waffen. Das war wahrscheinlich die klügste Entscheidung der Firma seit dem Erwerb der Rechte an John Moses Brownings Selbstladepistolen in den USA zu Anfang des Jahrhunderts. Es stellte sich heraus, dass das AR-10 am Markt vorbei entwickelt wurde, sodass es nie in die Produktion ging. Dafür konzentrierte sich Colt nun auf die Fertigung der leichteren Waffe.

DAS GEWEHR AR-15/M16

Viel von dem Äußeren des neuen Gewehrs – das geradlinige Profil mit der durchgezogenen Linie vom Lauf bis zum Schaft und die Kombination aus Kimme und Tragegriff – war direkt vom AR-10 kopiert, ebenso wie die direkte Gaszuführung, der Drehverschluss mit den vielen Verriegelungswarzen und der Abzugs-/Sicherungsmechanismus. Das AR-15 war einfach eine Verkleinerung, um die Forderungen des Infanterieausschusses der US Army nach einem Gewehr zu erfüllen, das nicht mehr als 2,75 kg wiegen sollte; diesen Wert konnte das AR-15 nicht ganz erreichen. Ein frühes M16 mit gefülltem 20-Schuss-Magazin und Tragegurt wog über 3,5 kg. Weitere Forderungen waren Feuerwahl und ähnliche ballistische Eigenschaften über 450 m wie bei dem M1. Das schien zunächst eine schwierige Aufgabe, aber das einzige ernsthafte Problem, mit dem Stoner und sein Team zu kämpfen hatten, war das Fehlen geeigneter Munition.

Wie wir wissen, fiel die Wahl schließlich auf die .222-Remington mit einem 3,56 g schweren Geschoss, die eine Mündungsgeschwindigkeit von 920 m/s ermöglichte, aber über 400 m etwa 840 mm an Höhe verlor und nur halb so viel kinetische Energie hatte wie die M2 .30-06, die über die gleiche Entfernung um 595 mm sank. Armalite bat die Sierra Bullet Co. um die Entwicklung einer neuen Patrone, und das Resultat war ein hinten angespitztes Geschoss, das nicht nur aerodynamisch besser war, sondern auch dazu neigte, im Ziel zu schlingern (siehe oben), was die Kritik an der schwachen Durchschlagskraft verstummen ließ. Die Hülse wurde etwas verlängert, um eine größere Treibladung aufzunehmen. Dadurch stieg die Mündungsgeschwindigkeit auf 990 m/s. Die neue Patrone wurde als .222 Special (in militärischen Kreisen M193) bezeichnet, bis Remington eine ähnliche Patrone als .222 Magnum brachte. Danach hieß sie .223 Remington. Oft wird behauptet, dass es für Armalite vernünftiger gewesen wäre, eine völlig neue Patrone, etwa im Kaliber .26 (6,6 mm) mit einem 5,2–5,8 g schweren Geschoss zu entwickeln, anstatt die .222 zu übernehmen, mit der Stoner bis dahin experimentiert hatte. Ein Blick auf Patronen dieses Kalibers ist ganz lehrreich: Die .257 Winchester Magnum beispielsweise produziert mit einem 5,64 g schweren Geschoss eine Mündungsgeschwindigkeit von 1166 m/s und hat fast die gleiche kinetische Energie wie die M2 30-06. Sie verliert weniger als 200 mm Höhe auf 400 m. Die Briten, denen vom Kaliber 7 mm „abgeraten" wurde (siehe unten), beschrieben später die 6,25-mm-Patrone von Enfield als idealen Kompromiss zwischen der Durchschlagskraft der 7,62-mm-NATO-Patrone und dem Rückstoß der 5,56 mm M193.

Nach umfangreichen Erprobungen an verschiedenen Orten und weiteren Ände-

RECHTS: **Soldaten der französischen Fremdenlegion vom 2. Régiment Etranger Parachutist bei einer Parade mit ihren 5,56-mm-Bullpup-Gewehren von FAMAS in der Nähe von Calvi auf Korsika.**

rungen wurde das AR-15 im Jahr 1961 bei der US Air Force eingeführt, und die Army wie auch das Marine Corps folgten zwei Jahre später – nach vielen Unmutsäußerungen und Streitigkeiten. Inzwischen hatte Colt schon einige Exporterfolge erzielt, besonders in Südostasien. Später wurde es auf den Philippinen und in Singapur in Lizenz gebaut, denn es war aufgrund von Größe und Gewicht sehr gefragt bei der dortigen Infanterie, deren Soldaten ja etwas kleiner sind als die amerikanischen. Bis 1966 hatte die US-Regierung 413 500 Stück beschafft, erwarb dann bei Colt für 4,5 Millionen Dollar eine Lizenz und ließ die Waffe bei Harrington & Richardson und bei General Motors bauen. Innerhalb der ersten zehn Jahre wurden etwa 4 Millionen Exemplare gebaut.

Als das M16 erstmals an die Soldaten in Vietnam ausgegeben wurde, galt es als selbstreinigend – ein Idealzustand, von dem wir auch heute noch weit entfernt sind – und die Soldaten behandelten es dementsprechend. Innerhalb kürzester Zeit führten Ladehemmungen und Versager zu einer Untersuchung durch einen Kongressausschuss. Dieser kam zu dem Ergebnis, dass es wohl doch erforderlich war, die Waffe zu reinigen.

Der Grund lag unter anderem in einer nicht bekanntgegebenen Änderung des Treibmittels, vom zylindrischen IMR zu einer neuen Mischung aus kleinen Pulverkugeln. Dadurch erhöhte sich die Gasmenge und auch die Feuergeschwindigkeit, leider aber auch die Menge der Verbrennungsablagerungen im und um den Verschlussträger. Wenn diese abkühlten und fest wurden, waren sie so stark, dass der Verschluss nicht mehr entriegeln konnte. Da er auch nicht manuell durch Betätigen des Spannhebels befreit werden konnte, war das Gewehr dann unbrauchbar. Dagegen gab es drei Mittel: Die Ausgabe von Reinigungszeug mit entsprechenden Anleitungen, die Verchromung des Patronenlagers und die Änderung des Rückschlagpuffers zur Reduzierung der Feuergeschwindigkeit.

Weitere Modifikationen in der Frühzeit umfassten engere Züge (statt einer Windung über 356 mm nun eine Windung über 305 mm), nachdem sich gezeigt hatte, dass das leichte Geschoss bei Temperaturen unter dem Gefrierpunkt (wenn die Luft dicker ist) den für die Stabilität erforderlichen Drall nicht mehr aufbauen konnte. Andererseits sorgte ja diese geringe Stabilität für den gewünschten Schlingereffekt, also musste man sehr vorsichtig an die Änderung herangehen, um diese Eigenschaft nicht zu verlieren. Dazu gab es eine Vorrichtung zum manuellen Verriegeln des Verschlusses, um auch eine verschmutzte oder verbogene Patrone laden zu können – aus technischer Sicht eine höchst unbefriedigende Lösung; die Soldaten waren aber begeistert. Das Magazin mit 30 Schuss wurde ebenfalls standardisiert, und die entsprechenden Gewehre hießen nun M16A1. Im Jahr 1982, als die USA dem Druck ihrer NATO-Partner nachgeben und die belgische SS109 mit ihrem längeren, schwereren Projektil (23,45 gegenüber 18,8 mm und 4 g an Stelle von 3,5 g) einführen musste, war es erforderlich, den Lauf des M16 zu ändern. Colt nutzte die Gelegenheit zu weiteren Verbesserungen. Der neue Lauf war schwerer und somit steifer und präziser. Die Züge wiesen eine Windung auf 178 mm auf, und es gab einen neuen Mündungsfeuerdämpfer/Rückstoßverstärker. Dazu wurde der vordere Griff mit einem Profil versehen und die Kimme verbessert. Der Auswurfschlitz erhielt ein Ablenkblech (besonders von Linkshändern begrüßt, denen vorher die heißen Hülsen in das Gesicht flogen), und das Dauerfeuer wurde durch einen Feuerstoß von drei Schuss ersetzt. Das verbesserte Gewehr wurde zunächst 1983 in kleiner Zahl als M16A2 ausgegeben, die umfangreiche Ablösung der ersten Version begann 1986.

DAS STONER-SYSTEM

Wie die meisten Konstrukteure von Selbstladegewehren glaubte auch Stoner, dass diese Waffe das leichte MG als Unterstützungswaffe auf Gruppenebene

OBEN: **Eine ganz andere Situation – aber die gleichen Männer und das gleiche Gewehr. Die Fallschirmspringer der Fremdenlegion steigen aus einem PUMA-Hubschrauber, das FAMAS-Gewehr voraus.**

ablösen oder zumindest ergänzen konnte. So entwickelte er eine Variante des AR-10 mit schwererem Lauf und einem Zweibein und stellte das System grundsätzlich auf Gurtzuführung um. Gleichzeitig baute er auch einen schnell auswechselbaren Lauf und ein schwenkbares Dreibein. Er fand zwar weder Abnehmer für das leichte MG noch für die Karabinerversion mit kürzerem Lauf, aber das schreckte ihn nicht davon ab, auch das AR-15 entsprechend umzurüsten. Colt baute die Version mit dem kurzen Lauf – zusätzlich noch mit einziehbarer Schulterstütze – als Commando. Diese Waffe wurde in Vietnam und danach bei den Sondereinheiten eingesetzt. Das leichte MG mit Gurtzuführung wurde als Colt Automatic Rifle (eine offensichtliche Hommage an John Browning) gebaut, blieb aber ohne Erfolg.

Ein einfacherer und eher konventioneller Ansatz für das Problem der örtlichen Feuerunterstützung war die Ausrüstung von Gewehren mit Granaten, und so erhielten viele M16 unter dem Lauf montierte Granatwerfer für 40-mm-Gewehrgranaten.

Es handelte sich um die Granaten aus dem tragbaren Granatwerfer M79, die einer riesigen Pistolenpatrone ähnelten. Nachdem mehrere Systeme probiert wurden, entschied man sich für das M203 – ein simples Rohr, das auf einer festen Schiene zum Beladen nach vorn lief und über einen eigenen Abzug unmittelbar vor dem Magazin des M16 verfügte. Diese Art von Gewehrgranate wurde nicht zum ersten Mal erprobt – das italienische Heer hatte im Zweiten Weltkrieg ein ähnliches System eingesetzt – machte diese Waffe aber erst richtig populär. Die Alternative, Granaten, die wie Mörsergeschosse mit Treibstempel aussahen, aber über die Gewehrmündung passten und durch eine besonders starke Platzpatrone (oder in einer neueren Entwicklung von FN durch eine konventionelle Patrone) abgeschossen wurden, blieb weiterhin gefragt.

DAS SYSTEM 63

Stoner befasste sich mehr als alle anderen Konstrukteure mit dem Gedanken der Allzweckwaffe, wie er auch mit seiner nächsten Schöpfung bewies. Das System 63, wie er die Waffenfamilie nannte, wurde nach seinem Abschied von Armalite entwickelt und bei Cadillac Gage, einem Hersteller leichter Panzer, gebaut. Das System umfasste 15 Baugruppen, woraus fünf Waffen zusammengesetzt werden konnten: eine MP, ein Karabiner, ein Sturmgewehr, ein leichtes MG und ein Allzweck-MG für Dauerfeuer. Sie teilten sich ein gemeinsames Gehäuse; die Unterschiede lagen im Lauf, im Schaft, in der Munitionszuführung und in der Wahl zwischen Kastenmagazin und Gurt. Sowohl die US Navy als auch das Marine Corps unterzogen das M63 ausgedehnten Erprobungen in Vietnam, aber einführen wollten sie es dann doch nicht.

DIE BILLIGVERSION

Armalite musste 1961 einige Veränderungen durchmachen; es wurde von Fairchild getrennt und als Armalite Inc. eine eigenständige Firma, und es verlor seinen Chefkonstrukteur. Trotz alledem ging die Entwicklung des Selbstladegewehrs weiter: Im Jahr 1964 erschien das AR-18. Es war auf geringe Produktionskosten getrimmt und verschoss die handelsübliche (und weit verfügbare) .223-Patrone von Remington. Das Gewehr wies Elemente aller früheren Baureihen auf, unterschied sich aber stark vom AR-10/AR-15, weil es mit Gaszylinder und Kolben arbeitete, allerdings auf unkonventionelle Weise. Äußerlich sah es den früheren Armalite-Modellen kaum ähnlich, eher schon dem FN FAL. Beim AR-18 wurde das Gas nach zwei Dritteln des 465 mm langen Laufs in einen darüber liegenden Edelstahlzylinder abgezapft, der die Form eines hohlen Zapfens hatte. Darüber saß ein etwas längerer Kolben. Der Zapfen hatte drei Dichtringe am hinteren Ende. Wenn der Kolben nun um 12,5 mm zurücklief, gingen vier Bohrungen an den Ringen vorbei, und das verbliebene Gas entwich unter dem Vorderschaft. Der Kolben stieß auf eine zweiteilige federbelastete Betätigungsstange, die wiederum die Energie auf den Verschlussträger übertrug, den Verschluss nach Stoner-Art drehte und den Mechanismus in Gang setzte. Der Verschlussträger war an zwei länglichen Stangen verriegelt, die durch ihn hindurchliefen; dort saßen auch die zwei Rückholfedern.

Der Schlagbolzen hatte eine schwere Haltefeder – während der des AR-15 freischwimmend war – um versehentliches Auslösen zu verhindern, wenn die geladene Waffe auf den Kolben fiel. Dieser Mechanismus ähnelt dem des Gewehr 43 aus dem Zweiten Weltkrieg.

Das herausragendste Merkmal, wenn man es so nennen kann, war die Art, wie das AR-18 gebaut wurde: Es bestand aus 28 einfachen Teilen, die auf Werkzeugmaschinen gebaut wurden, wie man sie in jeder besseren Werkstatt findet: Drehbänke, Fräsen usw. Die Waffe bestand aus 14 Pressteilen, drei bearbeiteten Gussteilen, sechs Formteilen und vier etwas komplizierteren Teilen: Lauf, Laufverlängerung, Verschlussträger und Auszieher. Das Gehäuse war ein einziges Pressteil, das zu einem Gehäuse gebogen und unten verschweißt wurde. Die Führungsrippen für den Stift, auf dem der Verschluss sich drehte, waren an der linken Seite mit Schweißpunkten befestigt; der zweiteilige Vorderschaft (mit einem Hitzeschild aus Blechprägung ausgekleidet) bestand ebenso aus hochschlagfestem Kunststoff wie die Hälften des Pistolengriffs und die (klappbare) Schulterstütze. Armalite ging davon aus, dass sich bereits bei einer Produktion von 50 000 Einheiten die Einrichtung des Werks lohnen würde, das bedeutet bei einer Serienproduktion keine besonders große Zahl.

Das Gewehr wurde von 1967 an in Japan bei der Howa-Maschinenfabrik gebaut und daraufhin von den US-Streitkräften erprobt. Sie fanden Gefallen daran, lehnten es aber trotzdem ab, weil es zwar besser war als das M16, aber auch nicht so viel besser, dass die US-Regierung die Investition von 4,5 Millionen Dollar in den Wind schreiben wollte, die die Rechte am M16 gekostet hatten. Ab1968 wurde die Waffe auch bei Armalite in Kalifornien gebaut und war in der Standard-Militärversion AR-18S mit Feuerwahl und erheblich kürzerem Lauf als MP erhältlich. Daneben gab es das AR-180 für die Polizei sowie als „Sportwaffe" mit stark überarbeitetem Abzugsmechanismus, der nur auf Einzelfeuer ausgelegt war. So umfangreich geändert wurde es nur, um die Möglichkeit einer Rückrüstung auszuschließen. Das AR-18 und seine Varianten wurden auch in England bei Sterling Arms gebaut, einem der neuen unabhängigen Hersteller, der sich ebenso wie Armalite in den 80er Jahren seinen Teil aus dem millionenschweren Markt für militärische Handwaffen sicherte.

ANDERE 5,56-MM-SELBSTLADEGEWEHRE

Wie bereits erwähnt, stellten sich die meisten Hersteller von Selbstladegewehren außerhalb des Warschauer Paktes in den 60er und 70er Jahren auf den neuen Standard von 5,56 mm um. Einige blieben dem Prinzip ihrer Waffen der ersten Generation treu: Heckler & Koch baute das HK 33 und benutzte den rollenverzögerten Masseverschluss aus dem G3, und in Spanien benutzte CETME die gleiche Bauweise für das Modell L und das kürzere Modell LC. Andere nahmen Elemente aus früheren Konstruktionen und modifizierten das eine oder andere Bauteil. FN baute eine neue Verriegelung für das CAL, und SIG ging sogar noch weiter: Dort wurde das 530 mit einem kombinierten Mechanismus gebaut. Es verfügte über einen großen Gaszylinder mit Kolben. Dieser wirkte auf eine Stange, die die Verriegelungsrollen in den Vertiefungen des Gehäuses hielt. Sobald die Stange freigegeben wurde, drückte der restliche Gasdruck den Verschlussblock nach hinten, woraufhin der Druck aus dem Verbrennungsraum und der aus dem Gaskolben den Verschlussblock weiter transportierten und den Mechanismus auf übliche Weise in Gang setzten. Die Vorholfeder hatte einen ungewöhnlichen Platz: Sie saß im Kolben und wirkte gegen eine Platte im Gehäuse. So konnten die verschiedensten Kolben – oder überhaupt keiner – benutzt werden.

Das spätere SIG 540 – in beiden NATO-Kalibern 7,62 mm und 5,56 mm erhältlich – war eine eher konventionelle Konstruktion mit Gaskolben und Drehverschluss. Das Modell 550, das schließlich beim Schweizer Bundesheer als StG90 zum Standardgewehr wurde, war eine aktualisierte Variante, an der zwecks Gewichtsreduzierung viel Kunststoff verbaut wurde. Es wurde nur im Kaliber

***UNTEN:* Das Heckler & Koch HK 33 war der Nachfolger des erfolgreichen G 3. Im Kaliber 5,56 mm und dank der reichlichen Verwendung von Kunststoff war es erheblich leichter.**

LINKS: **Nachdem die belgische Firma FN sich zunächst mit dem wenig erfolgreichen CAL vorgewagt hatte, baute sie ein zweites Sturmgewehr im Kaliber 5,56 mm, das FNC.**

5,56 mm gebaut, daneben gab es als SIG 551 eine Version mit kürzerem Lauf. Das neue Gewehr weist alle Raffinessen auf, die von einer Gefechtswaffe am Ende des 20. Jahrhunderts erwartet werden: Es schießt Feuerstöße und kann Granaten mit normaler Munition verschießen. Es benötigt dazu nicht mehr die extra starken Ballistit-Geschosse, die immer einzeln geladen werden mussten. Das Standardmodell SIG 550 konnte nebeneinander drei Magazine aufnehmen, wobei der Wechsel von einem zum nächsten durch einfaches Verschieben zur Seite erfolgte. Diese Methode wurde bei der deutschen MP40 im Zweiten Weltkrieg eingeführt und auch bei einer Abart des M16A1 eingesetzt, das als leichtes MG verwendet werden sollte.

DIE STURMGEWEHRE VON BERETTA

Bei den Vorarbeiten zum späteren 530 Mitte der 60er Jahre hatte SIG Verhandlungen mit Beretta über die gemeinsame Entwicklung eines Selbstladegewehrs der zweiten Generation aufgenommen. Das Projekt scheiterte schließlich, weil die Italiener nicht von dem rollenverzögerten Masseverschluss zu überzeugen waren.

Beretta baute damals als BM59 eine aktualisierte Version des M1 Garand im Kaliber 7,62 mm, die stark dem M14 ähnelte und entwickelte danach das AR-70. Das neue Gewehr hatte weiterhin den simplen Drehverschluss mit zwei Verriegelungswarzen wie im M1 und der AK. Beretta hatte das System von Stoner unter der Begründung abgelehnt, dass es unmöglich sei, den Verschlusskopf und das Gehäuse mit sieben Verriegelungswarzen und entsprechenden Vertiefungen so exakt zu bauen, dass auf jedem Element der gleiche Druck lastete. Daneben hielt man diesen Aufwand für unnötig, eine Meinung, die von vielen geteilt dass dank der vielen Verriegelungen der Verschluss nicht so stark gedreht werden musste. Beim Mauser waren zwei Warzen im Winkel von 180 Grad zueinander angeordnet und der Verschluss drehte sich um 90 Grad, bei Stoner saßen sie im Winkel von 45 Grad, was eine Drehung von nur noch 22,5 Grad erlaubte. Der Kippverschluss, wie ihn FN und andere benutzten, konnte dagegen keine symmetrische Verriegelung garantieren (das Problem gab es ja schon beim Mauser M/71).

Das Gewehr erschien Anfang der 70er Jahre und wurde zur Überraschung von Beretta nicht sofort beim italienischen Heer eingeführt, sondern zunächst nur bei den Sondereinheiten. Die Konstruktion wurde über das nächste Jahrzehnt aktualisiert, und die Fehler wurden allmählich ausgemerzt – beispielsweise die Verschlussführungen, die zunächst in das Blechprägeteil gepresst wurden, aus dem das Gehäuse entstand, und die sich schnell verformten. Sie wurden durch aufgeschweißte Führungen ersetzt. Daneben gab es eine echte Neuerung: Der Lauf wurde nun durch eine Sechskantmutter gehalten und nicht mehr auf das Gehäuse geschraubt. Dazu hatte er eine Muffe, die sicherstellte, dass das Patronenlager genau in der richtigen Stellung zum Stoßboden lag. Nun musste der Verschlussabstand (der Abstand zwischen dem Stoßboden und der Spitze der Patrone) nicht mehr nachgestellt werden.

Das AR-70/90, wie die verbesserte Version hieß, wurde 1990 in drei Versionen eingeführt: Als Standardgewehr mit fester Schulterstütze und 450-mm-Lauf, als Karabiner SC-70/90 mit klappbarer Schulterstütze aus Metall, und als SCS-70/90 mit der gleichen Schulterstütze und einem 320-mm-Lauf.

Nachdem FN für sein erstes Gewehr im kleineren Kaliber, das CAL, kaum Aufträge erhalten konnte, stieg die Firma später auf ein einfacheres System um, ähnlich dem, das Beretta beim AR-70 benutzte. Es hatte zwei Verriegelungswarzen an Stelle des Verriegelungskamms, der zu teuer und zu aufwendig gewesen war. Dazu gab es ein System der Gasdruckregulierung, das das Gas abließ wie beim AR18, aber auf einfachere Weise: Ein konventioneller Kolben lief an

RECHTS: Wie jede Gefechtswaffe muss das FNC unter allen Klima- und Gefechtsbedingungen zuverlässig arbeiten. Schlamm ist natürlich ein besonders tückischer Feind.

struktion des neuen Gewehrs, das nun FNC hieß, wurde weiter vereinfacht; so kamen in großem Umfang Blechprägeteile, Leichtmetall und Kunststoff zum Einsatz. Die Waffe war mit Läufen von 450 mm oder 365 mm für die M193 bzw. SS109 lieferbar. Es gab entweder eine feste Schulterstütze aus Kunststoff oder eine klappbare aus Metall. Das Gewehr wurde in Belgien, Schweden und Indonesien eingeführt. In Indonesien wurde es auch in Lizenz hergestellt.

Im Nachbarstaat Singapur arbeitete Chartered Industries – einer der asiatischen Hersteller, der eine Lizenz zur Produktion des M16 erworben hatte – später mit Sterling zusammen, das in Großbritannien das AR-18 baute, aber auch schon Erfahrungen in der Waffenentwicklung hatte. Sie entwickelten gemeinsam ein preisgünstiges Sturmgewehr, das SAR 80, bei dem ähnlich wie beim Enfield-Bullpup XE der Mechanismus des AR-18 fast unverändert übernommen wurde. Die letzte Entwicklungsstufe des Enfield wurde beim britischen Heer als L85A1/SA80 eingeführt; über diese Waffe wird noch zu berichten sein. Wie das Beretta AR-70, verfügte auch das SAR 80 über eine Einrichtung, die den schnellen Wechsel des Laufs ohne Überprüfung des Verschlussabstands ermöglichte. Es handelte sich hier um einen Keil und nicht um eine Muffe, der ebenfalls durch eine Mutter gehalten wird.

Ein Vorderschaft, der identisch war mit dem des M16, ermöglichte die Montage des Granatwerfers M203. Wie bei fast allen 5,56-mm-Sturmgewehren war das Magazingehäuse mit dem des amerikanischen Gewehrs identisch. Einige Jahre später wurde eine modifizierte Version, das SR 88, mit verchromten Gasarmaturen – Zylinder, Druckregler und Kolben – geliefert, um die Gefahr von Ablagerungen auf ein Minimum zu reduzieren. Ein niedrigeres Gehäuse aus Aluminium sorgte für eine Reduzierung des Gewichts. Die Hersteller boten den Kunden in weiser Voraussicht verschiedene feste oder bewegliche Schulterstützen an, beide durch Zwischenstücke jeweils in der Länge verstellbar, daneben verschiedene Läufe, Feuerwahl (Dauerfeuer oder Feuerstoß) und verschiedene Visiere. Zu diesem Zweck war das Gehäuse oben mit Schwalbenschwanzführungen ausgestattet.

DER WEG ZUM GALIL

Seit seiner Gründung im Jahr 1947 hat der heutige Staat Israel mit großen Schwierigkeiten zu kämpfen, wenn es um die Beschaffung moderner Waffen geht. So schuf er sich seine eigene Waffenindustrie. Bei den produzierten Handfeuerwaffen ist wohl die MP Uzi, eine Entwicklung von Oberstleutnant Uziel Gal, am bekanntesten. Genauso wirksam, wenn auch außerhalb seines Heimatlands nicht so bekannt, ist das von Israel Galil entwickelte Sturmgewehr gleichen Namens.

In den frühen 50er Jahren erhielten die israelischen Streitkräfte (zumindest teilweise) das FN FAL (sogar in der Version mit dem schwereren Lauf als Unterstützungswaffe), aber die Ereignisse von 1967, d. h. der Sechstagekrieg, überzeugten sie davon, dass man ein leichteres Gewehr brauchte. Also stellten sie eine Forderung nach einer Waffe für die 5,56-mm-Patrone M193 auf. Im Wettbewerb standen das M16A1 zusammen mit dem Stoner M63, dem HK 33 sowie zwei Prototypen aus dem eigenen Land, einer von Gal und einer von Galil, einem absoluten Neuling auf dem Gebiet.

Galil, selbst russischer Herkunft, hielt viel von der Kalaschnikow, kannte aber auch ihre Schwächen. Als er sich daran machte, ein Gewehr für Israel zu bauen, übernahm er ihre Stärken und versuchte die Mängel so weit wie möglich zu beheben. Der größte Fehler – ihre Ungenauigkeit – lag an der „mittleren“ Patrone 7,62 mm x 39 und ließ sich durch den Einsatz der 5,56-mm-Patrone umgehen (Galil widerstand der Versuchung, die ganze Waffe zu verkleinern; so erhielt er ein mit vier Kilogramm für das Kaliber recht schweres Gewehr; dafür war es recht stabil). Daneben befasste sich Galil auch mit dem dürftigen Mechanismus des Feuerwahl- und Sicherungshebels, den die eigentlichen Hersteller schon seit Jahren hätten überarbeiten müssen. Er entschied sich für einem mit dem Daumen zu bedienenden Hebel (an beiden Seiten, so war er für Rechts- und Linkshänder gleichermaßen geeignet) oberhalb des Pistolengriffs an Stelle des langen, umständlichen (und geräuschvollen) Hebels des Originals. Dazu gab es einen Tragegriff wie beim FAL.

Das äußere Erscheinungsbild hatte keine große Ähnlichkeit mit der Kalaschnikow, dafür war der innere Mechanismus des Galil ARM fast 100 % Kalaschnikow. Es war mit einem abnehmbaren Zweibein (das auch als Drahtschneider und Flaschenöffner diente) und mit Magazinen für 35 bzw. 50 Schuss ausgestattet. 1973 wurde es eingeführt und schon bald darauf brachten die südafrikanischen Streitkräfte, die damals enge Verbindungen zu den Israelis hatten, eine identische Waffe unter der Bezeichnung R-4 auf den Markt. Es gab außerdem eine Exportversion im NATO-Kaliber 7,62 mm, die später die Grundlage für ein Scharfschützengewehr bildete.

RECHTS: **Die Konstrukteure bei der Royal Small Arms Factory in Enfield bauten das erste Bullpup-Gewehr im Jahr 1948. Es sollte aber noch vierzig Jahre dauern, bis das britische Heer eine solche Waffe einführte.**

MODERNE KALASCHNIKOWS

Unterdessen wurde auch das Gewehr überarbeitet, das als Vorlage für das Galil diente, um es taktisch auf den neuesten Stand zu bringen. Das bedeutete natürlich die Einführung einer schnelleren Patrone kleineren Kalibers. Dabei handelte es sich um eine 5,45-mm-Patrone mit der gleichen Länge (39 mm) wie die alte mittlere Patrone, die in ihrer Leistung der M193 entsprach. Allerdings mussten bei der Kalaschnikow nur Lauf und Patronenlager angepasst werden, der Rest des AKM blieb praktisch unverändert abgesehen von einer Mündungsbremse, die den Rückstoß fast auf Null brachte. Dafür wurde das Mündungsfeuer seitwärts abgelenkt, wovon die benachbarten Schützen nicht so begeistert waren. Das Magazin bestand nun aus Kunststoff. Der AK74M, wie die neue Waffe hieß, ist von der ursprünglichen AK sofort durch eine tiefe Rille im Kolben zu unterscheiden. Er wurde auch als AKS74U mit faltbarer Schulterstütze in Skelettbauweise produziert. Das sparte ein Kilo und brachte das Gewicht auf weniger als drei Kilogramm.

Wie das Vorgängermodell war der AK74 in den Satellitenstaaten der Sowjetunion weit verbreitet und beim Zusammenbruch der Sowjetunion und des Warschauer Pakts immer noch in der Produktion. Verkauft wurde er nun von der staatlichen russischen Gesellschaft für den Export und Import von Rüstungsgütern und Militärgerät in Rosworuschenje.

Gewehr und Karabiner wurden auch als AK101 und AK102 im NATO-Kaliber 5,56 mm sowie im alten Kaliber 7,62 mm x 39 als AK103 und AK104 angeboten. Bei allen war der Schaft aus schwarzem Kunststoff.

BULLPUP-GEWEHRE

Bei konventionellen Gewehren wird an einer Stelle unnötig Platz verschwendet – zwischen Mechanismus und Kolbenplatte. Dieser Platz dient lediglich als Abstand zwischen beiden. So kann die Waffe an der Schulter angelegt werden, und der Abzug liegt genau eine Armeslänge entfernt, während das Auge die Visierlinie im Blick hat. Vom 18. Jahrhundert an wurde der Platz im Kolben oft für andere Dinge genutzt, z. B. als Aufbewahrungsort für kleine Werkzeuge usw.; Christian Sharps baute sogar eine Kaffeemühle ein. Im Zweiten Weltkrieg wurde der Kolben gelegentlich durch ein schlichtes Metallrohr ersetzt, das abgeklappt oder zusammengelegt werden konnte. Mit der Einführung des Sturmgewehrs, das gleichzeitig als leichte Automatikwaffe diente, fand diese Variante weitere Verbreitung. Sie wurde oft aus der Hüfte (oder aus zwei Händen) geschossen, aber damit war immer noch nicht das Problem gelöst, wie man eine Waffe verkürzen kann, die von der Schulter abgefeuert werden soll. Bereits 1901 hatte ein Konstrukteur die schlichte, umwerfende Idee, Gehäuse und Mechanismus in den Kolben zu verlegen. So konnte er eine Waffe mit langem Lauf bauen, die kürzer war als die üblichen Karabiner. Das Zylinderverschlussgewehr von Thorneycroft scheiterte dennoch, nicht etwa, weil es modern war, sondern weil sein Mechanismus umständlich und langsam war, und das zu einer Zeit, als der durchschnittliche Infanterist 20 gezielte Schüsse in der Minute abgeben sollte.

Erst mit der Vervollkommnung des Selbstladegewehrs, dessen Mechanismus nicht mehr manuell betrieben werden musste, kam diese Idee, nun als Bullpup-Konzept, zu neuen Ehren. Es sollte nach dem Krieg aber noch ein paar Jahre dauern, ehe die „kurzen" Gewehre in größerer Zahl hergestellt wurden, und selbst dann stießen sie noch auf Ablehnung.

Louis Stange hatte ja den ersten Schritt getan, als er das Verschlussstück seines FG42 direkt über dem Abzugsmechanismus anordnete. Leider musste er dazu das Magazin waagerecht einbauen, worunter die Balance der Waffe litt. Die Schweizer Waffenfabrik in Bern baute ein kurzes Gewehr als Modell 47/49, mehr oder weniger eine Kopie des FG42, als erfolglosen Versuch, das Zylinderverschlussgewehr K 31 zu ersetzen. Der Mechanismus wanderte noch weiter nach hinten, über den Pistolengriff, aber das waagerechte Magazin mit allen seinen Nachteilen blieb, und so wurde die Waffe abgelehnt.

Während das Schweizer Bundesheer noch mit dem Modell 47/49 befasst war, beschäftigte sich eine Gruppe in der Entwicklungsabteilung der Royal Small Arms Factory in Enfield unter der Leitung von Oberst Noel Kent-Lemon mit der Konstruktion eines neuen Selbstladegewehrs, und Saive in Herstal-lez-Liège baute die Prototypen des späteren FN FAL. Bei dem dritten Prototypen machte Saive endlich Nägel mit Köpfen und setzte die Abzugsgruppe weit vor das Verschlussstück, sodass das Magazin wieder seinen angestammten Platz unter dem Gehäuse, nun aber hinter dem Pistolengriff, einnehmen konnte. Leider konnte er sich mit dieser Version nicht durchsetzen.

René Laloux, der diktatorische und ultrakonservative Leiter von FN, setzte ihn immer wieder unter Druck, das Konzept ohne „Kolben" (wie es irrtümlicherweise in Belgien oft genannt wurde) aufzugeben. Aber auf Saive hatte es Laloux eigentlich nicht abgesehen; sein wahres Ziel waren die ehemaligen Kollegen seines Konstrukteurs bei Enfield, denn diese hatten sich dem gleichen Konzept verschrieben und schienen es sogar durchsetzen zu können.

Das EM1/EM2 (Enfield Model 1 und 2) entstanden nach einer Entscheidung von 1945, das Zylinderverschlussgewehr Nummer 4 (und die Behelfslösung Nummer 5) durch ein Selbstladegewehr abzulösen. Das EM1 wurde schon während der Entwicklung wieder aufgegeben, weil es zu kompliziert und teuer war und keine echte Chance hatte, eingeführt zu werden. Das neue Gewehr sollte eine Patrone im Kaliber .276 (7 mm x 43) mit einem 8,1 g schweren Geschoss bei einer Mündungsgeschwindigkeit von 765 m/s verschießen und alle Handfeuerwaffen im britischen Heer, von der Pistole bis zum leichten MG, ersetzen. Die technischen Daten der Patrone wurden von einem „Ausschuss für das Idealkaliber" festgelegt, was aber keine ganz neue Idee war – eine ähnliche Methode hatte man drei Jahrzehnte und zwei Weltkriege zuvor beim Gewehr P13/P14 angewandt, und die von Pedersen entwickelte Patrone hätte fast die .30-06 in den USA abgelöst. Die britische Patrone erschien als 7 mm, Mark 1Z. In England wurde sie als .280, und in Belgien, wo sie als Patrone für die neuen FN-Gewehre, darunter auch das gescheiterte Bullpup, eingeführt wurde, als mittlere britische Patrone bezeichnet. Natürlich gab es sozusagen Interessenkonflikte bei einer Waffe, die kurz genug für Fahrzeugbesatzungen, aber präzise genug für Infanteristen sein sollte. Das war der Grund für die Entstehung des Bullpup. So konnte man eine kurze Waffe mit langem Lauf bauen, mit Verschlussstück und Mechanismus im Schaft weit hinter der Abzugsgruppe.

Das EM2, das Ende 1948 in die groß angelegte Erprobung ging, war innen und außen unkonventionell. Bei einem 625-mm-Lauf war es gerade einmal 890 mm lang, und das Magazin lag in der Mitte des runden Schafts (aus Blechprägung). Der darüber liegende Tragegriff diente auch als Halterung für eine simple Visieroptik ohne Vergrößerung. Das Gewehr wog 3,5 kg ungeladen und selbst mit einem vollen 20-Schuss-Magazin nur 4,3 kg. Der Mechanismus wurde über zwei vorn angelenkte Klappen verriegelt, wie beim Mauser Selbstladekarabiner 15 und anderen, allerdings in umgekehrter Form. Betätigt wurde es über einen oben liegenden Zylinder, an dessen Ende der hängende Schlagbolzen (der im Verschlussblock saß und die Klappen steuerte) und eine Verlängerung saß, die den Hahn spannte. Die Waffe wurde im folgenden Jahr in Großbritannien erprobt und 1950 ging die Vorführgruppe auch nach Aberdeen in den USA. Zwischen Mai und November wurden dort und in Fort Benning Vergleichsversuche mit dem Prototyp des FN FAL und dem einheimischen T52 durchgeführt, wobei es das M1 Garand zu überbieten galt. Das Enfield hatte die geringsten Funktionsstörungen (4,54 auf 1000 Schuss) und war im Vergleich die präziseste Waffe. Abgelehnt wurde es trotzdem (wie die Mitbewerber auch), weil die 7-mm-Patrone, trotz der Erhöhung des Gewichts auf 9 g, als zu leicht erschien, um ernsthafte Verletzungen zufügen zu können. 1951 entschieden sich die Briten trotzdem das EM2 und die 7-mm-Patrone einzuführen, legten sie dann aber auf Druck der USA in der neu gegründeten NATO auf Eis. Es gab zwar noch einen letzten Versuch von BSA, die Waffe auf das Kaliber 7,62 mm x 51 umzurüsten und auf die Feuerwahl zu verzichten, aber beschafft wurde letztendlich das FN FAL als neues britisches Dienstgewehr. Das Konzept des EM2 sollte aber weiter leben.

EIN NEUER STANDARD FÜR DIE NATO

Es erschien mit vielen Modifikationen im Juni 1976 wieder in der Öffentlichkeit. Angekündigt wurde, dass die Republik Südafrika eine neue Handwaffe (und ein ähnliches leichtes MG, das zu 80 % aus den gleichen Teilen bestand) in einem neuen Kaliber, 4,85 mm x 49, entwickelt hatte. Es verschoss ein 3,63 g schweres Geschoss bei einer Mündungsgeschwindigkeit von 900 m/s. Die 7,62-mm-NATO-Patrone war inzwischen in Verruf geraten, dank der verspäteten Einsicht der Amerikaner, dass sie in einem Gewehr mit Feuerwahl viel zu stark und somit nutzlos war. Das neue Gewehr – und ganz besonders die dafür entwickelte Munition nahm 1978/79 zusammen mit dem M16A1, einer modifizierten Version des Galil, die in Holland als MN1 in Lizenz gefertigt wurde, mit der Patrone M193, dem FN CAL mit der Patrone SS109 sowie dem Heckler & Koch G 11 mit einer völlig neuen, hülsenlosen 4,75-mm-Patrone an den NATO-Munitionsversuchen teil. Es handelte sich zwar eigentlich um Tests der Munition, hätte aber eine der Patronen unter 5 mm den Wettbewerb gewonnen, dann hätte das weit reichende Konsequenzen für die Waffenindustrie der anderen Staaten gehabt. Die Franzosen, inzwischen nicht mehr Vollmitglied in der NATO, begrüßten die 5,56-mm-Patrone, die sie soeben mit dem FA MAS (siehe unten) eingeführt hatten. Schließlich wurde die belgische SS109 im Kaliber 5,56 mm als neue NATO-Standardpatrone eingeführt. Beim Magazin entschied man sich für das des M16A1 mit 30 Schuss – eine merkwürdige Entscheidung, denn es handelte sich um eine stümperhafte Mischung aus einem gebogenen Unterteil mit dem geraden Oberteil des ursprünglichen 15-Schuss-Magazins von Armalite für das AR-15, und die Herstellung war eher kompliziert. So wird es sich wohl um eine politisch motivierte Entscheidung gehandelt haben.

Das britische Team kehrte nach Hause zurück und überarbeitete die XL-Reihe, wie das neue Gewehr und das leichte MG nun hießen, für die ausgewählte Munition. Da das Ergebnis der Versuche schon abzusehen war, und die Konstrukteure die Möglichkeit, die Waffe im Kaliber 5,56 mm zu bauen, schon in Betracht gezogen hatten, war die Umrüstung nicht weiter schwierig. 1985 wurden die überarbeiteten Versionen als Gewehr L85A1 und als leichtes MG L86A1 beim britischen Heer eingeführt. In Bezug auf den Mechanismus ähneln das Gewehr (in der Regel als SA80 bekannt) und das leichte MG dem weiter oben beschriebenen Armalite AR-18. Das Verlegen des Abzugs weit vor den Mechanismus brachte keine Probleme mit sich; eine simple Zwischenstange verband Abzug und Abzugsstollen mit dem Rest der Abzugsgruppe, die ganz konventionell hinter dem Magazin lag. Der Umschalthebel und die Sicherung lagen oberhalb des Pistolengriffs, wo sie mit dem Daumen der rechten Hand bedient werden konnten. Auch diese Funktionen wurden von einer Zwischenstange übertragen.

Da die verfügbare Länge auf dem Gewehr für ein herkömmliches offenes Visier nicht ausreichte, entschied man sich schon recht früh während der Entwicklung, standardmäßig auf ein Zielfernrohr zu setzen. Damit war es das erste „gewöhnliche" Infanteriegewehr mit dieser Ausstattung. Dieses Zielfernrohr wurde kontinuierlich weiterentwickelt und lieferte in seiner endgültigen Version als SUSAT eine vierfache Vergrößerung und Sichtverstärkung bei Nacht. Falls dieses Gerät, das auf einer langen Schwalbenschwanzführung mit einem Schnapphebel befestigt war, zerbrach oder versagte, konnte es abgebaut werden. Dann konnte der Schütze eine eiserne Kimme montieren, die im hohlen Pistolengriff aufbewahrt wurde. Soldaten, die nicht der Infanterie angehörten – Fahrzeugbesatzungen, Pioniere, Unterstützungstruppen usw. – erhielten eine einfachere Version ohne Zielfernrohr, dafür mit Tragegriff, der wie beim M16 gleichzeitig als Visier diente. Vorn am Handschutz saß ein eisernes Korn für den Notfall, das aber ständig installiert war.

Selbst mit dem SUSAT-Zielfernrohr wog das Gewehr dank der Blechprägebauweise und der Anbauteile aus Kunststoff knapp unter vier Kilogramm. Vergleicht man die Gesamtlänge mit der des Laufs, dann ist das Konzept voll aufgegangen. Ein 518-mm-Lauf auf insgesamt 785 mm sorgt für außergewöhnliche Präzision. Die leichte Unterstützungswaffe erhielt einen (nicht abnehmbaren) Lauf, der 125 mm länger war als der des Gewehrs. Der einzige weitere wichtige Unterschied liegt in der Abzugsgruppe – die leichte Unterstützungswaffe funktionierte sowohl bei Einzelfeuer als auch bei Dauerfeuer als aufschießende Waffe, das Gewehr stets als zuschießende Waffe. Die ersten Serienexemplare erwiesen sich leider als sehr unzuverlässig. Der Grund war ein Fehler, der schnell behoben wurde, der aber zusammen mit dem hohen Preis dafür sorgte, dass das SA80 außerhalb von Großbritannien überhaupt nicht Fuß fassen konnte.

DIE FRANZÖSISCHE LÖSUNG

Die Briten hatten zwar vor allen anderen ein praxisgerechtes, funktionierendes Bullpup-Gewehr gebaut, trotzdem waren sie nicht die ersten, die eine solche Waffe bei den Streitkräften einführten. Diese Ehre gebührt den Österreichern mit dem Steyr AUG (siehe unten). Auch die Franzosen waren schneller, obwohl das Verteidigungsministerium in Paris lange brauchte, bis das FA MAS (Fusil Automatique, Manufacture d'Armes de Saint Etienne) eingeführt wurde, denn es stand im Wettbewerb mit dem Heckler & Koch HK 33. Das Gewehr war eine der ersten europäischen Dienstwaffen im neuen Kaliber 5,56 mm, allerdings weder auf die amerikanische M193 noch auf die NATO-Standardpatrone SS109 optimiert, denn es erschien lange vor den NATO-Munitionsversuchen im Jahr 1979. Wie das AUG war es für Rechts- und Linkshänder gleichermaßen geeignet.

Die Umstellung war beim FA MAS besonders einfach – ein Blechteil mit Gummiüberzug, das am oberen Ende des Schafts saß und von dem gleichen Stift gehalten wurde, der auch Schaft und Gehäuse verband, diente als Schaftbacke. Es war vorn und hinten symmetrisch, konnte auf jeder Seite des Schafts befestigt werden und deckte dann eine der beiden Auswurföffnungen ab. Dazu musste der Auszieher von einer Seite der Verschlusses auf die andere wandern, und ein Stopfen blockierte entsprechend die Öffnung auf der anderen Seite. Das war schon alles. Auch der Spannhebel saß natürlich nicht auf einer Seite, sondern mitten auf der oberen Gehäuseabdeckung wie schon beim ursprünglichen Armalite AR-10.

LINKS: **Dieser Soldat von den Royal Marines benutzt Tarnklebeband, um die Umrisse seines L85A1 mit Zielfernrohr zu verwischen. Das auf Wunsch erhältliche Zielfernrohr sitzt auf der gleichen Halterung wie das serienmäßige SUSAT.**

RECHTS: **Das L85A1/SA80 ist wie die meisten seiner Konkurrenten recht einfach aufgebaut. Das Baukastenprinzip ermöglicht den schnellen Ausbau und Austausch beschädigter Teile.**

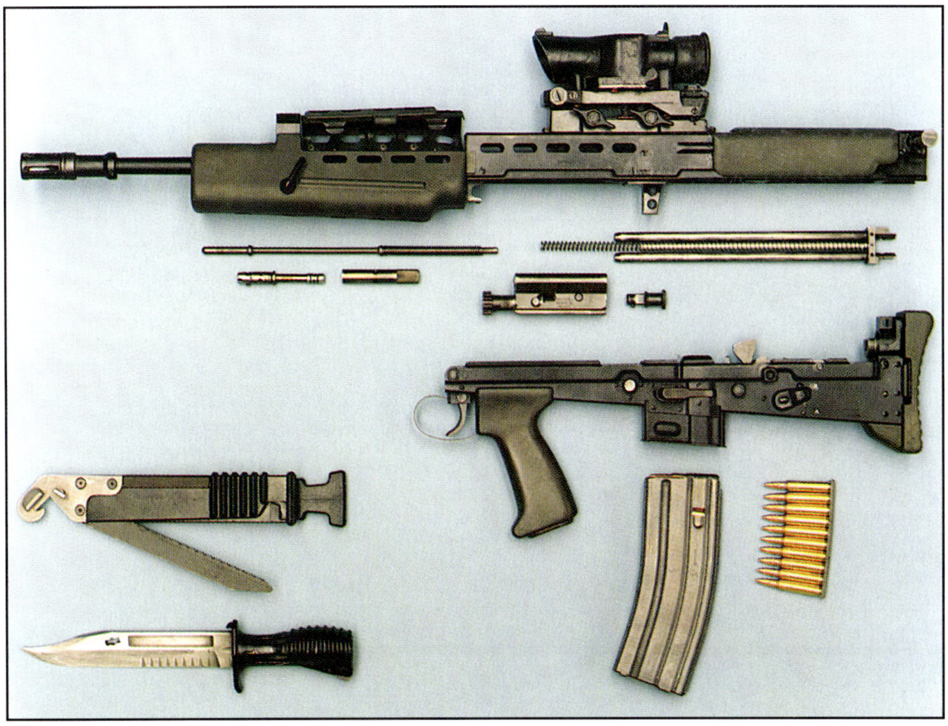

Das FA MAS wirkte ungewöhnlicher als das SA80 (ungewöhnlich allerdings nur im Vergleich zum traditionellen Selbstladegewehr; dieses wiederum war ja auch ganz anders als das vor ihm übliche Zylinderverschlussgewehr). Der Tragegriff diente wie beim AR-15/M16 als Visierschutz; hier allerdings deckte er gleichzeitig Kimme und Korn ab, denn er verlief fast über die halbe Länge der Waffe und die gesamte Länge des Gehäuses, was auch zu seinem Spitznamen „Le Clarion" (das Horn) führte.

Der Mechanismus war noch ungewöhnlicher: Es handelte sich um einen unverriegelten, verzögerten Masseverschluss, der schon 30 Jahre zuvor im gleichen Entwicklungsbüro für das französische Allzweck-MG AAT52 (Arme Automatique Transformable) gebaut worden war. Dort war er allerdings völlig fehl am Platz, da diese automatische Waffe die starke Patrone 7,5 mm x 54 M1929 verfeuerte und später auf die ebenso kräftige 7,62-mm-NATO-Patrone umgestellt wurde. Ein Experte, Thomas Dugleby, gab dazu folgenden Kommentar ab: „Bei einer Waffe, die mit einem Druck von 3500 atm bei unverriegeltem Verschlussstück abgefeuert wird, genügt schon der kleinste Fehler, um sie zu einer Gefahr für den Schützen werden zu lassen."

Normalerweise wird davon ausgegangen, dass sogar die kleinkalibrigen Gewehrpatronen zu stark für eine Waffe mit unverriegeltem Verschlussstück sind, denn dort beginnt schon der Vorgang des Ausziehens, bevor das Geschoss die Mündung verlassen hat und der Gasdruck auf ein ungefährliches Maß abgesunken ist. So wird die leere Hülse verbeult, wenn sie den schützenden Ladungsraum verlässt, sodass stets die Gefahr eines Versagers besteht. Wie bei allen anderen hier bereits besprochenen modernen Rückstoßladern musste auch beim FA MAS das Patronenlager mit Entlastungsrillen versehen sein, um überhaupt ein einigermaßen zuverlässiges Ausziehen zu ermöglichen. Zum Anfang dieses Kapitels sind bereits die Möglichkeiten vorgestellt worden, die Rückwärtsbewegung von Verschluss oder Verschlussblock zu verzögern, so z. B. durch künstlich erhöhte Reibung oder durch mechanischen Widerstand. Die letztere Methode wurde auch beim FA MAS sowie beim AAT52 benutzt. Dort wurden einfach der Verschluss und der darüber liegende Träger durch einen Hebel verbunden, der an seinem unteren Ende an einem gehärteten Stahlstift befestigt war und quer über den Gehäuseboden verlief, sodass er während der Rückwärtsbewegung als Hebel der Klasse Drei (wobei die Kraft zwischen Drehpunkt und Last ansetzt; die Kraft wird in diesem Fall vom Treibgas geliefert, das versucht, den Verschluss nach hinten zu bewegen; die Last ist der Verschlussträger) fungiert und dann zu einem Hebel der zweiten Klasse wird (hier sitzt die Last zwischen Drehpunkt und Kraftansatz). Der Hebel hat die Form eines „H" mit einer abgesetzten Querstange, die Verbindung erfolgt über die Außenseite des Verschlussträgers und die Querstange, wobei während der Rückwärtsbewegung der Schlagbolzen in den Verschluss gezogen wird.

Dieser Verzögerungs-/Beschleunigungshebel wirkt auf zweierlei Weise. Zunächst reduziert er die Kraft, mit der der Verschluss auf das Verschlussstück wirkt und bremst ihn so während der ersten Phase ab, während er durch den Gasdruck zurückgeschoben wird. Dann erhöht er die Geschwindigkeit, mit der die Rückholfeder über das Verschlussstück auf den Verschluss wirkt, wenn dieser vorschnellt, um eine neue Patrone in das Patronenlager zu führen. Das Verhältnis von Verstärkung und Reduzierung ist etwa 2:1. Der Hebel ist so geformt, dass er sich nach einer Drehung um etwa 45 Grad von dem Stift löst, der ihn hält. So können nun Verschluss und Verschlussstück die Rückwärtsbewegung vollziehen und den Mechanismus in Gang setzen. Der Hebel rastet wieder ein, sobald der Verschluss durch das Verschlussgehäuse angehalten ist und nur der Träger weiter läuft. Ein recht simpler Mechanismus also – aber effektiv und klug ausgedacht.

Ob er aber den auftretenden Kräften gewachsen ist, ist eine ganz andere Sache. Damit eine Gewehrgranate mit der extra starken Ballistit-Patrone ohne Projektil abzufeuern, muss eine haarsträubende Angelegenheit sein. Der Rückstoß ist so groß, dass die Waffe nicht wie üblich an der Schulter angelegt wird; der Kolben wird unter den Arm geklemmt, wo er nach hinten ausweichen kann, dabei wird der Daumen nicht um den Pistolengriff, sondern daneben gelegt. Diese Vorsichtsmaßnahmen gelten natürlich nicht nur für diese beiden Waffen, sondern generell für Gewehrgranaten. Hier aber haben die Konstrukteure wohl schon Probleme vorausgesehen, denn das Handbuch weist ausdrücklich auf die Möglichkeit eines Hebelbruchs bei der Benutzung von Gewehrgranaten hin...

Das 757 mm lange FA MAS hat einen 488 mm langen Lauf, ist etwas kompakter als das SA80 und mit 3,6 kg ungeladen auch geringfügig leichter. Aufgrund des kürzeren Laufs und der kürzeren Visierlinie ist es auch deutlich ungenauer als die britische Waffe, aber auch als das beliebtere, weiter verbreitete Steyr aus

Gewehr L85A1 (SA 80)

Kaliber: 5,56 mm x 45
Gewicht: 4,5 kg
Länge: 785 mm
Lauflänge: 518 mm
Effektive Schussentfernung: 400 m

Österreich. Dieses ist das einzige andere Bullpup-Gewehr der ersten Generation, das ebenfalls in die Serienproduktion ging. Als Rückstoßlader hat es auch eine viel höhere Feuergeschwindigkeit und verfügt aus diesem Grund über Einzelfeuer, einen Feuerstoß von drei Schuss und sogar Dauerfeuer. Die Baugruppe des Hahns, in der die Wahl über zwei Hebel erfolgte, war ein separates Bauteil in einem eigenen Kunststoffgehäuse, das im Gehäuse der Waffe befestigt war und leicht ausgetauscht werden konnte – eine sinnvolle Innovation. Das Gewehr arbeitete wie das allereinfachste Uhrwerk nach dem Prinzip des Ankerwerks. Beim „Spannen" des Hahns wurde die Halmfeder gespannt, die über eine lange Stange mit dem Abzug verbunden war.

DAS ÖSTERREICHISCHE UNIVERSALGEWEHR

Ende der 60er Jahre war die Österreichische Waffenfabrik-Gesellschaft von Josef Werndl längst in der Steyr-Daimler-Puch AG aufgegangen, dem größten Konzern in Österreich. Sie firmierte nun als Steyr-Mannlicher und baute immer noch ausgezeichnete Gewehre, darunter eine Version des FN FAL, mit dem die eigenen Streitkräfte ausgestattet wurden. Das Nationale Amt für Militärtechnik hatte schon eher als viele andere erkannt, dass die 7,62-mm-Patrone keine Zukunft mehr hatte. So wurde ein Stabsoffizier und Diplomingenieur, Oberst Walter Stoll, beauftragt, in Zusammenarbeit mit Steyr-Mannlicher eine neue Waffe im Kaliber 5,56 mm zu bauen. Das Ergebnis war die erste Waffe der Welt mit Kunststoffgehäuse und im Baukastenprinzip, das futuristische AUG (Armee Universal Gewehr).

Als Vorbild nahm sich Stoll das Bullpup-Konzept des britischen EM2, wie er später in einem Artikel für das österreichische Armeemagazin verriet. Von Anfang an vertrat er aber auch die Ansicht von Stoner, dass die Waffe so flexibel sein müsste, dass sie als Gewehr, kurzer Maschinenkarabiner und leichtes MG gebaut werden konnte. Die Waffe, die er zur Erprobung vorlegte, konnte mit Läufen von 400, 500 oder 600 mm bestückt werden. Sie wurde einem Vergleich mit dem FN FAL im Kaliber 7,62 mm, dem tschechischen M/58 im sowjetischen 7,62-mm-Kaliber, dem FN CAL und dem Colt Automatic Rifle im Kaliber 5,56 mm M193 unterzogen. Dabei konnte sie sich gegen alle behaupten und war in Bezug auf Handlichkeit, Genauigkeit und Beherrschbarkeit sogar überlegen. Da weitere Truppenversuche keine verdeckten Mängel aufzeigten, wurde sie 1977 unter der Bezeichnung Sturmgewehr 77 als Standard-Dienstwaffe in Österreich eingeführt.

Das neue Gewehr war insofern revolutionär, als der gesamte „Rumpf" aus Kunststoff bestand. Gehäuse, Lauf und Abzugs-/Hahngruppe wurden darin eingesetzt. Im Prinzip aber war es doch traditionell, lediglich das Holz wurde durch ein künstliches Material ersetzt, und die gefrästen oder maschinell bearbeiteten Teile waren nun Formteile. Das Ziel lag nicht in der Einsparung von Gewicht – bei 3,6 kg war das AUG auch nicht leichter als die metallenen Mitbewerber – sondern in der Wirtschaftlichkeit und Haltbarkeit. Wie das konzeptionelle EM2 hatte es ein Zielfernrohr mit schwacher Vergrößerung (x 1,4), wobei Halterung und Rohr einen Teil des Gehäuses bildeten und so gleichzeitig als Tragegriff dienten. Der Lauf hatte ebenfalls einen

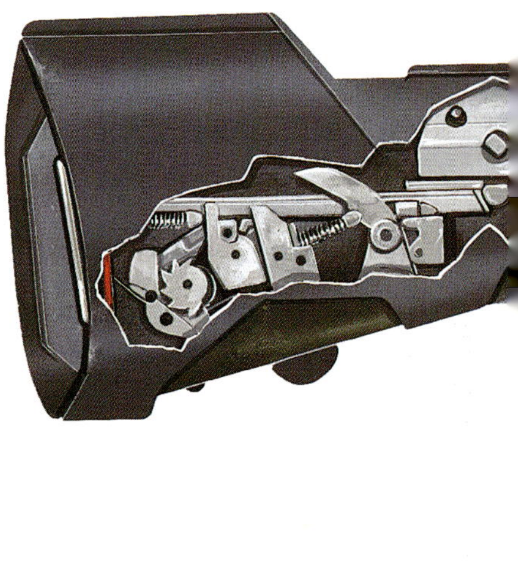

Tragegriff, der gleichzeitig als vorderer Pistolengriff diente. Einen Vorderschaft im eigentlichen Sinn gab es nicht. Der Lauf ließ sich, selbst wenn er heiß war, recht einfach entfernen, indem der Spannschlitten (oben auf dem Gehäuse, links neben der vorderen Visierstütze) zurückgezogen und in die Haltekerbe gebracht wurde. Dann wurde der Verriegelungsknopf für den Lauf heruntergedrückt und der Lauf um eine Dritteldrehung gedreht. Sobald der Lauf entfernt war, konnte das gesamte Gehäuse mit Verschluss und Führungsschienen (eigentlich eher Rohre mit innen liegenden Vorholfedern) vom Schaft abgenommen und bei Bedarf weiter zerlegt werden. Die Hahngruppe ließ sich genauso leicht entfernen – ein Verschlussriegel hielt den hinteren Gurtbügel, der wiederum die Kolbenplatte am Schaft hielt. Sobald dieser entfernt war, konnte die gesamte Baugruppe herausgenommen werden.

Alle Gruppen sind nach dem Baukastenprinzip aufgebaut und können im Feld ausgetauscht werden. Die beschädigten Teile gehen dann zur Instandsetzung. Zum Austausch kann man identische Teile nehmen, aber auch andere Versionen – einen der drei verschiedenen Läufe, ein Gehäuse mit Tragegriff, der über Schwalbenschwanzführungen für ein normales Zielfernrohr oder ein Nachtsichtgerät an Stelle des einfachen optischen Visiers verfügt, oder eine andere Hahngruppe, die Einzelfeuer und Feuerstöße von drei Schuss ermöglicht, an Stelle der üblichen Wahl zwischen Einzel- und Dauerfeuer. Der Verschluss wird mit rechts oder links liegendem Auszieher geliefert. Der Auswurf läßt sich einfach umstellen, indem man den Verschluss wechselt und die entsprechende Auswurföffnung benutzt. Es gibt keinen Umschalthebel; der Abzug selbst legt die Feuerart fest. Ein leichtes Durchziehen sorgt für Einzelfeuer; bei kräftigerem Druck wird eine zweite Feder überwunden, die entweder Feuerstöße oder Dauerfeuer freigibt, je nachdem welche Hahngruppe installiert ist. Der Abzug selbst wird gedrückt wie bei einer elektrischen Bohrmaschine und der Bügel ist so groß, dass die ganze Hand hineinpasst. So kann die Waffe bei kaltem Wetter auch mit Handschuhen bedient werden. Der Spannhebel dient als Sicherungsriegel, da der gesamte Mechanismus blockiert, wenn er in seiner Kerbe einrastet. Das 30-Schuss-Magazin besteht natürlich ebenfalls aus Kunststoff, in diesem Fall aus schlagfestem, durchsichtigem Polycarbonat, sodass der Schütze auf einen Blick sehen kann, wieviel Munition er noch hat. Diese Neuheit wurde schnell kopiert. Daneben gibt es ein Magazin mit 42 Schuss für das leichte MG.

Innen ist das Steyr AUG ähnlich aufgebaut wie das AR-15/M16; das Treibgas wirkt unmittelbar auf den Verschlussträger (das Gasrohr ist ein integraler Bestandteil des Gehäuses) und entriegelt den Acht-Warzen-Drehverschluss aus der Verlängerung des Laufs. Daraufhin laufen Verschluss und Träger nach hinten, um den Mechanismus in Gang zu setzen. Die wesentlichste Änderung ist der so genannte „aufgehängte Verschluss" – der Träger berührt das Kunststoffgehäuse nicht, sondern läuft auf Führungsstangen bzw. -rohren, die bis zur Kolbenplatte laufen und rundum von Luft umgeben sind.

Das AUG wurde später in einem halben Dutzend weiterer Nationen eingeführt, darunter Australien und Saudi-Arabien. Eine Version mit Einzelfeuer, das AUG-P, war in den Vereinigten Staaten trotz des deftigen Preises von 1500 Dollar als Polizeiwaffe sehr gefragt (das M16A2 in Polizeiversion kostete dagegen nur um die 1000 Dollar). Eine äußerlich ähnliche Waffe, aber mit Masseverschluss, ist auch im Kaliber 9 mm Parabellum erhältlich und hat bedeutend weniger Durchschlagskraft – bei einer Polizeiwaffe ein wichtiger Faktor.

ZURÜCK NACH OBERNDORF

Heckler & Koch war einer der ersten europäischen Hersteller, der das Kaliber 5,56 mm einführte. Das entsprechende HK 33 wurde bereits in den 60er Jahren vorgestellt. Zehn Jahre später ging die

FAMAS (Fusil Automatique, Manufacture d'Armes de St. Etienne)

Kaliber: 5,56 mm x 45
Gewicht: 3,6 kg
Länge: 757 mm; Lauflänge: 488 mm
Effektive Schussentfernung: 400 m
Ausführung: Gasdrucklader, wahlweise Automatik, abnehmbares Kastenmagazin mit 25 Schuss
Feuergeschwindigkeit: 900 Schuss/min
Mündungsgeschwindigkeit: 920 m/s
Herstellerland: Frankreich

Firma noch einen Schritt weiter und machte sich Gedanken um die Munition der Zukunft – nicht nur kleinere Kaliber, wie sie in Großbritannien erprobt wurden, sondern eine völlig neue Patrone, die von Rottweil, inzwischen die deutsche Filiale von Dynamit Nobel, entwickelt wurde. Die kleine konventionelle Patrone im Kaliber 4,6 mm war auf eine Reichweite von 300 m optimiert. Das dafür gebaute Gewehr, das HK 36, war eine Variante des HK 33 und unterschied sich nur in der Anordnung des Magazins, die hier auf recht komplizierte Art gelöst wurde. Das Magazin war Bestandteil des Gehäuses und wurde mit Hilfe eines oben offenen Aluminiumbehälters mit 30 Schuss Munition geladen. Das offene Ende wurde von einer dünnen Membran abgedeckt. Zum Beladen wurde eine federbelastete Kette aus dem Boden des Magazins gezogen, woraufhin der Zubringer herunterfiel und aufklappte.

Dann wurde das Paket mit den 30 Schuss über eine Öffnung hinten im Gehäuse eingeführt. Ein zweiter Zug an der Kette löste den Zubringer, der unter dem Druck der Magazinfeder hochging und durch das offene Ende des Behälters, der die Ladeöffnung abdichtete, auf die Patronen drückte. Da die Munitionspakete vom Hersteller gefertigt wurden, waren die Patronen vor Schmutz und Feuchtigkeit geschützt. Die Vorteile dieses Systems liegen in der Wirtschaftlichkeit gegenüber dem Kastenmagazin, aber auch in der Gewichtsersparnis. Das macht sich an der Waffe selbst nicht so bemerkbar, aber an den benötigten Reservemagazinen schon.

Eine zweite Waffe, die Heckler & Koch neben dem HK 36 entwickelte, war ganz anders. Es handelte sich um den Versuch, die Waffentechnik voranzubringen, wobei nicht nur eine völlig neue Munition entwickelt wurde; auch der Mechanismus suchte seinesgleichen. Die Entwicklung begann als Privatinitiative im Rahmen des SALVO-Forschungsprogramms der US-Regierung. Dabei wurde die Möglichkeit einer Infanteriewaffe untersucht, die den Kampfwert des Soldaten und seiner Waffe dadurch steigerte, dass diese mehr als einen Schuss gleichzeitig aus mehreren Läufen feuerte. Dabei sollten mehrere Projektile in einer Patrone sitzen. Neu war die Idee nicht, die Briten hatten schon vor dem Ersten Weltkrieg mit derartiger Munition experimentiert. Als Alternative kam ein Feuerstoß mit höchster Feuergeschwindigkeit in Frage. Dieser Ansatz wurde bei einem anderen US-Forschungsprogramm, dem SPIW (Spezialwaffen) weiter verfolgt und auch von Heckler & Koch aufgegriffen. Deren neuestes Gewehr schoss nicht nur Einzelfeuer, sondern auch Feuerstöße bei einer Geschwindigkeit von 2000 Schuss pro Minute. So dauerte der Stoß nur Millisekunden, und der dritte Schuss war auf dem Weg ins Ziel, bevor der Schütze den Rückschlag des ersten spürte. Dieses Gewehr konnte auch Dauerfeuer mit einer Geschwindigkeit von 600 Schuss pro Minute schießen.

MUNITION OHNE HÜLSE

Mit der Entwicklung der neuen Munition drehte Dynamit Nobel das Rad der Geschichte in gewissen Sinn um 120 Jahre zurück: Auf die Metallhülse wurde nämlich ganz verzichtet.

Die Hülse bestand statt dessen aus reinem, komprimierten Nitrozellulose-Treibmittel ohne Binder oder Klebstoff (aber mit einem wasserfesten, feuerbeständigen Überzug), in das das Geschoss teilweise eingebettet war. Der Querschnitt war fast rechteckig (die kürzeren Seiten waren flache Trapeze, also war die Patrone achteckig), um den Platz im Magazin optimal zu nutzen. Bei einem nominellen Kaliber von 4,75 mm war die Patrone etwa 12 mm breit und von der Spitze bis zum Projektil 32,5 mm lang. Mitten in dem komprimierten Treibmittel, unmittelbar hinter dem Projektil, saß eine kleine Verstärkungsladung, die etwas flüchtiger als das eigentliche Treibmittel war und dieses im wahrsten Sinne des Wortes durch den Ladungsraum blies, bevor es detonierte. Damit schuf es eine ideale Oberfläche für die kontrollierte Verbrennung. Die wichtige Gasdruckkurve entsprach genau der einer Metallpatrone mit körnigem Treibmittel. Hundert Schuss der neuen Munition benötigten weniger Platz als zwei 20-Schuss-Magazine mit der 7,62-mm-NATO-Munition und waren auch noch erheblich leichter.

Die wesentliche Neuerung bei dem Gewehr für diese neue Munition, dem H&K G 11, lag im Verschlussblock. Er hatte einen zylindrischen Querschnitt und einen Durchmesser von knapp unter 50 mm. Der Zylinder wurde im rechten Winkel zu seiner Achse von einem an die Patrone angepassten Ladungsraum durchstoßen, der in einer gezogenen Laufverlängerung endete. Dort saß der vordere Teil des Geschosses (etwa 12 mm). Geladen wurde, wenn der Ladungsraum senk-

RECHTS: **Das österreichische 5,56-mm-Bullpup-Gewehr Steyr-Mannlicher AUG in seinen drei Grundversionen. Die auf Wunsch erhältlichen kurzen und ultrakurzen Läufe sind die logische Folge des Baukastenprinzips.**

recht stand und der Verschlussblock um eine Vierteldrehung gedreht wurde, um das Geschoss mit dem Lauf und dem Schlagbolzen in eine Linie zu bringen. Es scheint verwunderlich, dass die Ingenieure von Heckler & Koch nicht auch den mechanischen Abzug und die Kombination von Schlagbolzen und Zünder abgeschafft und durch eine elektrische Zündung ersetzt haben. Es wird aber wohl gute Gründe gegeben haben, vielleicht klappte die zeitliche Abstimmung nicht. Die Verlängerung des Laufs, in der der Verschlussblock saß, war mit einer Auswurföffnung versehen, durch die der Ladungsraum notfalls manuell gereinigt werden konnte. Die Energie für die Drehung des Verschlussblocks wurde auf konventionelle Weise erzeugt: Ein Kolben bewegte sich in einem Zylinder, in den das Treibgas über eine Bohrung im Lauf geblasen wurde. Der Mechanismus selbst war wiederum höchst unkonventionell.

Lauf, Gaszylinder, Verschlussstück und Magazin (dieses lag über dem Lauf und ging über seine gesamte Länge; die Patronen saßen senkrecht in einer Reihe) blieben fest zusammen, konnten sich aber frei im Gehäuserahmen bewegen.

Wenn ein Schuss abgefeuert wurde, schoss der Gaskolben nach hinten, schlug auf einen Puffer und kehrte um. Dabei ging die Baugruppe des Laufs ebenfalls nach hinten und nahm eine neue Patrone mit. Wenn der Kolben im Verhältnis zum Lauf seine Feuerposition eingenommen hatte, wurde der nächste Schuss abgefeuert und der Prozess begann von vorn. Diesmal stand der Lauf aber etwas weiter hinten als bisher. Das wiederholte sich beim Abfeuern des dritten Schusses, wobei dann die „freie" Laufgruppe an den Puffer stieß. Der Hahn löste sich vom Abzugsstück und der Zyklus war vorüber. Die Laufgruppe ging wieder in Ausgangsstellung und nahm den Kolben mit. Wenn sie angekommen war, wurde der Hahn wieder mit dem Abzugsstück vereinigt, sodass durch das Ziehen des Abzugs ein neuer Zyklus gestartet werden konnte. Aus der Sicht des Schützen wirkte das ganze wie ein einziger Schuss, denn er spürte den Rückschlag erst, wenn alle drei Kugeln auf dem Weg ins Ziel waren.

Ein Problem gab es allerdings, und es widersetzte sich hartnäckig jeder möglichen Lösung: Der Aufbau von Hitze in der Waffe sorgt dafür, dass die Patronen sich selbst entzünden oder spontan detonieren. Dieses Phänomen tritt natürlich auch bei Waffen auf, die Munition mit Hülse verfeuern, wenn auch bedeutend seltener; die Hülse dient in diesem Fall als Hitzeableiter und nimmt beim Auswerfen einen großen Teil der Hitze mit. Wegen dieser Probleme und wegen häufiger Verstopfungen wurde das H&K G 11 vorzeitig aus dem NATO-Munitionsversuch genommen. Seitdem hat es keine neue hülsenlose Munition gegeben.

Wenn auch die Richtung, die Heckler & Koch mit dem G 11 vorgab, sich als Irrweg erwiesen hatte, hat das grundlegende Prinzip des ultraschnellen Feuerstoßes mit normaler Munition oder mit Nadelgeschossen (sehr leichte pfeilförmige Geschosse, die über Flossen und nicht durch den Drall stabilisiert werden und in einem Treibspiegel sitzen, solange sie sich im Lauf befinden) weitgehende Anerkennung gefunden. Um die dafür erforderliche Feuergeschwindigkeit von 2000 Schuss pro Minute zu erreichen, wird es wohl erforderlich sein, das Schießen selbst vom Laden der Munition in das Verschlussstück zu trennen. Eine Möglichkeit, dies bei einer Waffe mit einem Lauf zu erreichen, ist die Verwendung einer Revolvertrommel mit drei Kammern, die aus einem großen Magazin in einem Schritt nachgeladen werden (dazu müssen die Patronen in drei Reihen angeordnet sein). Bei anderen Methoden setzt man auf noch größere Trommeln, z. B. mit neun Kammern, wobei die leeren Kammern zwischen den Feuerstößen nachgeladen werden.

Die drei Bullpup-Gewehre, die in den 70er und 80er Jahren als Dienstwaffen eingeführt wurden, haben das Konzept des kurzen Gewehrs so gründlich unter Beweis gestellt, dass jeder weitere Versuch in der Richtung, das Verschlussstück noch weiter vor den Abzug zu legen, wohl zwecklos ist (so viel weiter geht es ohnehin nicht mehr). Die Gewehre der Zukunft werden aber kleiner und leichter sein. Dafür werden neue Patronen wie die Nadelgeschosse oder konventionelle Munition in Kalibern zwischen zwei und vier Millimetern sorgen. Noch weiter in der Zukunft kann man sich Munition vorstellen, die über ein Lenkgeschoss verfügt, das unmittelbar mit einem Zielerfassungssystem verbunden ist. Mit Sicherheit wird das militärische Gewehr der Zukunft der zentrale Bestandteil eines integrierten Gefechtssystems sein, zu dem aktive und passive Sensoren ebenso wie Detektoren gehören. Die gesammelten Daten werden regelmäßig an ein taktisches Kontrollzentrum weiter geleitet und sofort ausgewertet. Außerdem geben sie dem einzelnen Soldaten unter allen Bedingungen ein klares Bild des Gefechtsfelds um ihn herum. Wichtige Merkmale wie eine automatische Freund-Feind-Erkennung werden natürlich auch enthalten sein.

LINKS: **Das Steyr AUG ist auch außerhalb seiner Heimat gefragt. Das australische Heer hat damit das Selbstladegewehr FAL ersetzt, und viele andere Heere und Polizeibehörden sind ihm gefolgt.**

SIG
SIGSAU

Kapitel 5

Sport- und Wettbewerbsgewehre

Bis weit in das 20. Jahrhundert waren die meisten Gewehre auf dem freien Markt alltägliche Gegenstände, Werkzeuge wie landwirtschaftliches Gerät. Sie sollten das Fleisch auf den Tisch bringen und Schädlinge und Raubtiere vernichten.

Es gab natürlich Ausnahmen – reiche Männer gingen schon zum Vergnügen auf die Jagd, als es noch gar keine Gewehre gab, und schienen auf diese Erfindung nur gewartet zu haben. Es gab auch Schießwettbewerbe mit lukrativen Preisen – wie vorher für die Bogenschützen. Die Mehrheit der Benutzer wollte dabei eine zuverlässige, robuste Waffe zu einem vernünftigen Preis.

HOCHLEISTUNGSWAFFEN

Wir haben bereits beschrieben, wie abgelöste, überzählige Militärwaffen weit unter dem ursprünglichen Preis an Soldaten und ehemalige Soldaten, und von diesen an weitere private Kundschaft verkauft wurden. Damals gab es in keinem Land der Welt Einschränkungen über den Besitz von Feuerwaffen. Schon bald bildeten sich Organisationen wie die National Rifle Association in England und den USA, die sich um den Schießsport kümmerten (und auch darum, innerhalb einer Art „Bürgerwehr" die Fertigkeiten zu üben und aufrecht zu erhalten). Die wichtigsten Schießwettbewerbe stammen aus jener Zeit. Kurz nach der Jahrhundertwende fingen die Hersteller aber an, speziell ausgewählte Gewehre, wie sie vorher den besten Schützen vorbehalten waren, in der Regel über die NRA einem breiten Publikum zu akzeptablen Preisen anzubieten, um das Schießen zu fördern.

LINKS: **Sportschießen ist eine Mischung aus Körperkontrolle und Technologie. Die Körperkontrolle muss man sich über Jahre hinweg erwerben, die Technologie, wie dieses teure SIG-Sauer SSG 3000, kann man einfach kaufen.**

Die Springfield Armory verkaufte ab 1910 das M1903, nachdem sie vorher fünf Jahre lang hochwertige Krags verkauft hatte. 1903 fanden in den USA die ersten nationalen Meisterschaften statt, während internationale Meisterschaften, viele unter der Schirmherrschaft der International Shooting Union, längst eingeführt waren. Das 1876 ins Leben gerufene Palma Match wurde 1901 über 800, 900 und 1000 Yards (731, 822 und 913 m) neu aufgelegt. Dabei kämpften achtköpfige Mannschaften mit ausgewählten, aber unmodifizierten Dienstgewehren, und schon bald war das Schießen sogar eine olympische Sportart. Da die Waffentypen genormt waren, wurde viel Geld und Energie in extrem präzise Munition mit hoher Geschwindigkeit und flacher Flugbahn investiert.

Die vom amerikanischen Frankford Arsenal für das Palma Match 1925 hergestellte .30-06-Munition zum Beispiel hatte einen berechneten mittleren Radius – d. h. eine theoretische Genauigkeit – von weniger als 11,5 cm. Das bedeutete auf 1000 Yard (913 m) 20 Schuss von 20 in Zehn-Schuss-Gruppen von je 34,3 cm. Um da mitzuhalten, mussten sich die großen Munitionshersteller wie Remington und Winchester einiges einfallen lassen. Viel von dem, was wir heute über das Flugverhalten von Geschossen wissen, stammt aus den internationalen und militärischen Schießwettbewerben der Zwischenkriegszeit.

Besonders seit dem Zweiten Weltkrieg haben die Waffenhersteller eine ähnliche Entwicklung durchgemacht wie die Hersteller von Autos und Motorrädern und sportliche Wettbewerbe dazu benutzt, die

OBEN: **Das Barett Model 82 A-1 Light Fifty ist eine der stärksten frei verkäuflichen Waffen. Es benutzt die gleiche Munition wie das Browning-MG M2.**

Qualität ihrer Produkte unter Beweis zu stellen. Als Resultat bauten sie Gewehre mit ausgewählten Verschlüssen und Läufen und mit speziell angefertigten Lochvisieren. Dazu kamen Schäfte mit vielfältigen Verstellmöglichkeiten – Länge und Höhe des Kolbens und die Stellung der Schaftbacke sowie Größe, Position und Neigung der hinteren und vorderen Griffstücke. Außerdem gibt es noch Unterschiede zwischen den Gewehren für die verschiedenen Anschlagarten.

Die meisten modernen Sportgewehre sind Zylinderverschlussgewehre, aber bis in die 50er und 60er Jahre war der nach unten öffnende Fallblockverschluss von Martini bei kleinkalibrigen Waffen durchaus noch gebräuchlich (z. B. für .22-LR-Munition) bei Wettbewerben in der Halle und unter freiem Himmel. Allmählich wurden sie durch den Zylinderverschluss abgelöst, der in den 80er Jahren endgültig dominierte. Die schwereren, von Hand zu ladenden Gewehre, die im Freien über größere Entfernungen eingesetzt werden, sind ausschließlich Zylinderverschlussgewehre. Die besten kosten mehr als 5000 Dollar (das Sportgewehr Heckler & Koch PSG-1 im Kaliber 7,92 mm sogar fast das Doppelte). Die meisten gab es auch mit Schaft und Mechanismus für Linkshänder. Daneben gab es sogar selbstladende Scheibenbüchsen, die auf verschiedenen militärischen Verschlusstypen basierten – dabei war der Verschluss des M1/M14 ebenso populär wie die Entwicklung von Stoner für das AR-15.

JAGDGEWEHRE

Die Jagd ist nach wie vor in Nordamerika und den meisten anderen Ländern zum Lebensunterhalt oder zum Zeitvertreib verbreitet. Daher ist es nicht verwunderlich, dass die meisten Waffen für diesen Zweck von amerikanischen und europäischen Herstellern stammen.

Die Trophäenjagd war im 19. Jahrhundert eine Veranstaltung für die bessere Gesellschaft. Nur sehr reiche Männer konnten sich die sündhaft teuren handgefertigten Waffen von Boss, Rigby, Holland & Holland und Westley Richards aus London leisten, das als Sitz der besten Waffenmanufakturen galt. In Wahrheit hatte die Sache mit Jagd nicht viel zu tun – zu einer Tigerjagd im Indien des letzten Jahrhunderts beispielsweise benötigte man Hunderte von Treibern, die das Tier auf die Jäger zutrieben. Diese saßen relativ sicher in einer Howdah, einem kastenförmigen Sitz auf einem Elefanten. Als Alternative benutzte man einen Köder, ein Kalb oder eine Ziege. Das Tier wurde angepflockt, und die Jäger sammelten sich in Verstecken in der Umgebung. Das Ziel war, den Tiger zu erlegen, möglichst ohne sich selbst zu gefährden. Daher waren großkalibrige Waffen mit schweren Geschossen (es gab sie – und gibt sie immer noch – bis hin zur 14,6-mm-Nitro-Express, die eine Kugel von 48,5 g mit einer Geschwindigkeit von 625 m/s abfeuerte) sehr gefragt. Zur Selbstverteidigung trugen die Jäger oft noch großkalibrige zwei- oder sogar vierrohrige Pistolen mit Kippmechanismus – diese wurden folglich unter dem Namen Howdah-Pistolen bekannt. Die besten davon stellte angeblich Charles Lancaster her, der auch ausgezeichnete Gewehre baute.

DOPPELLÄUFIGE WAFFEN

Bei den meisten Gewehren dieser Art handelte es sich um Kombinationswaffen, meist mit nebeneinander liegenden Läufen.

So konnte man sicher sein, dass wenigstens immer noch ein Lauf funktionierte, wenn der andere ausgefallen war.

RECHTS: **Der Karabiner Calico M-900 ist in erster Linie eine Waffe für die Selbstverteidigung, ausgelegt auf die schwächere 9-mm-Parabellum. Diese Waffe verfügt über ein Laser-Zielgerät.**

Der Verschluss kannte keine Ladehemmungen, und gleichzeitig konnten die beiden Schüsse fast unmittelbar nacheinander abgefeuert werden, besonders wenn die Waffe über einen selektiven Abzug verfügt. Solche Waffen kann man immer noch kaufen, nicht nur von kleinen spezialisierten Herstellern, sondern auch von größeren Firmen wie Beretta, Brno und Krieghoff. Bei manchen handelt es sich auch um Bockgewehre. Diese doppelläufigen Waffen sind Kipplaufwaffen mit einfachen Kasten- und Seitenschlossen. Einige wenige verfügen über zwei Abzüge. Die „alten" Hersteller handgefertigter Waffen liefern immer noch maßgeschneiderte doppelläufige Waffen, allerdings zu astronomischen Preisen. Selbst die besten Gewehre der großen Hersteller können sehr teuer sein – wie das handgefertigte, von Hand gravierte Beretta Model 455, das etwa 50000 Dollar kostet.

Eine erschwinglichere Version des doppelläufigen „Großwildgewehrs" ist die Kombination von einem glatten und einem gezogenen Lauf, normalerweise als Bockgewehr. Populär ist auch die Kombination aus .22 in LR und .410-Schrotmunition (10,4 mm) (das Überlebensgewehr Springfield M6, das Stoner mit seinen AR-5 und AR-7 verdrängen wollte, verfügte über genau diese Kombination), aber es gibt auch Hersteller, die größere Kaliber anbieten – Schrotläufe Kaliber 12 und .30-06 beispielsweise.

MODERNE REPLIKEN

Besonders in den Vereinigten Staaten werden Repliken alter Waffen immer beliebter, nicht nur für die Vitrine, sondern auch für die Jagd. Die bei weitem am gefragtesten einschüssigen Waffen sind die ausgezeichneten Repliken von Christian Sharps Gewehren und Karabinern in allen möglichen Versionen, besonders die Neuauflagen der Modelle 1874 und 1875 in den Kalibern .40 (10,15 mm), .45 (11,4 mm) und .50 (12,7 mm). Die dazu gehörigen Geschosse haben zwischen 3,2 und 9 g Schwarzpulver, und sie werden aus Läufen verschossen, die zwischen 558 und 863 mm lang sind (es gibt auch Sharps-Repliken für „moderne" Munition wie .22LR bis hin zu .40-65 WCF). Gute Exemplare kosten zwischen 700 und 1500 Dollar, erheblich weniger als ein Original. Ebenfalls beliebt sind Repliken der Remington Rolling Block und der Springfields mit „Trapdoor". Es gibt sogar einen Markt für Vorderlader mit Steinschloss oder (häufiger) mit Zündhütchen. Daneben bieten kleine spezialisierte Hersteller moderne Vorderlader für Schwarzpulver, normalerweise mit Zielfernrohr, an.

Viele der klassischen amerikanischen Unterhebelrepetierer aus dem 19. Jahrhundert sind ebenfalls als Repliken erhältlich. Sie kommen oft aus Italien, das sich dank Herstellern wie Umberti einen erstklassigen Ruf erworben hat. Am beliebtesten sind natürlich die Kopien von Henry und Winchester, besonders das Model 1873. Die nicht enden wollende Popularität dieser Waffen in den Vereinigten Staaten lässt sich daran ablesen, dass zwei Waffen vom Ende des letzten Jahrhunderts heute, nach mehr als hundert Jahren, immer noch von den gleichen Herstellern angeboten werden: Das Marlin Model 1893, inzwischen als Model 336 bezeichnet, und das hahnlose Savage 99 mit dem einzigartigen Umlaufmagazin.

Das Winchester Model 94 war auch nach seinem hundertjährigen Jubiläum noch in Produktion. Daneben gibt es auch noch (das völlig andere) Browning-

UNTEN: **Das Calico M-951 mit Ganzschaft. In letzter Zeit erhielt es außerdem einen vorderen Pistolengriff und einen Mündungsfeuerdämpfer. Angeboten werden Magazine mit 50 und 100 Schuss.**

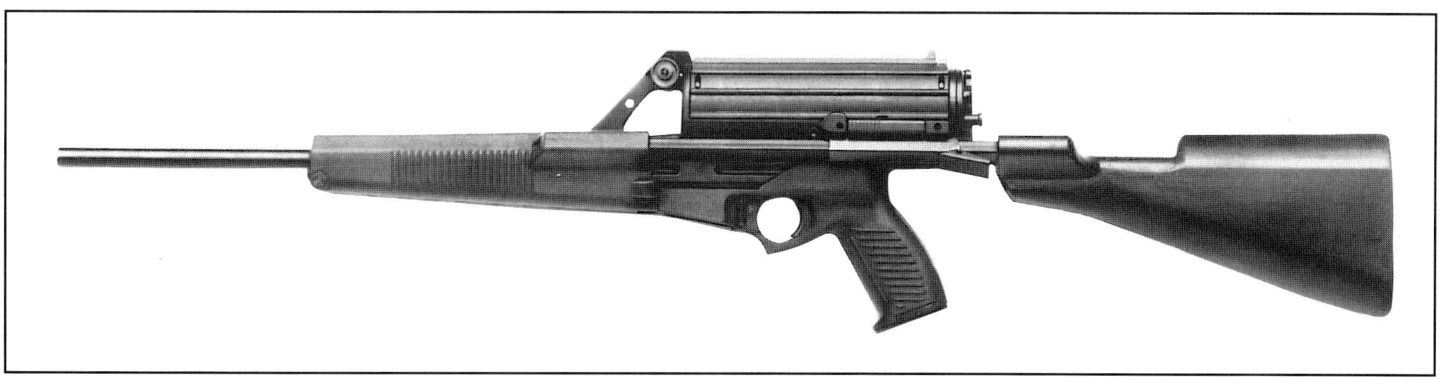

Repetiergewehr, das als BLR in unterschiedlichen Versionen in Japan hergestellt wird.

DIE GEWEHRE VON MARLIN

John Marlin fing nach dem amerikanischen Bürgerkrieg an, Gewehre zu bauen und erwarb 1875 die Lizenz zur Herstellung des Ballard, eines erfolgreichen Schwarzpulvergewehrs. Mit dem Aufkommen des rauchlosen Pulvers entwickelte er einen Unterhebelrepetierer mit Röhrenmagazin, ähnlich dem Winchester, der 1893 in seiner endgültigen Form erschien. Er benutzte einen zylindrischen Verschluss, der hinten durch eine vertikale Stange verriegelt wurde, die nahe ihrem Drehpunkt vorn am Abzugsbügel, der gleichzeitig als Unterhebel diente, befestigt war. Sobald der Unterhebel nach unten und dann nach vorn geschoben wurde, wurde der Verschluss entriegelt und aus dem Gehäuse nach hinten geschoben, zog dabei die Hülse aus dem Ladungsraum und warf sie aus (nach rechts und nicht nach oben wie beim Winchester) und schob dann den Hahn nach hinten an der Spannrast vorbei. Gleichzeitig fiel der Patronenzubringer nach unten, um den nächsten Schuss aus dem unten liegenden Magazin aufzunehmen. Wenn der Betätigungshebel wieder zurückgeschwenkt wurde, wurde der Zubringer angehoben und der Verschluss nach vorn geschoben, so dass der Hahn voll gespannt und nur durch die Abzugsstange gehalten wurde. Dann gelangte die neue Patrone in das Patronenlager (bei der Winchester dagegen wurde der Patronenzubringer am Ende der Vorwärtsbewegung des Unterhebels angehoben, und die Hülsen wurden nach oben aus dem Gehäuse ausgeworfen; daher konnte ein Zielfernrohr nur mit Mühe montiert werden. Diese Schwachstelle wurde später beseitigt, als die Zielfernrohre im 20. Jahrhundert immer preiswerter und beliebter wurden).

Beide Gewehre verfügten über zweiteilige Schlagbolzen, und gesichert wurde dadurch, dass ein Teil des Schlagbolzens aus der Flucht gebracht wurde. Es

Galil-Scharfschützengewehr

Kaliber: 7,62 mm x 51
Gewicht: 6,4 kg
Länge: 1115 mm (Schulterstütze ausgeklappt)
Lauflänge: 508 mm
Effektive Schussentfernung: Über 800 m
Ausführung: Magazin mit 20 Schuss
Mündungsgeschwindigkeit: 815 m/s
Herstellerland: Israel

UNTEN: Die Karabiner Federal XC-800 und XC-450 (die Bezeichnung bezieht sich auf das Kaliber – 9 mm Parabellum oder .45 ACP) sind moderne Selbstverteidigungswaffen, Ganzstahlkonstruktionen ohne jeden unnötigen Luxus. Die Schulterstütze kann ausgefahren werden, und die Waffe lässt sich in Sekunden zerlegen.

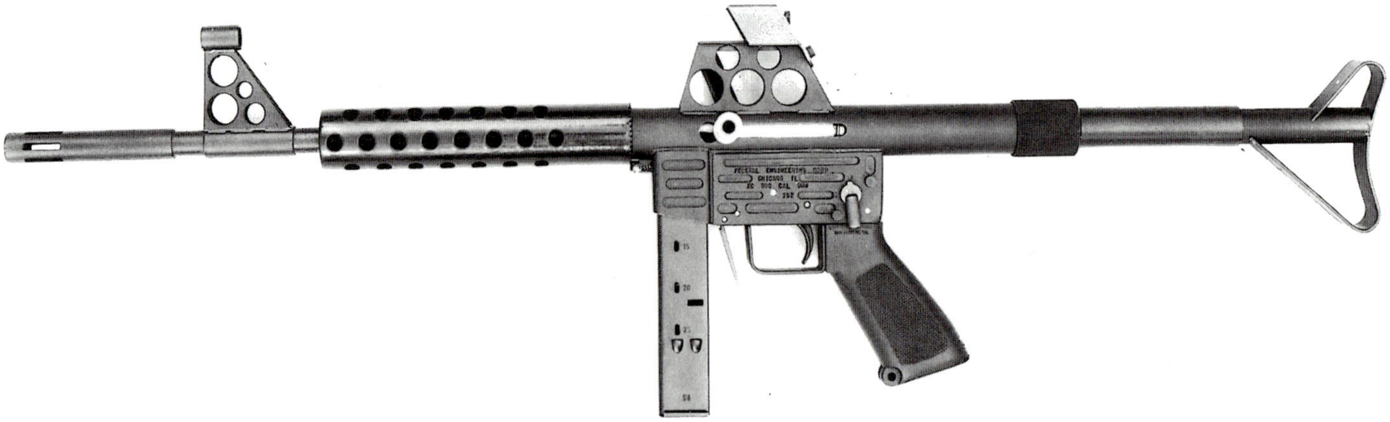

UNTEN: **Israeli Military Industries bietet über ein Tochterunternehmen auch Waffen auf dem freien Markt an. Dazu gehört auch das Galil, für den zivilen Markt mit einem attraktiven Holzkolben bestückt. Verfügbar ist es in den zivilen Pendants der zwei NATO-Kaliber – .223 Remington und .308 Winchester.**

wird angenommen, dass in den hundert Jahren nach ihrer Einführung etwa acht Millionen Marlin 1893 und Winchester 1894 verkauft wurden – ungefähr etwa soviel wie alle anderen „Sportgewehre“ in diesem Zeitraum zusammengenommen – und das, obwohl beide nicht auf die modernen Hochleistungspatronen ausgelegt waren, wie sie ab etwa 1910 erhältlich waren (der Weg des Mechanismus ist zu kurz für diese längeren Patronen und sie verfügen nicht über Primärauszug, ohne den die Hülsen nicht aus dem Patronenlager ausgeworfen werden können). Folglich kamen Patronen wie die .30-30 und ähnliche zum Einsatz.

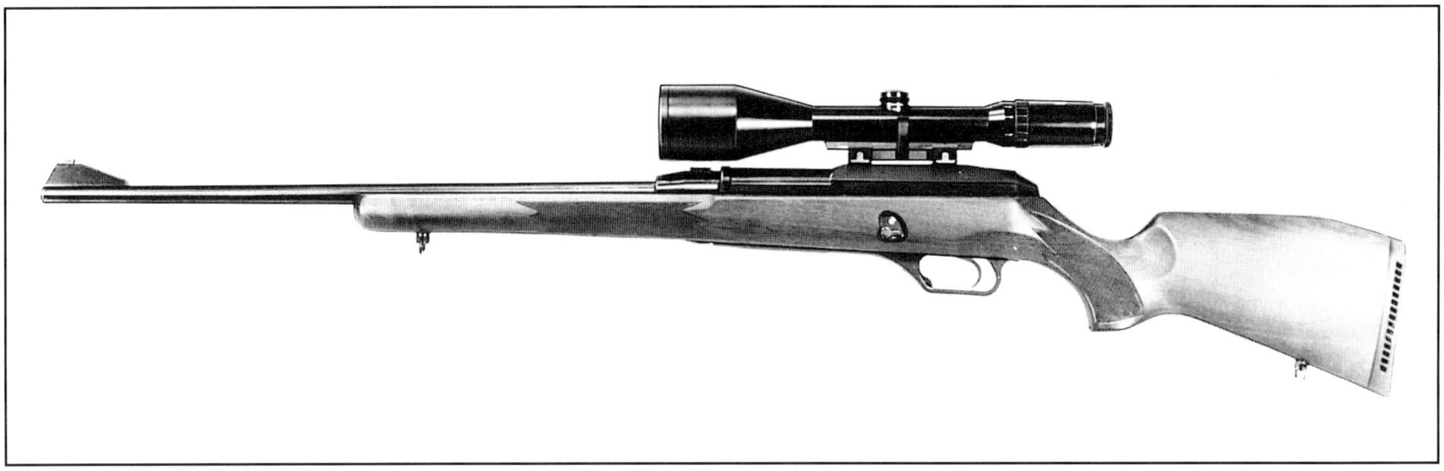

OBEN: **Das Heckler & Koch HK-940 ist etwas ganz Besonderes – ein konventionelles halbautomatisches Jagdgewehr mit dem Verschluss aus den HK-Militärwaffen, aber für das Kaliber .308 Winchester.**

Moderne Unterhebelrepetierer mit ähnlichen Verschlüssen verwenden oft populäre Pistolenmunition wie die 9 mm Parabellum, .38 Special, .357 Magnum, .44 Special oder .44 Magnum.

Marlin entwickelte auch die einzige Variante des einfachen vier-, fünf- oder sechszügigen Zugprofils, das sich im 19. Jahrhundert fast völlig durchsetzen konnte. 1953 erhielt die Firma ein Patent auf das so genannte Micro-Groove-System, das über wesentlich mehr Züge und Felder verfügte (Anzahl je nach Kaliber). Sie hatten ein ganz anderes Profil als beispielsweise die Enfield-Läufe und viel flachere Züge. Marlin hielt sein System für präziser, weil es das Geschoss besser greift und dank der flachen Züge weniger Spuren hinterlässt. Ab Anfang der 50er Jahre wurden alle Marlin-Gewehre mit dem Micro-Groove-System ausgestattet.

DAS SAVAGE 99

Das Savage 99 sah im Vergleich zu seinen Konkurrenten wesentlich moderner aus, obwohl es aus der gleichen Zeit stammt. Arthur Savage war Straßenbahn-Betriebsleiter in Utica, New York, als er 1895 sein erstes Gewehr entwickelte. Nach stetigen Verbesserungen in den folgenden vier Jahren erschien das Model 99, das seitdem nur noch geringen Änderungen unterworfen wurde. Zunächst gab Savage das Röhrenmagazin unter dem Lauf auf und ersetzte es durch ein im Uhrzeigersinn laufendes Trommelmagazin ähnlich dem von Mannlicher und Schönauer, das viel schonender mit der Munition umging und auch verhinderte, dass die Spitze einer Patrone auf den Treibladungszünder der letzten Patrone stieß und diese entzündete. Er schaffte auch den außenliegenden Hahn ab und setzte statt dessen einen federbelasteten Schlagbolzen ein. Mit der Form seines Unterhebels hatte er einen erheblich längeren Weg und Primärauszug, was wiederum die Verwendung modernerer Munition ermöglichte. Die einzige wesentliche Verbesserung, die das Savage 99 später noch erhielt, war ein neu konstruierter Sicherungsschieber, der sicherer und leichter zu bedienen war. Wie bei vielen Schrotflinten saß er an der gebogenen rückwärtigen Oberseite des Gehäuses, wo er leicht mit dem Daumen zu erreichen war. Aus Gründen der Wirtschaftlichkeit wurde das Trommelmagazin durch ein integriertes, abnehmbares Magazin für vier Schuss ersetzt. Interessant ist, dass der letzte Unterhebelrepetierer von Winchester eine hahnlose Konstruktion mit einem abnehmbaren Kastenmagazin für vier Schuss war, der bis auf den längeren Vorderschaft dem Savage 99 doch sehr ähnlich sah. Savage Arms setzte sich auf dem Markt durch und baute neben dem Model 99 ausgezeichnete Schrotflinten und Jagdgewehre zu äußerst konkurrenzfähigen Preisen.

DER BROWNING-UNTERHEBEL-REPETIERER

Der Browning-Unterhebelrepetierer ist wiederum ganz anders aufgebaut. Er hat einen drehbaren Verschlusskopf, verriegelt durch konventionelle Zapfen. Der Zylinder wird durch eine Zahnstange nach hinten geschoben, was bei einem kurzen Weg des Unterhebels einen relativ langen Verschlussweg ermöglicht (das war nichts neues, die gleiche Methode hatte bereits der Büchsenmacher Bullard aus Connecticut in den 1870er Jahren angewandt). Wie bei den ersten Winchester- und Marlin-Gewehren liegt der Hahn außen. Einige Schützen haben es so lieber, denn sie sehen auf einen Blick, in welchem Ladungszustand ihre Waffe ist (die Savage hat allerdings einen Stift, der aus dem Gehäuse ragt, wenn die Waffe gespannt ist), und sie können den Hahn in Ruhestellung halten.

Merkwürdigerweise gab es kaum Unterhebelrepetierer für kurze, schwächere Patronen wie die .22-Randfeuerpatrone, obwohl die Bauart gerade dafür geeignet ist. Lediglich Marlin baute 1891 ein solches Gewehr, überarbeitete es 1897 und noch einmal 1939, dann als Model 39 bezeichnet. In den 50er Jahren holte die Konkurrenz Marlins Vorsprung auf: Browning brachte das BL-22 und Winchester das Model 9422 (das noch ein halbes Jahrhundert später, dann aber auch für die .22 Magnum angeboten wurde). Winchester baute außerdem seit 1903 verschiedene Halbautomaten und nicht wenige Vorderschaftrepetiergewehre für dieses Kaliber. Remington baute ebenfalls Vorderschaftrepetierer in diesem Kaliber und zusätzlich gab es das Model 7600 für Zentralfeuerpatronen bis zu .30-06 – das einzige großkalibrige Gewehr in dieser Bauart, obwohl sie bei Schrotflinten weit verbreitet ist (es gibt allerdings andere Gewehre für großkalibrige Pistolenmunition).

Ebenso befremdlich ist, dass Remington – der älteste private Waffenhersteller in den Vereinigten Staaten, immerhin seit 1816 im Geschäft – nur einen einzigen Unterhebelrepetierer gebaut hat, ein Gewehr für .22-Randfeuerpatronen, das in den 60er Jahren erschien und schon bald wieder vom Markt genommen wurde.

SPORTGEWEHRE MIT ZYLINDER-VERSCHLUSS

Trotz des enormen Markterfolgs der Unterhebelrepetierer konzentrierte sich

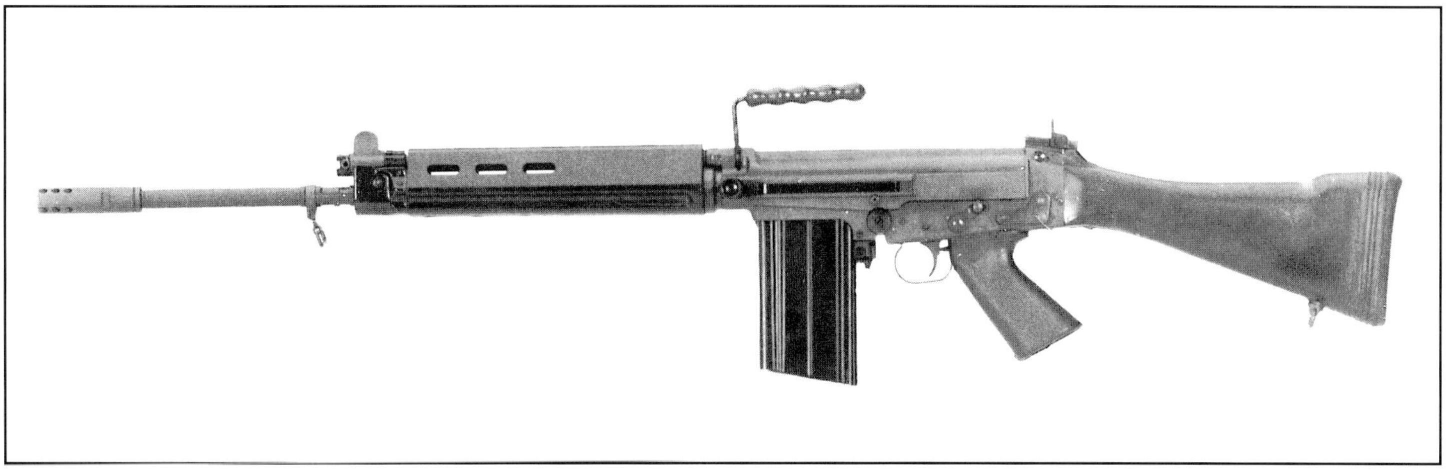

die Entwicklung im 20. Jahrhundert bei den Gebrauchs- und Sportgewehren auf Zylinderverschlusswaffen. Es wird behauptet, dass das erste Sportgewehr dieser Art ein M1903 Springfield war, das im Jahr seiner Einführung auf Wunsch von Präsident Theodore Roosevelt modifiziert wurde. Dabei wurde der Vorderschaft gekürzt, der Handschutz entfernt und ein Balkenkorn mit Lyman-Kimme montiert. Es ist denkbar, dass zumindest ein Teil der M1903, die nach 1910 über die NRA angeboten wurden, ähnliche Änderungen aufwiesen. 1920 bot Springfield Armory selbst modifizierte M1903 über die NRA als NRA Springfield Sportster an, und im gleichen Jahr brachte Remington das erste maßgefertigte Sportgewehr mit Zylinderverschluss zunächst als Model 30 und später eine verbesserte Version als 30S. Tatsächlich handelte es sich um ein modifiziertes M1917 Enfield, das dieser Hersteller ja während des Krieges in großer Zahl produziert hatte. Es hatte seine Schwächen – nicht zuletzt den schwergängigen Verschlussmechanismus – aber auch seine Vorteile, wie den niedrig angesetzten Kammerstengel, der wie beim Springfield (und seinem Vorbild, dem Mauser-Gewehr) die Montage eines Zielfernrohrs ohne jegliche Modifikationen erlaubte. Dazu kam eine ausgezeichnete Sicherung, was aber nichts daran änderte, dass es vor allen Dingen wegen des ärmlich aussehenden Schafts in der Volksmeinung als überholt galt.

Winchester folgte der Konkurrenz 1925 mit dem mittelmäßigen Model 54 und 12 Jahre später mit einem wahren Meisterwerk. Das Model 70, das sich auch 60 Jahre später noch gut verkaufen lässt, kostete seinerzeit je nach Ausfertigung, Veredelung und Kaliber zwischen 500 und 1000 Dollar. Und das Winchester Model 70 war nicht nur ein Jagdgewehr: Ein Jahr nach seiner Einführung gewann ein Model 70 mit entsprechender Visiereinrichtung das Wimbledon-Match in Camp Perry, wo über eine Entfernung von 1000 Yard (913 m) geschossen wurde.

In Europa wurden zwischen den Kriegen nur wenige Sportgewehre gebaut. Die meisten von ihnen griffen auf Verschlusseinrichtungen von Mauser aus Oberndorf oder von FN aus Lüttich zurück. Es gab daneben aber auch minderwertige Kopien, manchmal mit irreführenden Namen, die oft aus Beutestücken aus dem Krieg zusammengesetzt wurden. Einige amerikanische Hersteller ließen sich sogar die Verschlusseinrichtungen aus Europa liefern, darunter auch Roy Weatherby, ein findiger Tüftler und ausgezeichneter Büchsenmacher.

Weatherby baute schließlich unter der Bezeichnung Mark V einen eigenen Zylinderverschluss, der am Kopf eines überdimensionierten Zylinders über neun Verriegelungswarzen, jeweils in Dreiergruppen angeordnet, verfügte, die die Form eines Verriegelungskamms bildeten (sodass der Verschlusskörper einen größeren Durchmesser hatte als die Warzen, wodurch er auf die sonst üblichen Verriegelungsschlitze verzichten konnte) und den Mechanismus erheblich leichtgängiger machten. Die Anordnung der Warzen in einem Winkel von 120 Grad sorgte dafür, dass der Kammerstengel nur um 60 Grad an Stelle der sonst üblichen 90 Grad angehoben werden musste, um sie zu entriegeln. Das Warzensystem, jedoch nicht den überdimensionierten Zylinder, scheint Charles Newton im Jahr 1910 erfunden zu haben. Daneben entwickelte Newton eine Reihe unterschiedlicher Zugsysteme, die zwar effektiv, allerdings nicht um soviel deutlich besser waren als die konventionellen Systeme, dass sie die zusätzlichen Kosten rechtfertigen konnten. Weiterhin entwickelte Weatherby eine Anzahl langer, kräftiger „Magnum-Patronen“ in Kalibern zwischen .224 und .460. Das Mark V ist immer noch erhältlich und bildet mit weiteren Versionen eine umfassende – und begehrte – Produktreihe mit Preisen zwischen weniger als 500 und mehr als 5000 Dollar.

OBEN: **Springfield Armory baut das Selbstladegewehr SAR-4800 in unterschiedlichsten Formen – diese Version ist fast identisch mit den militärischen Dienstgewehren. Es gibt auch Schäfte mit Daumenloch.**

DER MARKT WIRD GRÖSSER

Für den immer größer werdenden Markt in den Vereinigten Staaten brachten immer neue Hersteller Zylinderverschlussgewehre für die Jagd. Es gab ausgezeichnete Fabrikanten wie Weatherby, die einen echten (wenn auch bescheidenen) Beitrag zur Kunst des Büchsenmachens leisteten, während andere sich damit begnügten, auf vorhandene, bewährte Konstruktionen zurückzugreifen und solide, zuverlässige Waffen zu bauen, die ihren Besitzer durchaus überleben konnten. Nur wenige Büchsenmacher boten starke Waffen zu Dumpingpreisen, denn mit den Gewehren, die die Streitkräfte aus ihren Überschüssen unter den ursprünglichen Herstellungskosten anboten, konnten sie ohnehin nicht konkurrieren. Das war und ist ein deutlicher und willkommener Gegensatz zum Markt für Faustfeuerwaffen, der seit dem Erscheinen der Messingpatrone von billigen „Saturday Night Specials“ überschwemmt wird. Es gab eine beträchtliche Zahl von Kleinkalibergewehren wie das in Großbritannien beliebte .22. Es sollte aber noch dauern, bis die Qualität von Konstruktion, Fabrikation und Ausführung auf diesem Markt genauso wichtig werden sollte wie bei den großkalibrigen Waffen. Noch in der Mitte der 70er Jahre konnte ein anerkannter (amerikanischer) Büchsenmacher und Autor ohne viel Übertreibung behaupten, dass es eine „Schande“ sei, dass niemand mehr ein anständiges .22-Zylinderverschlussgewehr bauen würde.

Er schlug dann seinen Lesern vor, dass sie ein solches Gewehr sofort kaufen sollten, falls sie denn eines finden würden. Innerhalb der folgenden zwei Jahrzehnte hat sich allerdings in dieser Hinsicht viel geändert: Es gibt inzwischen bei allen besseren Herstellern eine ordentliche Auswahl von guten Zylinderverschlussgewehren für Randfeuerpatronen.

Während der gleichen Zeit gab es aber auch auf dem Gebiet der großkalibrigen Waffen deutliche Verbesserungen. Viele stammten aus Deutschland und Österreich, die schließlich ihre Spitzenstellung in der Waffenentwicklung zurückgewinnen konnten. Mauser und Voere in Österreich entwickelten beide Drei-Warzen-Verschlüsse, der letztere baute eine Stellit-Einlage in die Laufverlängerung, sodass die Drehung des Verschlusses von den üblichen 90 Grad auf 60 Grad reduziert werden konnte. Sauer, inzwischen eng mit SIG verbunden, baute für seine Modelle 80 und 90 ein System mit konventionellen, hinten liegenden zapfenförmigen Warzen, die sich beim Entriegeln allerdings völlig in den zylinderförmigen Verschlusskörper zurückziehen.

Das gleiche System wurde später auch beim Scharfschützengewehr SIG-Sauer SSG 2000 angewandt. Heym, damals in Münnerstadt, entwickelte für das wunderschöne SR30 ein ähnliches System, allerdings mit einziehbaren Kugeln an Stelle der rechteckigen Warzen. Es wird 1997 auf Wunsch mit einem Schaft aus Walnuss- und Rosenholz angeboten, aber auch als schlichtes Grundmodell. Damit ist es ein würdiger Nachfolger einer langen Reihe ausgezeichneter Gewehre im Stil von Mauser.

HALBAUTOMATISCHE JAGDGEWEHRE

Bei den meisten Sportgewehren für Zentralfeuerpatronen handelt es sich um Unterhebelrepetierer oder Zylinderverschlusswaffen, aber bereits seit 1906 werden ab und zu halbautomatische Jagdgewehre angeboten. In jenem Jahr brachte Remington das von John Browning konstruierte Model 8, das auf dem selten benutzten langen Rücklauf basierte. Der Lauf war von einem Schutzrohr umgeben. Gasdrucksysteme, wie sie seit dem Ersten Weltkrieg für militärische Waffen entwickelt wurden, sind stets populärer gewesen. Seit den 70er Jahren bieten fast alle Hersteller von Dienstwaffen auch Versionen für den freien Markt an, während Browning, Remington und Winchester eigens für diesen Zweck entwickelte Gasdruck-Jagdgewehre gebaut haben. Remington machte mit der 1955 erschienenen Reihe 740/7400 den Anfang – ein ausgezeichnetes, präzises halbautomatisches Gewehr, das dank der Baukastentechnik nur wenig mehr als 500 Dollar kosten sollte. Viele Teile der Modelle 740 und 7400 waren mit denen der Vorderschaftrepetierer 760 und 7600 austauschbar, was die Kosten in Grenzen hielt. Aus den gleichen Gründen überrascht es nicht weiter, dass die modifizierten Dienstwaffen in der Regel nur in den Kalibern .223 Remington und .308 Winchester erhältlich sind. Sie entsprechen nämlich genau

UNTEN: **Das Mauser Modell 91 (ganz unten) und das Heym Magnum Express repräsentieren die zwei Extreme qualitativ hochwertiger Waffen: die ersten die kleinen Kaliber, die letzteren die schweren.**

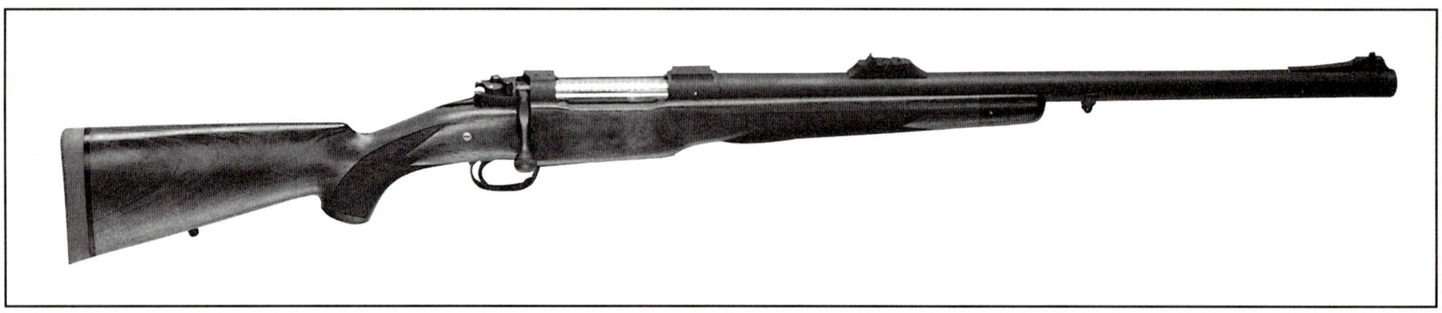

OBEN: **Das Mauser Modell 86 SR wurde als Scharfschützengewehr entwickelt. Der Kasten oberhalb des Zielfernrohrs ist ein Laserentfernungsmesser, der die Erfassung des Ziels unterstützt.**

OBEN: **Das Scharfschützengewehr McMillan M87 ist einen ungewöhnlichen Weg gegangen – es handelt sich um eine militärische Version eine Jagdgewehrs – des Talon Safari. Die Schulterstütze besteht aus Glasfaser.**

den NATO-Kalibern 5,56 mm und 7,62 mm, für die sie ursprünglich entwickelt wurden. Die speziell für diesen Zweck gebauten Waffen hingegen werden in verschiedensten Kalibern angeboten. Viele der neueren halbautomatischen Gewehre (eigentlich eher schon Karabiner) sind auf die 9-mm-Parabellum oder andere schwere Pistolenmunition ausgelegt und zielen klar auf den Polizeimarkt ab, denn mit ihren ballistischen Eigenschaften sind sie bei der Jagd nicht konkurrenzfähig.

Es gab unter den Halbautomaten auch Repliken von Dienstwaffen. Am beliebtesten waren der Karabiner M1 und das Gewehr M14. Die besten Repliken stammten von der Springfield Armory. Einer der besten halbautomatischen Gasdrucklader auf dem Markt basiert auf dem Mechanismus, den Garand für das M1 konstruierte und der natürlich auch beim M14 verwendet wurde – das Ruger Mini-14. Ruger war bis dahin eher für seine Revolver bekannt, hat dann aber auch eine Reihe ausgezeichneter Zylinderverschlussgewehre gebaut. Das Mini-14 war auf die .223 Remington ausgelegt und wohl eher für die Polizei als für die Jagd bestimmt. Ungewöhnlich war, dass es sogar den Sprung in das Militär schaffte – nämlich mit dem Erscheinen des Mini-14/20GB mit Extras wie Bajonettanschluss und Mündungsfeuerdämpfer. Gegen Ende der 80er Jahre entwickelte Sturm, Ruger & Co. das Gewehr weiter und brachte das äußerlich identische AC-556 mit Wahl zwischen Einzelfeuer und Feuerstoß. Unter der Bezeichnung Mini-Thirty gibt es sogar eine Version für die sowjetische Patrone 7,62 mm x 39.

SCHARFSCHÜTZEN UND IHRE GEWEHRE

Wer beide Gebiete des Schießsports – das Scheibenschießen und die Jagd – beherrscht, eignet sich für eine ganz besondere militärische Anwendung. Als Scharfschütze wird er dazu ausgebildet, die wertvollsten Kräfte des Feindes mit einem wohlplatzierten Schuss auf große Entfernung zu vernichten.

Die erste Verbreitung fanden die Scharfschützen im amerikanischen Bürgerkrieg, wo sie auf beiden Seiten zum Einsatz kamen, wenn auch mit eher fragwürdigen Erfolgen. Sie schossen meistens auf Truppen in ortsfesten Stellungen und verließen sich in der Regel auf die Gewehre von Christian Sharps (oder gute Kopien), ausgerüstet mit langen Zielfernrohren. Dabei agierten sie über erstaunlich große Entfernungen – unter idealen Bedingungen über 900 m – obwohl die ballistischen Eigenschaften ihrer Gewehre alles andere als ideal waren. Die Briten hatten im Burenkrieg arg unter Scharfschützen zu leiden – diese Männer waren traditionell ausgezeichnete Schützen. „Auf wieviel Meter kommst du heran", fragte Rudyard Kipling den Korrespondenten des Daily Telegraph, Bennett Burleigh, als die beiden im März 1900 bei Karee Sidings, Bloemfontein, britische Truppen unter Feuer beobachteten. „Höchstens auf 800 Meter", antwortete Burleigh. „Das ist heutzutage verdammt nah. Näher geht es nicht mehr. Bei den modernen Gewehren ist mehr nicht drin."

Aber erst im Ersten Weltkrieg, dem letzten statisch geführten Krieg, gehörte das Scharfschießen aus dem Hinterhalt zur Regel. Die Deutschen fingen damit

an, und ihre Gegner machten voll und ganz mit. Wenigstens war es eine Abwechslung zum üblichen Leben im Schützengraben.

Die ersten Versuche, Scharfschützengewehre einzuziehen, gab es im Herbst 1914 in Bayern.

Alle (zivilen) Besitzer von 7,92-mm-Mauser-Jagdgewehren mit Zielfernrohr wurden angeschrieben. Die Namen und Adressen hatte man mühevoll über Büchsenmacher im ganzen Land zusammengetragen. Es gab aber nur wenig Zustimmung, sodass nur ein paar Dutzend Gewehre eingesammelt werden konnten. Daraufhin wurden weitere Exemplare bei Büchsenmachern bestellt, in der Regel mit Zielfernrohren mit vierfacher Vergrößerung, die von Gérard oder Goerz aus Berlin stammten und jeweils rund 330 Mark kosteten. Die erste Lieferung von 60 Gewehren traf kurz vor Weihnachten an der Front ein, erwies sich aber als ziemlich unbrauchbar. Danach stammten die Scharfschützengewehre in der Regel vom besten Lieferanten, der Königlichen Waffenfabrik in Amberg. Inzwischen hatte das Preußische Kriegsministerium sich für einen systematischeren Ansatz entschieden und bestellte 15 000 Gewehre Gew98 mit Zielfernrohren von Goerz, Zeiss und Luxor aus Spandau. Die Auslieferung sollte vor Jahresende erfolgen. Bis zum August 1916 verfügte jede Infanterie- oder Jägerkompanie des deutschen Heeres über mindestens drei Scharfschützengewehre, insgesamt über 20 000 Stück.

Die preußischen und bayrischen Versionen (jedes Heer hatte eine gewisse Selbstständigkeit) unterschieden sich nur in einem Punkt: Bei den Preußen saßen die Zielfernrohre auf der Laufachse direkt oberhalb des Gehäuses. So konnte man keine Laderahmen benutzen und musste die Munition einzeln nachladen. Für diese Auslegung hatte man sich entschieden, weil sie die Parallaxe auf ein Minimum reduzierte, denn das Okular saß in der Ebene des konventionellen Visiers. Bei den bayerischen Gewehren waren die Zielfernrohre etwas nach links von der Laufachse abgesetzt, was die Benutzung von Laderahmen ermöglichte. Diese Kombination aus Gewehr und Zielfernrohr erwies sich als ausgezeichnet – sie wurde zum Beginn des Zweiten Weltkriegs ohne Änderungen wieder eingeführt und erst später (allerdings nicht vollständig) durch das halbautomatische Gewehr Gew 43 mit dem Zielfernrohr 4 abgelöst.

OBEN: Das Parker-Hale Model 81 ist eine Kombination aus dem bewährten Mauser-Mechanismus und einem 610-mm-Lauf. Es gibt verschiedene Kaliber vom .22 Hornet bis zum .308 Winchester.

Die ersten offiziellen britischen Scharfschützengewehre (einige wenige Offiziere brachten ihre privaten Mauser- und Mannlicher-Jagdgewehre mit an die Front, andere wurden requiriert oder vom Gegner erbeutet, aber die Versorgung mit Munition war stets problematisch) wurden nicht vor 1915 ausgegeben und meistens erst im folgenden Jahr eingesetzt. Sie hatten keine üblichen Zielfernrohre, sondern ein Paar Linsen. Eine verfügte über eine Kimme und saß auch an dieser Stelle, während die andere über ein Balkenkorn verfügte. Die meisten Optiken kamen von Lattey oder Neill und waren sehr preiswert. Insgesamt wurden etwa 13 000 Stück offiziell beschafft, viele weitere wurden von den Soldaten privat erworben. Sie hatten zwei- oder dreifache Vergrößerung, aber ein äußerst begrenztes Sehfeld von nur 1 1/4 Grad, d. h. zwei Meter über eine Entfernung von 100 m. So war es nicht ganz einfach, ein Ziel zu erfassen, und bei Staub oder schlechten Lichtverhältnissen war kaum noch etwas zu sehen.

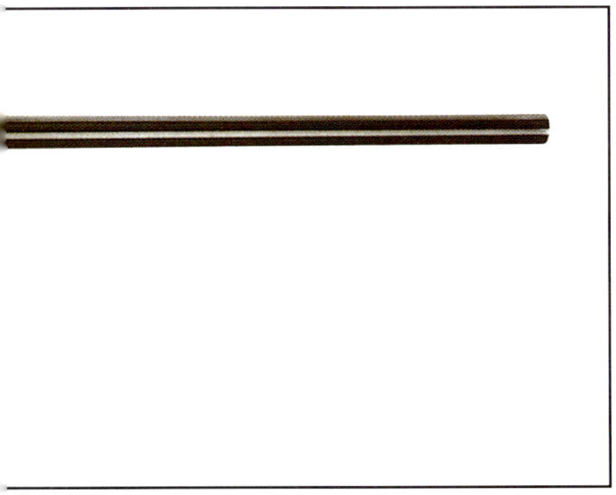

Die verwendeten Gewehre waren normale SMLE, normalerweise mit dem Verschluss des Mark III oder Mark III* (die 1907 eingeführten und 1916 weiterentwickelten Mark III waren im Ersten Weltkrieg die meistverwendeten Gewehre in Britischen Empire) ausgestattet. Enfield baute etwa 2 300 000 Stück, weitere zwei Millionen kamen von BSA. Die Ishapur-Fabrik in Indien und die Lithgow-Fabrik in Australien kamen zusammen ebenfalls auf zwei Millionen Stück.

Sie bauten diesen Typ noch bis in die 50er Jahre weiter. Auf weite Entfernungen gerade noch akzeptabel, wurde das Mark III trotzdem erst gegen Ende des Krieges durch die besseren P14 ersetzt. Das P14 blieb bis in die späten 30er Jahre das Standard-Scharfschützengewehr. Die Linsenpaare wurden schließlich durch konventionelle Zielfernrohre ersetzt; in der Regel kamen sie von der Periscope

UNTEN: Die Serie 700 von Remington ist ein Jagdgewehr, das auch als Scharfschützengewehr taugt. Es wurde in Vietnam regulär eingesetzt und war auch 30 Jahre danach noch im Dienst.

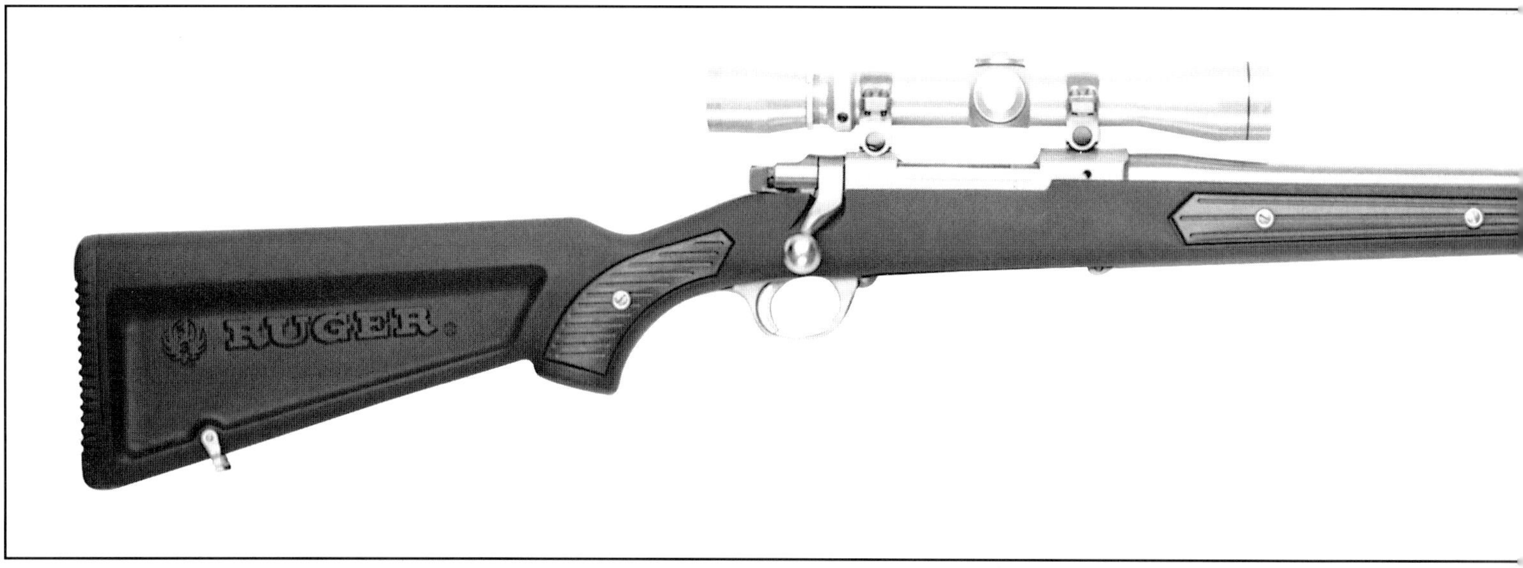

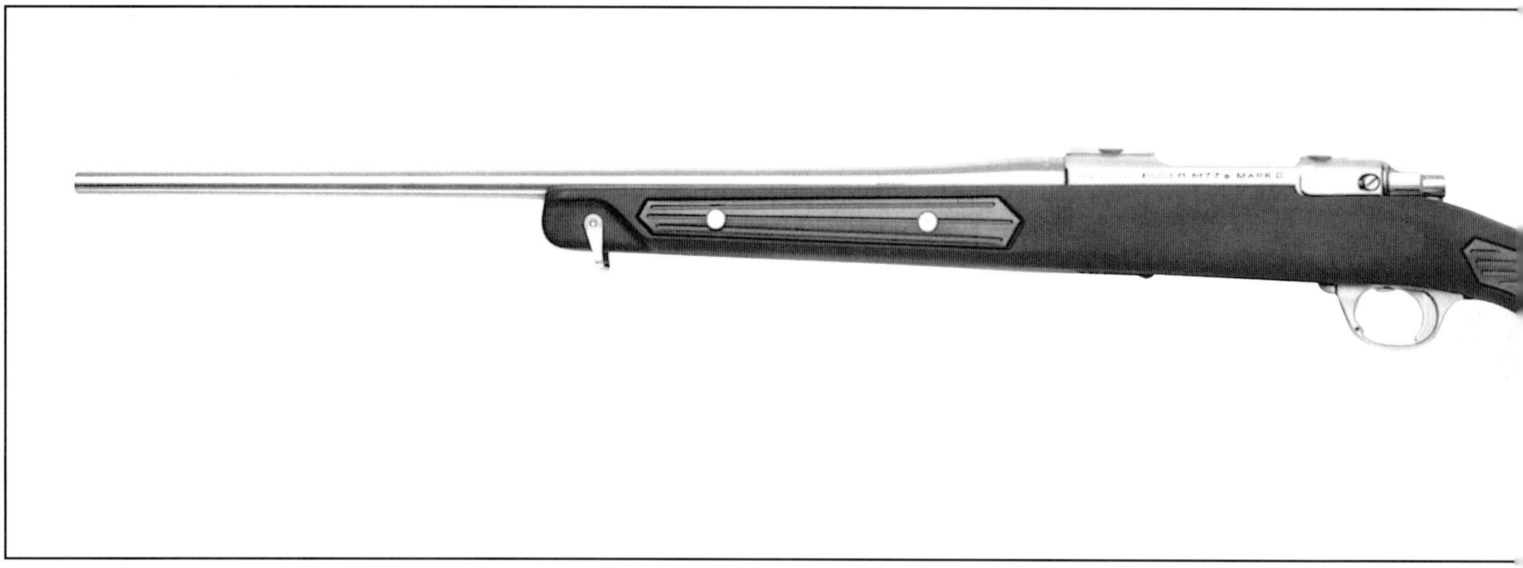

Prism Company oder von Aldis. Insgesamt jedoch waren es nicht einmal 10 000 Stück. Bei den britischen Scharfschützengewehren saß das Zielfernrohr meistens links auf dem Gehäuse, sodass das konventionelle Visier erhalten blieb und die Gewehre über Laderahmen geladen werden konnten. Ungefähr 1000 Winchester-Zielfernrohre, die durch ihre Länge sofort auffielen, wurden vom britischen Heer in den USA beschafft.

Sie boten vier- oder fünffache Vergrößerung und ein Sehfeld von fast sechs Meter auf 100 m Entfernung. Beim US Marine Corps wurden sie auch auf dem M1903 eingesetzt.

Im Zweiten Weltkrieg meldeten das britische Heer und die Royal Marines, die erstmals „Sondereinsätze“ durchführten (was Premierminister Winston Churchill, immer auf eine Schlagzeile bedacht, als „abschlachten und abhauen“ bezeichnete), Bedarf an einem schallgedämpften Karabiner an, der über 250 m wirksam sein sollte. Sie erhielten den Karabiner von De Lisle, der die .45-ACP-Patrone benutzte. Sie war ursprünglich für den von John Browning entwickelten und von Colt gebauten Halbautomaten gedacht, den die US Army als M1911 einführte. Der Verschluss stammte von Lee-Enfield. Mit einem 185 mm langen Lauf und dem über die ganze Länge reichenden Schalldämpfer, dazu noch mit einem Unterschallgeschoss (mit einer Mündungsgeschwindigkeit von 260 m/s) gilt das De Lisle als eine der leisesten und wirksamsten schallgedämpften Waffen überhaupt. Die einzigen Geräusche machte die Mechanik, sobald der Schlagbolzen auf das Anzündhütchen fiel (leider konnte nichts gegen die Geräusche des Verschlussmechanismus getan werden). Es gab zwei Modelle, eines mit dem konventionellen Holzschaft des Lee-Enfield No. 4 und ein weiteres mit einem Pistolengriff und einer klappbaren Schulterstütze, ähnlich wie beim späteren Sterling-MG.

OBEN: **Wie die meisten modernen Jagdgewehre wird das Ruger M77 ohne Zieleinrichtung ausgeliefert, hat aber Bohrungen und Halterungen für standardisierte Zielfernrohrmontagen.**

Das De Lisle ist heute sehr selten, denn die meisten Exemplare wurden nach dem Krieg zerstört. Es sollen sich aber noch ein paar Exemplare in den Waffenschränken der Sondereinheiten befinden.

US ARMY UND US MARINE CORPS

Die US Army machte um 1900 die ersten Versuche mit Zielfernrohren. Dabei wurden Exemplare mit 8-, 12- und 20-facher Vergrößerung auf Krag-Gewehre gesetzt.

Im Jahr 1906 wurde empfohlen, die besten Schützen (normalerweise zwei pro Kompanie) mit entsprechenden Gewehren auszustatten, und schon am Anfang des folgenden Jahres stellte das Frankford Arsenal die ersten funktionsfähigen Prototypen vor, die nach dem Prismen-

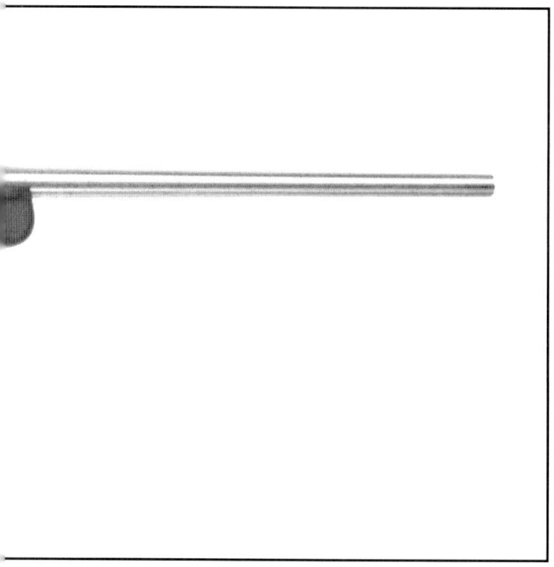

LINKS: **Das Ruger M77 Mark II All-Weather zeichnet sich dadurch aus, dass es aus Edelstahl und dem Zytel-GFK-Werkstoff von Du Pont besteht.**

prinzip arbeiteten. Es gab nur ein kleines Problem: Mit einem Stückpreis von 80 Dollar waren sie dreimal so teuer wie die Gewehre selbst. Erst 1908 wurde eine einfachere Version mit sechsfacher Vergrößerung und 20-mm-Objektiv und einer theoretischen Lichtstärke von 11 vorgestellt. Idealerweise hätte ein Teleskop dieser Vergrößerung ein 30-mm-Objektiv und eine Lichtstärke von 25 haben sollen.

In der Praxis war die Ausbeute durch Lichtverluste im Prisma noch schlechter. Die Version von 1913 hatte nur noch eine 5,2-fache Vergrößerung, wodurch sich die Lichtstärke auf 14,8 erhöhte. Wie die meisten bislang besprochenen Zielfernrohre wurde auch das M1908/M1913 links auf dem Gehäuse montiert. Durch sein Gewicht von 900 g brachte es so das Gewehr leicht aus dem Gleichgewicht.

1914 entschied man sich für das deutsche Goerz Certar als Nachfolger. Da Goerz nicht liefern konnte, wurde eine ebenbürtige Kopie im Frankford Arsenal aufgelegt. Die technischen Daten erhielt die Winchester Repeating Arms Co., wo die Prototypen gebaut wurden. Nach ersten Erprobungen wurde am 12. Juni 1918 ein Auftrag über 32 000 Stück erteilt, die Linsen sollten von Eastman Kodak kommen. Glücklicherweise (die Zielfernrohre wären ohnehin kaum brauchbar gewesen) konnte die Maschine zum Schleifen der Linsen nicht geliefert werden, und der Auftrag wurde storniert, ohne dass auch nur ein einziges Zielfernrohr geliefert wurde. Weitere Erprobungen im Jahr 1920 zeigten nämlich, dass die Zielfernrohre bei der Benutzung leicht brachen. Die bereits mit Halterungen ausgerüsteten Gewehre wurden in den Urzustand gebracht und eingelagert, ebenso die etwa 1000 Stück mit den M1908/M1913-Zielfernrohren. Bis zum Anfang des Zweiten Weltkriegs hatte die US Army keine Gewehre mit Zielfernrohren.

Das US Marine Corps entschied sich für einen anderen Weg und beschaffte für seine Schützen im Jahr 1914 Winchester-A5-Zielfernrohre. Sie wurden axial montiert und ließen sich in Ringen nach vorn schieben, um dem Kammerstengel nicht im Weg zu stehen (die Frankford/Winchester-Zielfernrohre der US Army konnten nicht verschoben werden, sodass auch noch der Kammerstengel umgebaut werden musste. Insgesamt wurden etwa 500 A5 gebaut, und sie kamen, so weit bekannt, nur bei der Ausbildung, aber nicht im Kampf zum Einsatz. Zwischen den Kriegen wurde daraus das Lyman A5, das im Zweiten Weltkrieg zunächst vom US Marine Corps beschafft, aber schon bald durch das Unertl ersetzt wurde. Dieses hatte eine 8-fache Vergrößerung und ein Sehfeld von etwas mehr als drei Meter.

Es war wohl fast unmöglich, bei den Marines (oder bei der Navy – dort wurde das M1903 eingeführt, um an der Oberfläche treibende Minen zu sprengen) jemanden zu finden, der auch nur ein gutes Wort über dieses Zielfernrohr verloren hätte. 1944 wurde es ausgemustert und durch das Weaver 330 mit der militärischen Bezeichnung M73B1 ersetzt, das auch auf einige Scharfschützengewehre M1C Garand gesetzt wurde. Die meisten dieser Gewehre erhielten später ein

Unten: **Savage baut seit dem Ende des letzten Jahrhunderts handwerklich gut gemachte Gewehre. Das neueste Modell 111 FCXP3 ist da keine Ausnahme: Es ist ein ausgezeichnetes Gewehr für „Anfänger".**

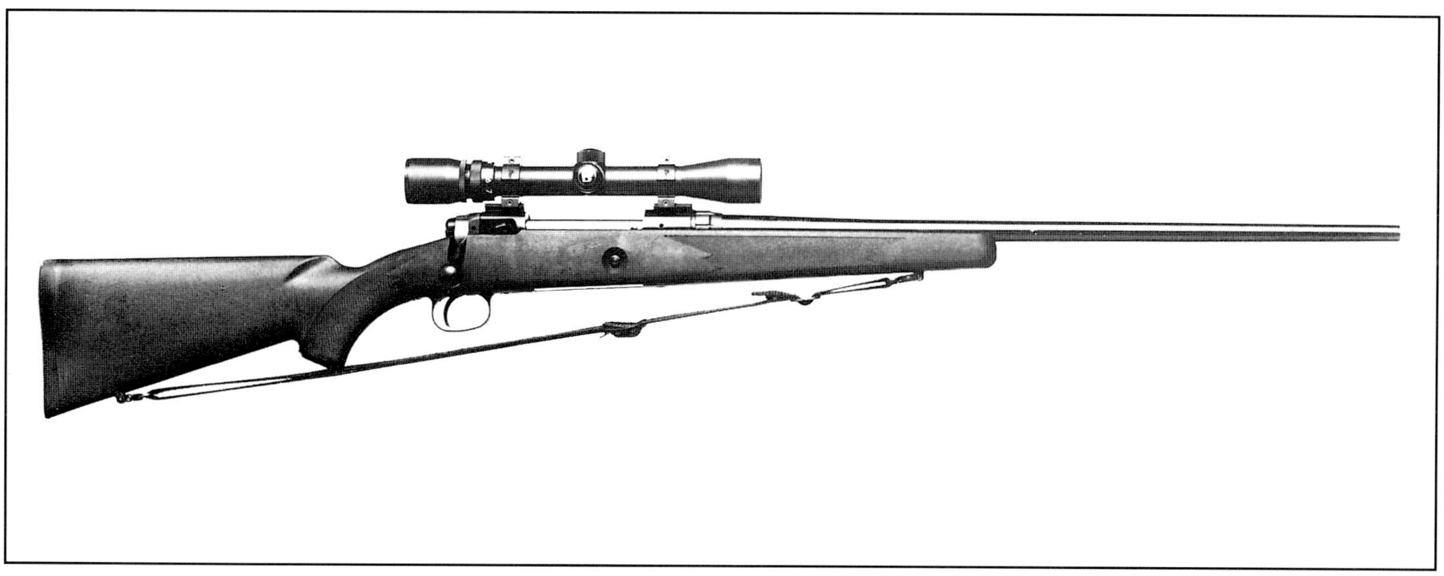

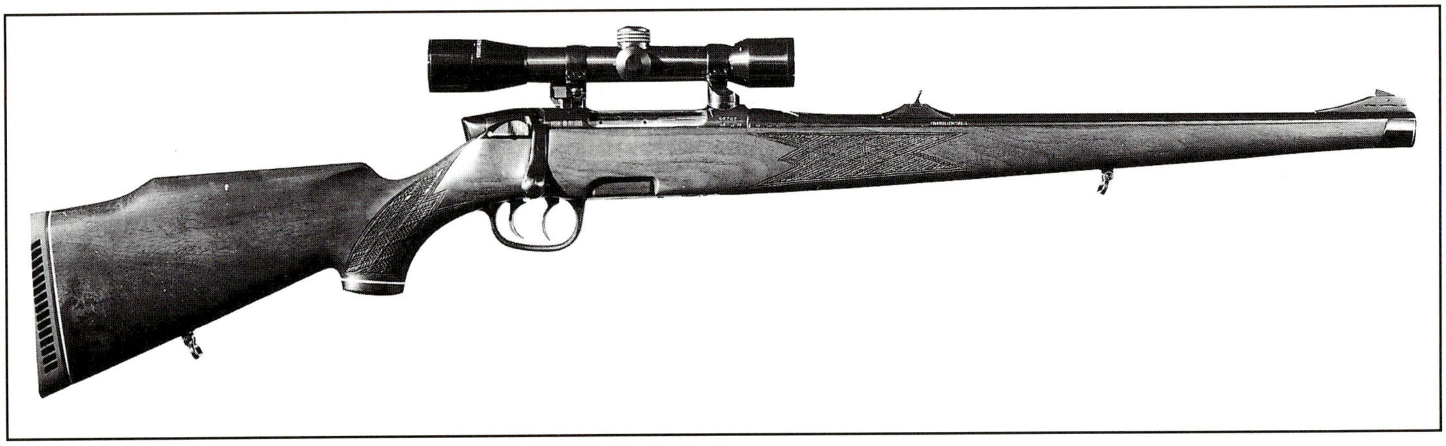

OBEN: **Die modernen Mannlicher-Gewehre haben immer noch das berühmte Mannlicher-Trommelmagazin und sind mit Ganzschäftung und Mechanismus für Linkshänder lieferbar. Das hier gezeigte Sporter verfügt über einen Stecherabzug.**

M79/M81/M82 (die drei unterschieden sich lediglich in der Form des Fadenkreuzes oder der Zielmarkierungen), also die militärische Version des Lyman Alaskan mit zweifacher Vergrößerung, einem Sehfeld von 15 m auf 100 m und einem Augenabstand von 100–125 mm (die ersten Zielfernrohre hatten höchstens die Hälfte, was viele Schützen zu ihrem Leidwesen feststellen mussten, wenn sie sich den Rand gegen die Augenbraue rammten). Das kanadische Heer beschaffte im Zweiten Weltkrieg ebenfalls das Lyman Alaskan für ihre Gewehre vom Typ Lee-Enfield No. 4 Mk.1.

Das P14, das am Ende des Zweiten Weltkriegs im gesamten Empire als Scharfschützengewehr eingeführt wurde, war inzwischen durch diesen Typ abgelöst worden. Beim britischen Heer waren die Scharfschützengewehre – ausgewählte No. 4 – in der Regel mit dem Zielfernrohr No. 32 ausgestattet, das ganz neu für das leichte Bren-MG entwickelt worden war. Die Zielfernrohre wurden auf diese ausgewählten Gewehre montiert und auch nicht mehr entfernt. Wenn eines von beiden eingestellt werden musste, ging stets die gesamte Kombination in das Arsenal (die Nummer des Zielfernrohrs war auf den Schaft des Gewehrs geprägt, aber das war noch nicht alles: sogar die Halteringe waren einzeln nummeriert). Das Zielfernrohr selbst bot eine dreifache Vergrößerung und ein Sehfeld von 9 Grad, also ca. 18 m auf 100 m. Die Umrüstung zum Anbau des Zielfernrohrs und der Halterungen wurde in der Regel von Holland & Holland vorgenommen. Die Gewehre kamen von BSA, ungefähr 800 Stück pro Monat. 1400 Stück wurden daneben von Enfield umgerüstet. Holland & Holland baute insgesamt 23 177 Exemplare um.

Das No. 32 war voll auf der Höhe seiner Zeit. Die im Oktober 1944 zugelassene Version Mark III wurde später auf die Scharfschützengewehre L42A1 montiert, als sich das britische Heer für diese halbautomatische Waffe entschied. Die Verstelltürme für Höhenwinkel- und Seiteneinstellung saßen auf dem vorderen Befestigungsring, und bei den ersten Modellen entsprach jede Raste zwei Winkelminuten oder 50 mm auf 91 m. In der Praxis erwies sich diese Auslegung als

unzureichend für größere Entfernungen, sodass die Schritte später halbiert wurden.

Die Scharfschützengewehre aus dem Zweiten Weltkrieg hatten manchmal Zweibeine (für das Enfield wurde sogar ein Einbein konstruiert, aber wieder verworfen), doch viele Schützen bevorzugten einen Riemen, der um den linken Arm gelegt oder gewickelt wurde, ganz gleich ob sie stehend, kniend oder liegend anlegten.

DAS MODERNE SCHARFSCHÜTZENGEWEHR

In den beiden Weltkriegen basierten die Scharfschützengewehre zumeist auf Konstruktionen, die schon ein halbes Jahrhundert alt waren. Damals wurde erwartet, dass der Schütze eine Person auf 600 m treffen können musste, und so mussten die Gewehre sich nur geringfügigen Änderungen unterziehen. Später in den 50er Jahren, als die halbautomatischen Gewehre dominierten, galten andere Kriterien: Feuerkraft im Sturmangriff war nun wichtiger als absolute Präzision, und so taugten die meisten kaum als Scharfschützengewehre (es gab allerdings Ausnahmen wie das ansonsten eher unspektakuläre M14).

Die meisten Heere entschieden sich, die alten Waffen einfach zu behalten. Es ist ja bereits gesagt worden, dass das britische Heer überarbeitete Lee-Enfield No. 4 einsetzte, die nun die NATO-Standardpatrone 7,62 mm verschossen. Über die Jahre wurde aber klar, dass die modernen Fertigungsmethoden den Bau präziserer Gewehre zu vernünftigen Kosten ermöglichten, so gab es bald eine Fülle neuer Konstruktionen. Bei der Suche nach einem besseren Flugprofil kam man schließlich auf das Kaliber 12,7 mm, während beim „normalen“ Infanteriegewehr der Trend in die entgegengesetzte Richtung verlief: Dort landete man schließlich bei 5,56 mm.

EIN NEUES MANNLICHER

Eines der ersten Heere, das sich mit einem speziellen Scharfschützengewehr ausrüstete, war das von Österreich. Dort wurde 1969 das äußerlich ziemlich konventionelle Steyr-Mannlicher SSG (Scharfschützengewehr) eingeführt. Wie zu erwarten, verfügte es über den hinten verriegelten Verschluss von Mannlicher, und nicht über den weiter verbreiteten vorn verriegelten Verschluss von Mauser. Er verfügte über drei Warzenpaare, die eine Drehung um 60 Grad ermöglichten, sowie über das Mannlicher-Trommelmagazin mit fünf Schuss 7,62-mm-NATO-Munition. Der schwere Lauf war kaltgeschmiedet – die Methode hatte der deutsche Dr. Ing. Gerhardt Appel zwischen den Kriegen für die Herstellung von Injektionsspritzen entwickelt und später auf Gewehrläufe angewandt, besonders beim MG 42, das im Zweiten Weltkrieg zum Einsatz kam.

Appels Verfahren ist inzwischen Industriestandard. Es basiert auf einem gebohrten und aufgeriebenen Stahlblock, der kürzer und wesentlich breiter als der fertige Lauf ist. Ein Dorn, der in Form und Durchmesser genau dem Negativ des fertigen Laufs entspricht, wird in die Bohrung gelegt und dann von einer Hammerbank so schnell und kräftig bearbeitet, dass der Stahl plastisch wird. Das Werkstück wird dabei immer dünner und länger. Das Innere nimmt genau die Form (und den Durchmesser) des Dorns an, während die äußere Form durch die Hammerköpfe bestimmt wird. Das Patronenlager kann gleichzeitig geformt werden, und es gibt auch kein Problem mit der Verwendung von extrem hartem Edelstahl und Legierungen, die sich ansonsten nur schwer bearbeiten lassen. Beim SSG 69 war die Bohrung leicht verjüngt.

Das SSG wurde vom Hersteller mit einem passenden Zielfernrohr, entweder Kahles Helia 6S2 oder ZF69, mit sechsfacher Vergrößerung ausgeliefert (daneben gab es auch Infrarot-Zielfernrohre und Bildverstärker) und war in der Lage, auf 600 m regelmäßige 400-mm-Gruppen zu liefern. Es erhielt eine Schulterstütze aus Kunststoff (und war damit ein Trendsetter, daneben gab es aber auch eine Sportwaffe mit Diopter und Walnuss-Schaft). Durch Zwischenstücke ließ sich die Schulterstütze sogar verlängern. Man konnte zwischen Einabzug und Doppelzüngelstecher wählen, beide von

Weatherby Mark V

Kaliber: .22-250, .224, .240, .257, 270, 7 mm, .300, .30-06, .340, .378, .416 Win. Magnum, .460 Win. Magnum
Gewicht: 2,95–4,75 kg
Länge: 1105–1180 mm
Lauflänge: 610 oder 660 mm
Effektive Schussentfernung: je nach Munition über 1000 m
Ausführung: Zylinderverschlussgewehr, integriertes Kastenmagazin mit fünf Schuss
Mündungsgeschwindigkeit: je nach Munition
Herstellerland: USA

Heckler & Koch PSG-1

Kaliber: 7,92 mm
Gewicht: 8,1 kg
Länge: 1207 mm
Lauflänge: 650 mm
Effektive Schussentfernung: über 1000 m
Ausführung: Abnehmbares Kastenmagazin mit fünf oder 20 Schuss
Mündungsgeschwindigkeit: 810 m/s
Herstellerland: Deutschland

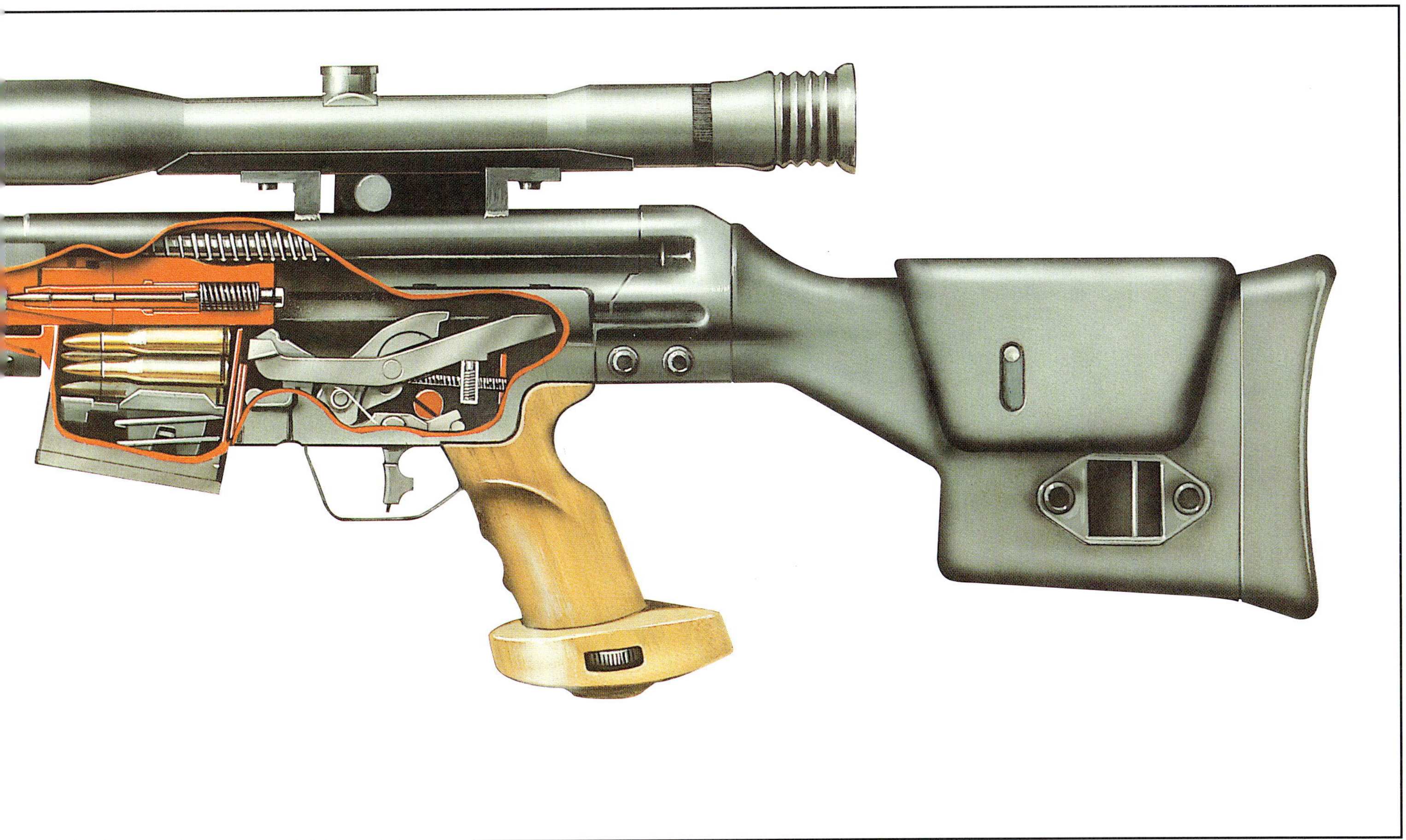

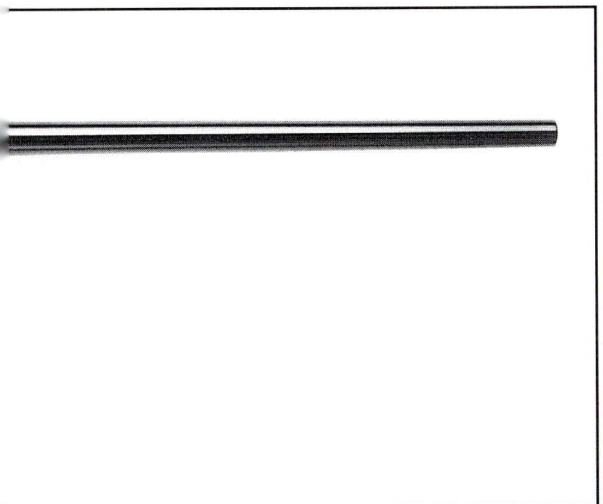

LINKS: **Das Winchester Model 70 ist seit 1937 ununterbrochen in der Produktion und immer noch ein ausgezeichnetes Gewehr zu einem realistischen Preis. Es ist in zehn verschiedenen Versionen erhältlich.**

außen einstellbar. Es gab auch eine Version mit einem kürzeren Lauf und auf Wunsch ab Werk einen Schalldämpfer. Eine ähnliche Version war auch auf dem freien Markt in unterschiedlichen Kalibern erhältlich, von .222 Remington bis hin zu .458 Magnum. Die Preise liegen knapp unter 3000 DM.

US Army und US Marine Corps führten als Scharfschützengewehr ein recht gewöhnlich aussehendes Jagdgewehr ein. Es handelte sich um eine „militarisierte" Version des Remington 700, des ersten Zylinderverschlussgewehrs, bei dem der Verschlusskopf in Vertiefungen einrastete.

Es handelte sich in erster Linie um eine Sicherheitsmaßnahme. Damit sollte verhindert werden, dass das Zündhütchen durchstoßen wurde (oder noch schlimmer, das Hülsenende) und bei hohen Temperaturen und unter enormem Druck zu einem unkontrollierten Entweichen des Gases in das Gehäuse oder das Gesicht des Schützen führen konnte. In den 60er Jahren als M40 eingeführt, wurde es ein Jahrzehnt später unter der Bezeichnung M40A1 mit einem Edelstahllauf, einem Kunststoffschaft in Tarnfarbe und einem stärkeren Zielfernrohr modernisiert. Eine gründlichere Überarbeitung in den 80er Jahren umfasste einen futuristisch gestalteten Kevlar-Schaft mit eingebautem Zweibein und eine in der Länge verstellbare Schulterstütze. Diese Version hieß nun M24. Auf dem freien Markt ist das M24 für etwa 2500 Dollar erhältlich.

Als Ersatz für das L42A1 führte das britische Heer unter der Bezeichnung L96A1 ein weiteres Zylinderverschlussgewehr ein, entwickelt von der Spezialfirma Accuracy International als PM. Ursprünglich auf die 7,62-mm-NATO-Munition ausgelegt, gab es schon bald Versionen für stärkere Munition (wie zum Beispiel die .338 Lapua Magnum mit wesentlich besserer Reichweite). Die Waffe bestand aus Aluminium und hochwertigen Kunststoff-Verbundwerkstoffen. Dazu gab es einen Lauf aus Edelstahl, der sich fast von selbst reinigte – wie auch bei den Gewehren von McMillan

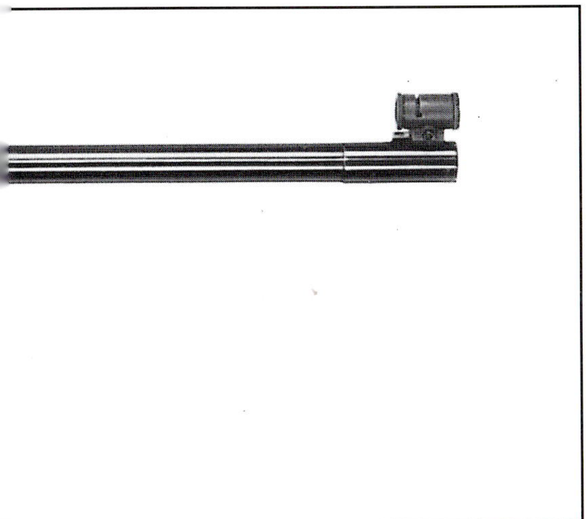

LINKS: **Die Kleinkaliber-Matchgewehre von Anschütz – hier das Spitzenmodell 1913 Super Match – zählen heute zu den besten der Welt.**

und anderen Herstellern. Das integrierte Zweibein saß am äußeren Ende des Vorderschafts. Mit einem Zielfernrohr Schmidt & Bender mit 6- oder 10-facher Vergrößerung konnte ein geübter Schütze sein Ziel auf 600 m mit dem ersten Schuss treffen. Eine Version mit integriertem Schalldämpfer, die schwächere Unterschallmunition verschoss, hatte immerhin noch eine Reichweite von 300 m. Später gab es eine überarbeitete Version unter der Bezeichnung AW, die Munition mit Treibspiegel wie die Winchester 7,62-mm-SLAP verschoss.

1966 führte das französische Heer das FR-1 (Fusil à Répétition, Modèle 1) ein. Es basierte auf dem Infanteriegewehr MAS 36 und verschoss die gleiche

UNTEN: **Das Scharfschützengewehr Parker-Hale M-85 ist ein durch und durch konventionelles Zylinderverschlussgewehr, das in höchstmöglicher Qualität hergestellt wird. Es ist auf mindestens 600 m absolut genau. Abweichungen im Streukreis werden allenfalls durch den Schützen oder – was wahrscheinlicher ist – durch Temperaturschwankungen und Wind verursacht.**

Parker-Hale M-85

Kaliber: .308 Winchester (7,92 mm)
Gewicht: 5,7 kg
Länge: 1145 mm
Lauflänge: 615 mm
Effektive Schussentfernung: über 1000 m
Ausführung: Zylinderverschluss, abnehmbares Kastenmagazin mit 10 Schuss
Mündungsgeschwindigkeit: 810-1160 m/s je nach Gewicht des Geschosses
Herstellerland: Großbritannien

OBEN: **Die Kombinationswaffen von Krieghoff sind als Gewehr oder Schrotflinte, als Bockdoppelbüchse oder Querflinte erhältlich. Dabei können die einzelnen Läufe auch noch auf unterschiedliche Kaliber ausgelegt sein.**

7,5-mm-Munition. Zusätzlich verfügte es über einen Pistolengriff, Verlängerungsstücke für die Schulterstütze, einen schwereren Lauf mit Mündungsfeuerdämpfer/Mündungsbremse, ein Zweibein (hinten im Vorderschaft installiert, wo es sich gut einstellen ließ) und ein Zielfernrohr APX Modell 804. 1984 wurde es durch das FR-F2 abgelöst, das im Prinzip identisch war, aber über einen Laufschutz aus Kunststoff verfügte, der das Verbiegen bei starker Sonneneinstrahlung verhindern sollte. Außerdem sollte er das Flimmern der heißen Luft vor dem Objektiv unterbinden und so die Sicht verbessern und gleichzeitig die Infrarotsignatur reduzieren. Das überarbeitete Modell war auf die NATO-Munition 7,62 mm ausgelegt.

Eines der besten Scharfschützengewehre der letzten Jahre kommt von Sako

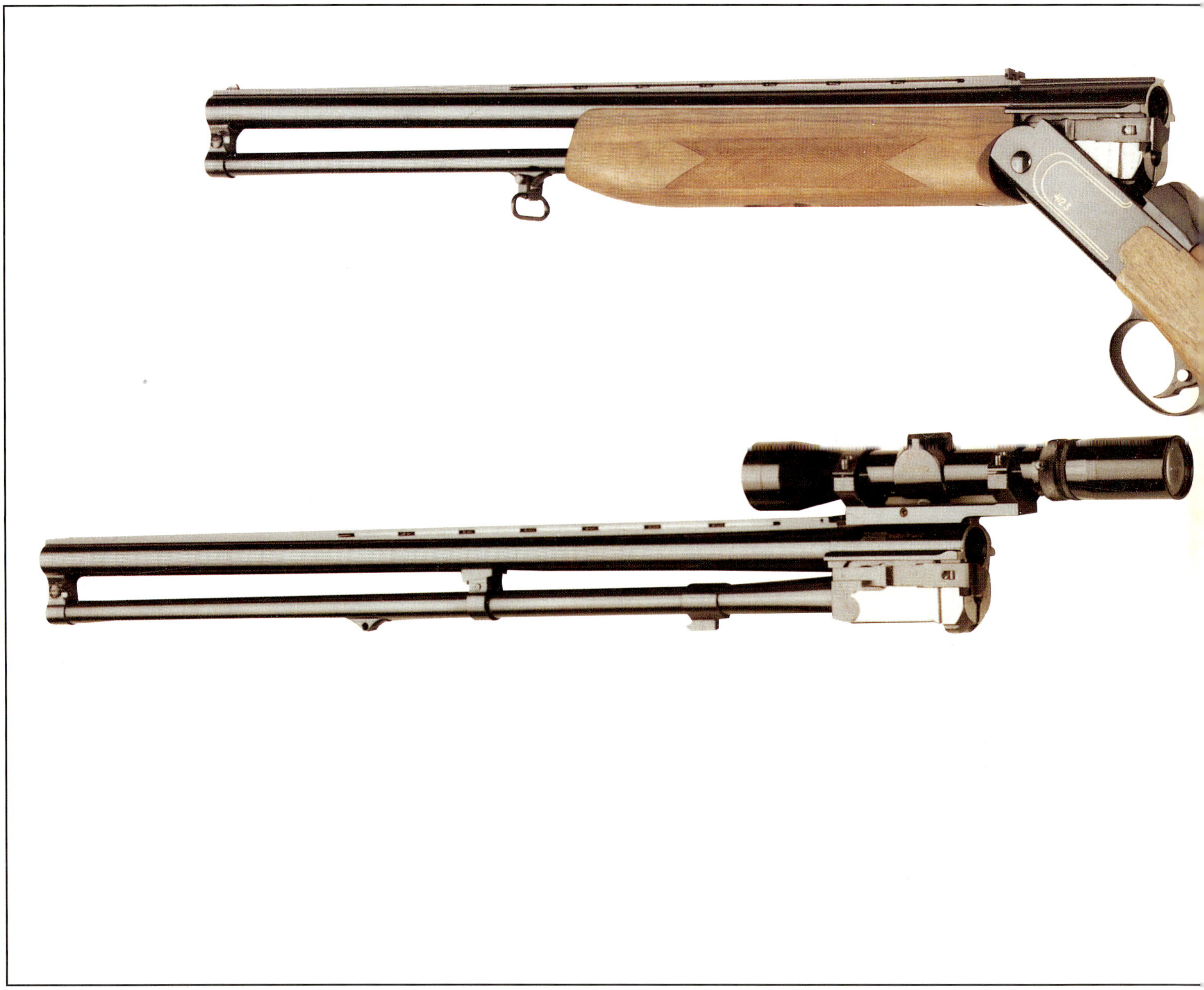

OBEN: **Kombinationswaffen wie die finnische Valmet und die gegenüber gezeigte Beretta verfügen oft über „zusätzliche" Laufpaare für andere Kaliber.**

aus Finnland. Die Firma hat außerdem einen großen Anteil im Markt für hochwertige Großserienjagdwaffen zwischen 2000 und 3000 DM. Das TRG-21 wurde 1989 eingeführt und fällt dadurch auf, dass nicht nur der Lauf aus Edelstahl, sondern auch das Gehäuse im Kaltschmiedeverfahren hergestellt werden. Lauf und Gehäuse sind mit einem Hilfsrahmen aus Aluminium verbunden, an dem auch der Kunststoffschaft (in diesem Fall Spritzguss-Polyurethan) befestigt ist, wodurch der Lauf im Prinzip freischwingend im Schaft montiert ist.

Der vorn verriegelte Zylinderverschluss mit drei Verschlusswarzen verfügt über eine leise Sicherung und einen Signalstift. Das TRG-21 verschießt die NATO-Munition 7,62 mm, aber es gibt auch eine schwerere Version für die stärkere .338 Lapua Magnum, wodurch sich die Treffergenauigkeit über größere Entfernungen erhöht.

In der Schweiz hat SIG zwei recht unterschiedliche Scharfschützengewehre gebaut, die Zylinderverschlussgewehre SSG 2000 und 3000. Beim ersteren findet man den vom deutschen Partner Sauer für die Jagdgewehre Modell 80 und 90 entwickelten Spreizklappenverschluss mit einem von SIG entwickelten Abzug, einer Dreiwegsicherung und einem kaltgeschmiedeten Lauf sowie mit einem Zielfernrohr Zeiss Diatal 8 x 56 oder einem variablen 1,5–6 x 42. Dazu kam ein zweiteiliger Walnuss-Schaft, dessen Schulterstütze in Länge und Tiefe ver-

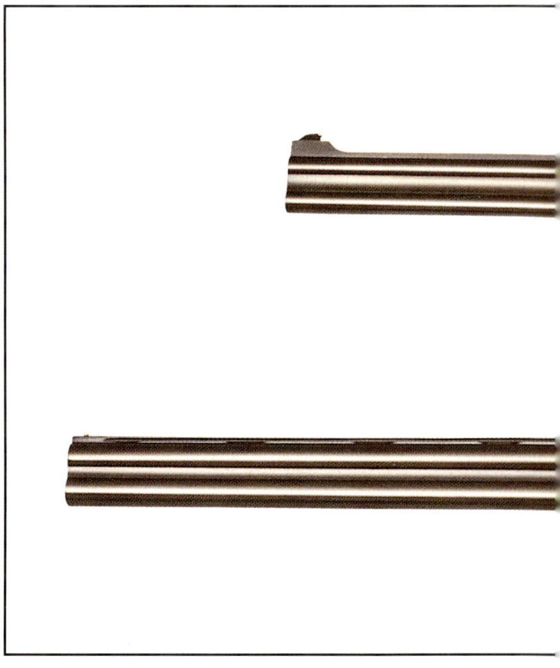

stellbar war und dessen vorderer Riemenbügel in einer Schiene lief, die sich vom Kastenmagazin für vier Schuss bis zum vordersten Ende des Vorderschafts erstreckte. Das Modell 2000 war erhältlich für die NATO-Munition 5,56 und 7,62 mm, .300 Weatherby Magnum oder 7,5 mm. Das Modell 3000 war hingegen nur für die 7,62-mm-NATO-Patrone verfügbar. Es unterschied sich außerdem durch einen schwarzen Kunststoffschaft (genauso verstellbar und mit einem leichteren, belüfteten Vorderschaft) und ein serienmäßig installiertes Zweibein.

Technisch gibt es erhebliche Unterschiede. Das SSG 3000 hat einen vorn verriegelten Verschluss mit drei Warzenpaaren, der sich um 60 Grad bewegt, sowie einen überdimensionierten Zylinder, der fast überhaupt keine Geräusche verursachen sollte. Der völlig freischwingende Lauf verfügte über Mündungsfeuerdämpfer/Mündungsbremse. Das variable Zielfernrohr Hensoldt 1,5–6 x 42 (auf Wunsch, wie oft verlangt, gegen NATO-Standardgerät austauschbar) wurde beim Hersteller an das Gewehr angepasst.

HALBAUTOMATISCHE SCHARFSCHÜTZENGEWEHRE

Neben den beiden Zylinderverschlussgewehren baute SIG auch eine Version des halbautomatischen SG550 mit einem schweren kaltgeschmiedeten Lauf und überarbeitetem Schaft. Die serienmäßige Prismaschiene war auf verschiedene Zielfernrohre und Bildverstärker eingerichtet. Dazu gab es ein Zweibein und einen Wärmeschutz oberhalb des Handschutzes, der Bildverzerrungen durch die heißen Gase verhindern sollte. Ungewöhnlich ist, dass es im Gegensatz zum allgemeinen Trend nur im Kaliber 5,56 mm lieferbar ist. Als nämlich Israeli Military Industries, Hersteller des Galil-Sturmgewehrs, eine Version für Scharfschützen bauen wollte, wurde als Grundlage die Exportversion im NATO-Kaliber 7,62 mm gewählt.

Dieses Gewehr wurde genau wie das Sturmgewehr in enger Zusammenarbeit mit den israelischen Streitkräften entwickelt, sodass auch die Meinung der Benutzer gefragt war. Zunächst wurde der Umschalthebel weggelassen und der Abzugsmechanismus durch eine progressiv wirkende Version mit individuell einstellbarem Druckpunkt ersetzt. Der Lauf wurde gegen ein schweres, völlig freischwingendes Rohr mit Mündungsfeuerdämpfer/Mündungsbremse ausgetauscht. Statt dessen konnte auch ein Schalldämpfer montiert werden. Das Zielfernrohr 6 x 40 ist recht unkonventionell nicht axial, sondern links am Gehäuse angebracht. Es sitzt in einer Halterung, die schnelles Auswechseln ohne Auswirkung auf die Justierung ermöglicht. Ungewöhnlich für ein auf höchste Präzision ausgelegtes Gewehr ist auch die bewegliche Schulterstütze, die zum Transport nach rechts geklappt wird. Wie beim französischen FR sitzt das Zweibein des Galil unmittelbar vor dem Magazin.

***UNTEN:* Wie die besten maßgefertigten Waffen werden auch die Bockdoppelbüchsen von Beretta an den Kunden angepasst. Viele Schützen verlangen mehr als ein Paar Läufe.**

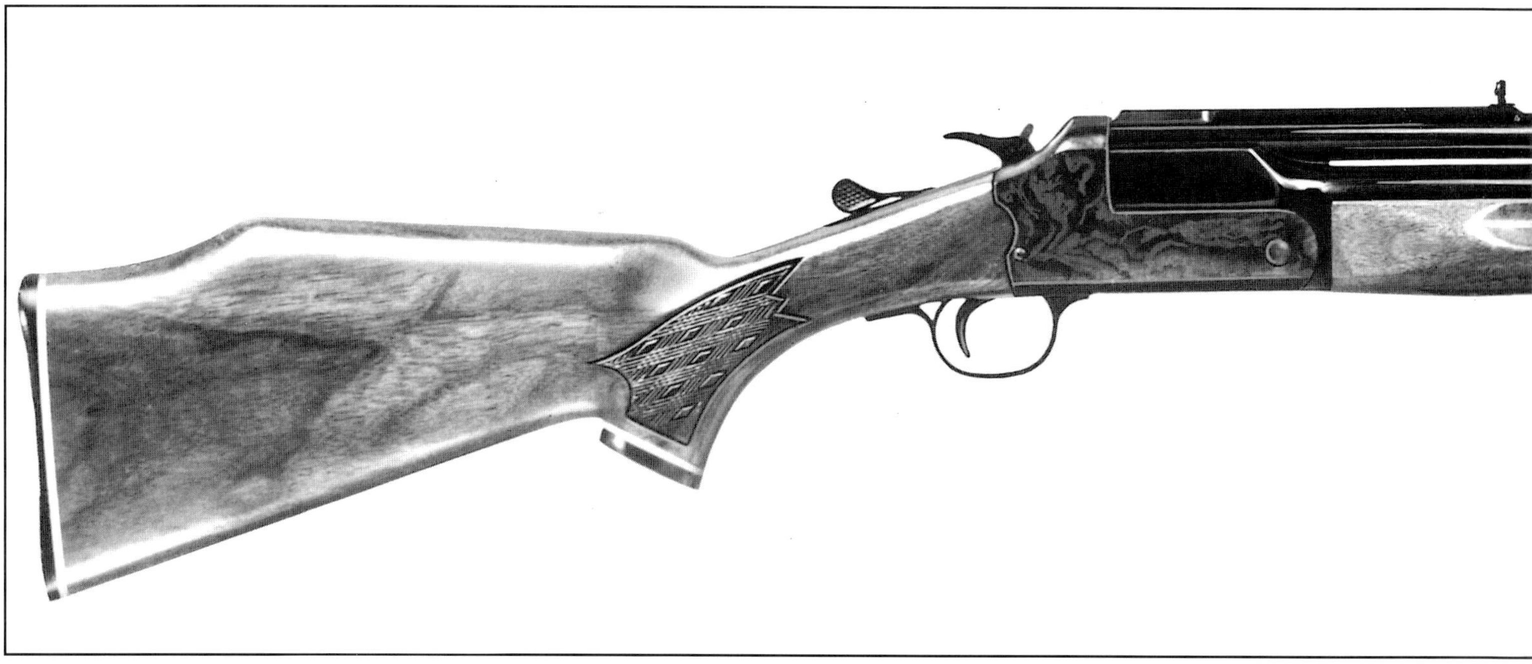

OBEN: **Vom Preis her am anderen Ende der Skala angesiedelt als die über 20 000 Dollar teuren Berettas ist das Savage Model 24, eine Bockbüchsflinte mit einem gezogenen über einem glatten Lauf.**

Die Sowjetunion war oft sehr mutig bei der Wahl ihrer Waffen und brachte oft echte Neuerungen wie zum Beispiel das Dragunow-Scharfschützengewehr – richtig Snaiperskaja Wintowka Dragunowa oder SVD. Es handelte sich um das erste präzise halbautomatische Gewehr nach dem Zweiten Weltkrieg.

Es kann gut sein, dass die Rote Armee wegen der katastrophalen Leistungen des AK-Sturmgewehrs über größere Entfernungen Verbesserungen einforderte. Das SVD basiert auf dem gleichen drehenden Kammerverschluss von Kalaschnikow, vereinfacht durch Verzicht auf Dauerfeuer und an die alte lange Patrone 7,62 mm x 54R Modell 1891 angepasst.

Diese Patrone war stark genug und hatte dank einer Mündungsgeschwindigkeit von 830 m/s eine ausreichend flache Flugbahn. Außerdem wurde die Schussfolge reduziert, um die Bewegungen beim Nachladen auf ein Minimum zu bringen. Der extralange Lauf (610 mm statt 415 mm bei der normalen AK) besaß als höchst ungewöhnliches Zubehör einen Anschluss für ein Bajonett. Ein Zielfernrohr PSO1 wurde speziell an jedes einzelne Gewehr angepasst. Für verdeckte Einsätze über kurze Entfernungen wurde in der Sowjetunion ein besonderes Gewehr entwickelt, das VSS für 9-mm-Makarow-Patronen (das sowjetische Standardkaliber für Pistolen, es ist etwas schwächer als die bei der NATO eingeführte 9 mm Parabellum) mit reduzierter Treibladung, um im Unterschallbereich zu bleiben. Das VSS hatte einen ähnlichen Mechanismus wie die Kalaschnikow und konnte mit den gleichen Optiken ausgerüstet werden wie das Dragunow.

Das absolut ungewöhnlichste Scharfschützengewehr – und das nicht nur äußerlich – ist die von Walther unter der Bezeichnung WA 2000 entwickelte und 1981 eingeführte Bullpup-Waffe. Das WA 2000 ist nur 905 mm lang, gegenüber den 1125 mm des britischen L96A1 oder den 1140 mm des konventionelleren SSG 69, verfügt aber trotzdem über einen 605 mm langen Lauf, also nur etwa 40 mm weniger als bei den Konkurrenzprodukten. Zur Erhöhung der Stabilität saß er zwischen zwei massiven Trägern oben und unten, die sich durch das Gehäuse bis hin zur Schulterstütze erstreckten. Das Ziel war zu verhindern, dass das von den Zügen erzeugte Drehmoment die Mündung anhob, und den Rückschlag in einer geraden Linie durch die Achse der Waffe zu leiten. Der Lauf verfügte außen über lange Ausfräsungen, die die Vibration reduzieren und durch Vergrößerung der Oberfläche für bessere Hitzeableitung sorgen. Die Züge waren jeweils an die drei Standardkaliber angepasst (.300 Winchester Magnum, 7,62 mm NATO und 7,5 mm). Das WA 2000, ein Gasdrucklader, der über den Kolben am Verschlussträger betrieben wird und über den von Stoner eingeführten Drehver-

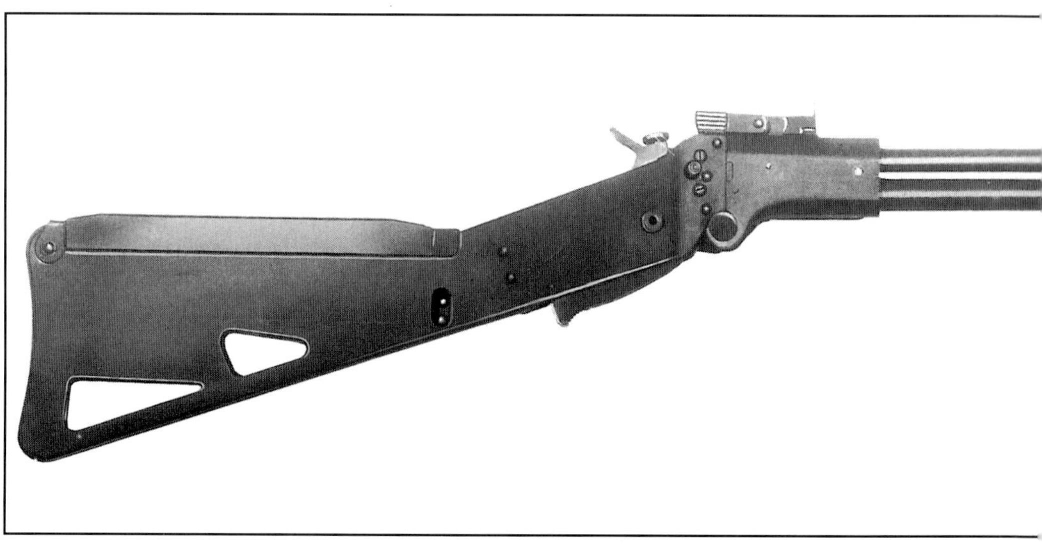

RECHTS: **Das Springfield M6 Scout ist sehr schlicht. Es wurde konzipiert als Überlebenswaffe für Soldaten der US Air Force, die sich bis zu ihrer Bergung damit durchschlagen sollten.**

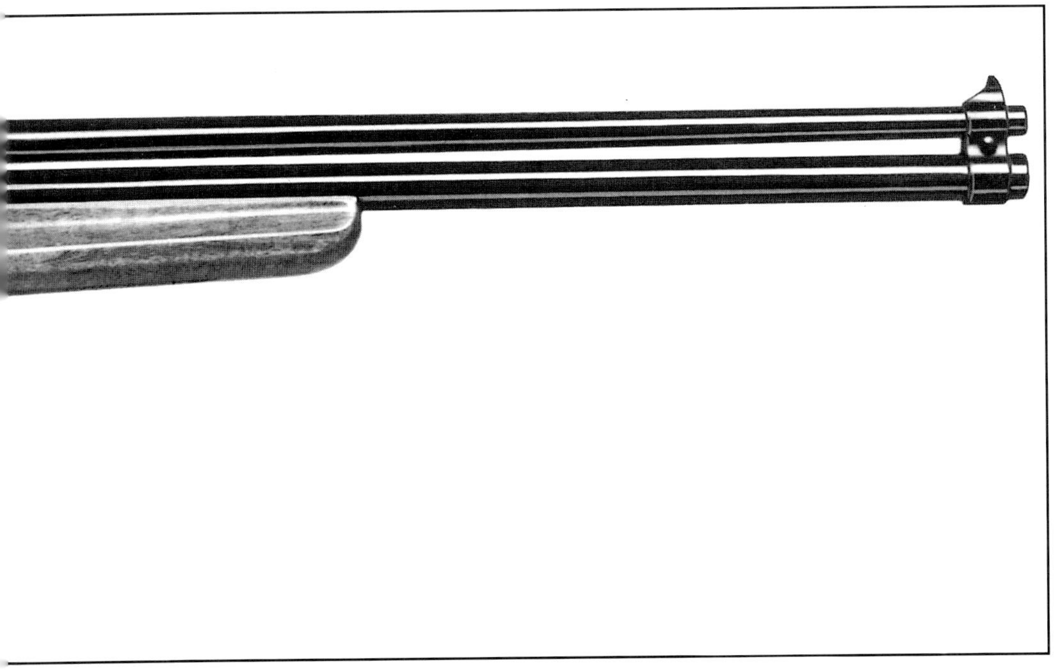

schluss mit sieben Warzen verfügt, ist ähnlich wie das österreichische AUG nach dem Baukastenprinzip konstruiert. Wichtig war hier aber, Wartungsarbeiten durchführen zu können, ohne das Verhältnis zwischen Lauf und Schaft zu ändern. Wie das FA MAS kann es einfach durch Umstecken der Schaftbacke und Austausch des Verschlusskopfes für Linkshänder umgerüstet werden.

GROSSKALIBRIGE SCHARFSCHÜTZENGEWEHRE

Die Wirksamkeit eines Scharfschützen auf dem Gefechtsfeld misst sich daran, wie gut er in der Lage ist, sein Ziel ohne Vorwarnung zu treffen. Früher waren dazu unbedingt feldmäßige Vorbereitungen erforderlich – unbeobachtet in die Stellung schlüpfen und dort auszuharren, und zwar vor, bei und nach dem Feuerauftrag. Da ist natürlich klar, dass der Scharfschütze um so größere Chancen hat, je besser seine Reichweite ist. So ging man in den 80er Jahren dazu über, schwerere Kaliber mit größerer Reichweite einzusetzen. Man kam auf die 12,7-mm-Patrone, die bislang nur für MGs wie das amerikanische M2 Browning oder das russische NSV benutzt wurde. Diese Patrone ist in verschiedenen Formen erhältlich, und das Geschoss ist mehr als zehnmal so schwer wie das der 5,56-mm-Patrone und sechs- bis siebenmal so schwer wie das der 7,62-mm-Patrone. Die Mündungsgeschwindigkeit liegt

UNTEN: Das M6 Scout hat einen gezogenen Lauf für .22 Long Rifle und darunter einen glatten Lauf für .410-Munition. Es kann auf die Hälfte zusammengeklappt werden. Der 457 mm lange Lauf ist präzise auf Entfernungen von über 100 m.

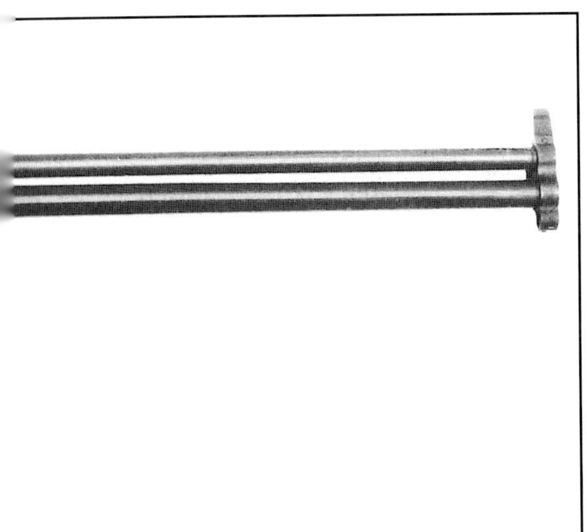

etwas höher als die der letzteren – etwa 855 m/s. Deshalb ist diese Munition auf größere Entfernungen präziser (im Golfkrieg 1991 traf ein amerikanischer Scharfschütze mit einem 12,7-mm-Gewehr sein Ziel über 1800 m, was mit einem 7,62-mm-Gewehr absolut unmöglich gewesen wäre). Darüber hinaus ist sie auch wirksam gegen so genannte Materialziele wie Fahrzeuge, Hubschrauber und Flugzeuge und sogar Gebäude, gegen feindliche Truppen natürlich auch.

In der Mitte der 80er Jahre wandte sich die US Navy an McMillan Gunworks, den Hersteller von Kunststoffschäften für die M40-Scharfschützengewehre sowie von anerkannt guten Jagd- und Matchwaffen, mit dem Auftrag, eine 12,7-mm-Waffe für die SEAL-Sondereinheiten (Kampfschwimmer) zu entwickeln.

Das Ergebnis war das einschüssige Zylinderverschlussgewehr M-87 mit Edelstahlgehäuse und einem Lauf aus Chrommolybdän. Später wurde daraus das M-87R entwickelt, das über ein Kastenmagazin mit fünf Schuss verfügte. Erprobungen haben gezeigt, dass die Waffe trotz ihrer enormen Größe (1345 mm) und des hohen Gewichts (fast 10 kg) unter entsprechenden Bedingungen ein Schritt in die richtige Richtung war. McMillan war jedoch nicht der einzige Hersteller solcher Waffen.

Etwa zur gleichen Zeit baute Barrett Firearms das halbautomatische Light Fifty, Model 82A-1, trotz seines Namens noch schwerer (13 kg) und länger (1450 mm). Nach den Erprobungen und den Erfahrungen aus dem Golfkrieg zeigte sich, dass das Barrett-Gewehr, ein Rückstoßlader mit rücklaufendem Lauf, der zusammen mit einer hochwertigen Mündungsbremse die Schulter des Schützen vor dem Rückschlag schützte, ein bisschen besser war. So erhielt die Firma aus Murfreesboro, Tennessee, Ende 1991 einen Auftrag über 300 Gewehre für verschiedene US-Truppenteile.

Das Barrett M82A1 mit seinem leicht futuristischen Design und einem Kunststoffrohr mit einer Gummikappe an Stelle der üblichen Schulterstütze, hat ein Zielfernrohr mit 10-facher Vergrößerung und einen Wärmeschutz über dem 737 mm langen Lauf. Neben den üblichen Geschossen M33 kann es auch das Hartkern-Brand-Geschoss M8 und im Prinzip sogar das von Winchester entwickelte .50-SLAP-Geschoss verfeuern. Mit seinem Wolfram-Kern kann es auf 1500 m eine Panzerung von 19 mm durchschlagen. Allerdings würde man dafür wohl einen Lauf mit Stellitbeschichtung benötigen.

Die Geschichte wiederholt sich. Die Entwicklung des modernen Gewehrs begann in den neuen amerikanischen Kolonien wie Tennessee mit 1,5 m langen Gewehren und 12,7-mm-Munition. Nach zwei Jahrhunderten stetiger Weiterentwicklung beschäftigen wir uns nun wieder mit Waffen aus dem gleichen Gebiet, die über die gleichen beiden Grundeigenschaften verfügen. Es gibt noch weitere Gemeinsamkeiten zwischen den ansonsten höchst unterschiedlichen Waffen, denn sie hatten genau die gleiche Aufgabe. Läufe und Züge haben sich kaum verändert, und auch der Abzugsmechanismus ist noch wiederzuerkennen. Der Pionier von vor 200 Jahren würde sicherlich genau wissen, wozu das Barrett M82 gut ist. Wundern würde er sich aber über die Reichweite und Genauigkeit, die Qualität der Verarbeitung und die Materialien, ganz zu schweigen über die Leichtigkeit, mit der es sich laden lässt.

Die Entwicklung des Gewehrs hat mit dem allgemeinen Fortschritt der Technik und der Materialkunde mitgehalten. Es hat Zeiten gegeben, wo die Entwicklung zu stagnieren schien, und es gab auch Momente, wo einflussreiche Entwickler eine falsche Richtung vorgegeben haben. Das gilt aber für fast jedes Produkt unserer Tage, denn Versuche ohne Irrtum sind die absolute Ausnahme, und viele Erfolge haben sich auf Misserfolge gegründet. Die grundlegenden Eigenschaften des Gewehrs werden so lange unverändert bleiben, wie es einen Bedarf an Waffen mit Festgeschossen gibt. Bei der Munition wird es sicher noch viele weit reichende Änderungen geben, sowohl in Bezug auf die chemische Zusammensetzung der Treibmittel als auch hinsichtlich der Hülsen. Sicher wird es auch ganz neue Typen geben. Laser-Zielgeräte werden über kurz oder lang die herkömmlichen Zielfernrohre ablösen, ebenso wie sie sich bei den Faustfeuerwaffen langsam durchsetzen. Das Problem, das sich durch die erheblich größeren Reichweiten ergibt, muss aber noch gelöst werden. Verallgemeinernd lässt sich aber sagen, dass die Gemeinsamkeiten zwischen den Waffen von heute und den Waffen von morgen wesentlich größer sein werden als die Unterschiede bei den Waffen von gestern und von heute.

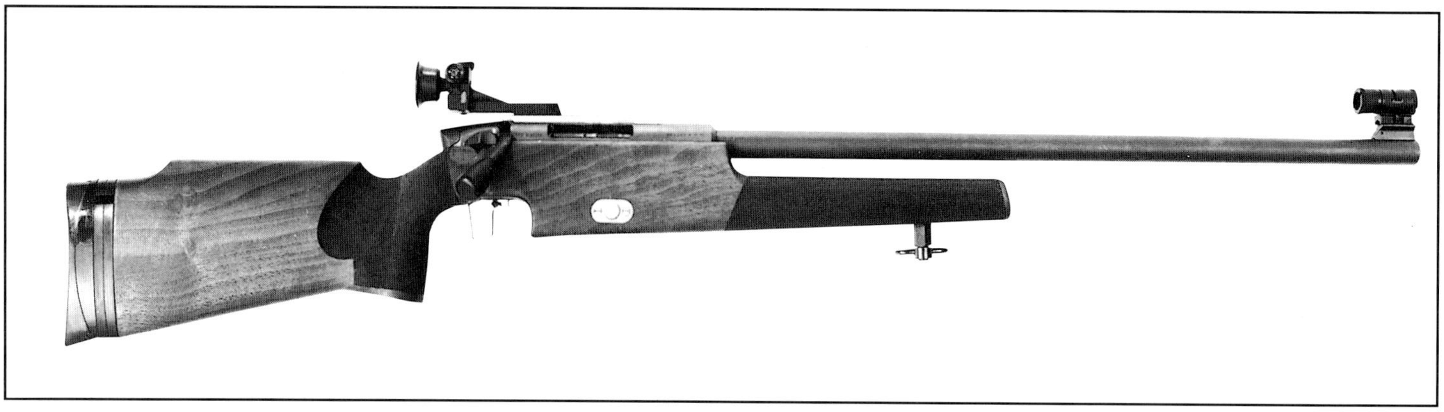

***OBEN:* Das Matchgewehr von Steyr-Mannlicher ist speziell für UIT-Wettbewerbe konstruiert worden; deshalb der außergewöhnliche Schaft, der sicherstellt, dass keine äußeren Kräfte auf den Lauf wirken.**

REGISTER

Hinweis: *Kursive* Seitenzahlen verweisen auf Abbildungen